清 华 电 脑 学 堂

计算机基础与人工智能标准教程

微课视频版

林声伟 莫凡 梁丽莎 ◎ 编著

清華大學出版社
北 京

内容简介

本书以实用、够用为创作原则，以普及计算机使用方法为指导思想，用通俗易懂的语言对计算机基础及人工智能进行全面阐述。

全书共10章，包括计算机基础知识、人工智能概述、AIGC技术基础与应用、国产办公软件WPS Office的应用、多媒体技术的应用、数据库技术、计算机网络与信息安全、计算机网络前沿技术等。除了详细的说明与操作外，还穿插“知识点拨”“注意事项”“动手练”等板块，以达到学以致用、举一反三的目的。

本书组织结构合理，内容全面丰富，上手容易，且能做到边学边练，可作为计算机入门读者、计算机爱好者的参考工具书，也可作为高等院校广大师生的学习用书，还可作为计算机培训班的教学用书。

图书在版编目（CIP）数据

计算机基础与人工智能标准教程：微课视频版 / 林声伟, 莫凡, 梁丽莎编著. 北京：清华大学出版社, 2025. 6. -- (清华电脑学堂). -- ISBN 978-7-302-69186-0

Ⅰ. TP3；TP18

中国国家版本馆CIP数据核字第20254CS869号

责任编辑： 袁金敏
封面设计： 阿南若
责任校对： 徐俊伟
责任印制： 丛怀宇

出版发行： 清华大学出版社
网　　址：https://www.tup.com.cn，https://www.wqxuetang.com
地　　址：北京清华大学学研大厦A座　　邮　　编：100084
社 总 机：010-83470000　　邮　　购：010-62786544
投稿与读者服务：010-62776969，c-service@tup.tsinghua.edu.cn
质 量 反 馈：010-62772015，zhiliang@tup.tsinghua.edu.cn
课 件 下 载：https://www.tup.com.cn，010-83470236

印 装 者： 涿州汇美亿浓印刷有限公司
经　　销： 全国新华书店
开　　本： 170mm×240mm　　**印　　张：** 16　　**字　　数：** 334千字
版　　次： 2025年6月第1版　　**印　　次：** 2025年6月第1次印刷
定　　价： 69.80元

产品编号：111167-01

前言

首先，感谢您选择并阅读本书。

党的二十大报告指出："必须坚持科技是第一生产力、人才是第一资源、创新是第一动力，深入实施科教兴国战略、人才强国战略、创新驱动发展战略，开辟发展新领域新赛道，不断塑造发展新动能新优势。"随着计算机技术和网络技术的日益普及，现如今已迈入信息化时代，计算机应用水平已经成为人们最基本的素质，也是人们必备的基本技能。对于学生来讲，计算机基础知识不仅是学生的必修课，也是走向社会的必备技能和立足之本。

作为生产、生活、娱乐、工作、学习必不可少的重要设备，计算机的使用已经是必备技能。本书致力于向读者介绍计算机的常用操作方法和使用技巧，让读者在短时间内掌握大量实用的操作本领。本书不仅介绍了计算机的发展历程、系统组成、工作原理、硬件构成等，还介绍了人工智能及其应用知识。同时，对国产办公软件WPS Office的三大核心应用进行了详细介绍，以让读者在掌握计算机常用技能外，也能掌握常用办公软件的操作。通过本书的学习，读者可以更好地使用并管理自己的计算机，为以后的学习、工作打下坚实的基础。

本书特色

- **简单易学**。零基础入门，按照书中的操作，就可以实现熟悉计算机、使用计算机、管理计算机的目标。
- **涵盖面广**。计算机的使用本身就是一门综合的学科，书中涵盖了计算机硬件、计算机工作原理、人工智能、AIGC技术、数据库技术、WPS Office软件的使用等多方面知识。
- **逻辑严谨**。按照计算机的发展、组成、人工智能、应用软件、网络安全、网络前沿技术的总体脉络进行介绍。对文中内容的介绍更加突出表现在操作技能和实际应用等方面。

内容概述

全书共10章，各章内容见表1。

表1

章序	内容	难度指数
第1章	介绍计算机的发展、计算机系统的组成、计算机的工作原理、微型计算机的硬件组成、总线与接口、计算机中信息的表示与存储等	★☆☆

（续表）

章序	内容	难度指数
第2章	介绍人工智能的定义、起源、分类、核心特征、核心技术、应用领域，以及大模型的相关知识等	★★☆
第3章	介绍AIGC技术的日常应用、常见的AIGC工具及特点，以及各类人工智能生成内容工具或平台的使用方法等	★★★
第4章	介绍WPS文字的基础操作、输入并编辑文档内容、图文混排、在文档中插入表格、对文档进行排版、文档高级操作，以及WPS AI的智能应用等	★★★
第5章	介绍WPS表格的基础操作、数据录入、表格美化、数据处理与分析、公式与函数的应用、WPS AI智能数据分析、数据的图形化展示等	★★★
第6章	介绍WPS演示的基本操作、为幻灯片添加多媒体内容、为幻灯片添加动画效果，以及利用AI智能创作幻灯片等	★★★
第7章	介绍多媒体技术相关概念、图像处理技术、音视频处理技术等	★★★
第8章	介绍数据库的概念、功能、特点、结构、数据模型，以及数据库的设计与管理等	★★☆
第9章	介绍计算机网络相关知识、Internet基础、网络信息安全、计算机安全与病毒防护等	★★☆
第10章	介绍云计算技术、大数据技术、虚拟现实技术、物联网等	★☆☆

本书的配套素材和教学课件可扫描下面的二维码获取。如果在下载过程中遇到问题，请联系袁老师，邮箱：yuanjm@tup.tsinghua.edu.cn。书中重要的知识点和关键操作均配备高清视频，读者可扫描书中二维码边看边学。

本书由湛江科技学院林声伟、莫凡、梁丽莎编写，在编写过程中作者虽然力求严谨细致，但由于时间与精力有限，书中疏漏之处在所难免。如果读者在阅读过程中有任何疑问，请扫描下面的技术支持二维码，联系相关技术人员解决。教师在教学过程中有任何疑问，请扫描下面的教学支持二维码，联系相关技术人员解决。

配套素材

教学课件

附赠视频1（Windows相关）

附赠视频2（网络相关）

教学支持

编者

2025年1月

目录

第1章 计算机基础知识

第2章 人工智能概述

第3章 AIGC技术基础与应用

第4章 WPS文字的应用

第5章 WPS表格的应用

第6章 WPS演示的应用

第7章 多媒体技术的应用

第8章 数据库技术

第9章 计算机网络与信息安全

第10章 计算机网络前沿技术

第 1 章
计算机基础知识

计算机是一种用于高速计算及信息处理的电子设备，迄今为止，在推动社会生产力发展中扮演着重要的角色。本章从基础层面介绍计算机的相关历史、系统组成、计算机中信息的表示与存储方式等内容。

1.1 计算机的发展

计算机是一种可以按照设计程序运行、自动且高速处理海量数据的现代化智能电子设备。人们日常接触较多的个人计算机也是计算机的一种。计算机的出现是历史的必然，下面介绍计算机的发展历史。

1.1.1 电子计算机的诞生

为了计算弹道轨迹，宾夕法尼亚大学电子工程系教授约翰·莫克利（John Mauchley）和他的研究生埃克特（John Presper Eckert）计划采用真空电子管组建一台通用的电子计算机。1943年，约翰·莫克利和埃克特开始研制ENIAC（Electronic Numerical Intergrator And Computer，电子数字积分计算机），并于1946年2月14日研制成功。ENIAC被广泛认为是第一台实际意义上的电子计算机，如图1-1和图1-2所示。它通过不同部分之间的重新接线编程，拥有并行计算能力，但功能受限制，速度也慢，并且体积和耗电量都非常大。

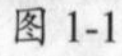

图 1-1

图 1-2

ENIAC长30.48m、宽6m、高2.4m，占地面积约170㎡，共30个操作台，重达28t，耗电量150kW，造价48万美元。它包含17840根真空电子管、7200根晶体二极管、1500个中转件、70000个电阻器、10000个电容器、1500个继电器、6000多个开关。每秒能进行5000次加法运算或400次乘法运算。原来需要20多分钟才能计算出来的一条弹道，现在只要30s。

不久之后，两人又研制了EDVAC（Electronic Discrete Variable Automatic Computer，离散变量自动电子计算机）。

同时，冯·诺依曼开始研制自己的EDVAC计算机，其设计思想一直沿用至今，主要包括二进制、存储程序以及计算机的五大组成部分。根据电子元件双稳工作的特点，冯·诺依曼建议在电子计算机中采用二进制。二进制的采用大大简化了计算机的逻辑线路。根据程序和数据的存储引出存储程序的概念，计算机执行程序是完全自动化的，不需要人为干扰，能连续自动地执行给定的程序并得到理想的结果。计算机的组成包括运算器、控制器、存储器、输入和输出设备，如图1-3所示。冯·诺依曼对EDVAC中的两大设计思想作了进一步论证，为计算机的设计树立了一座里程碑。因此，冯·诺依曼被誉为“现代计算机之父”。

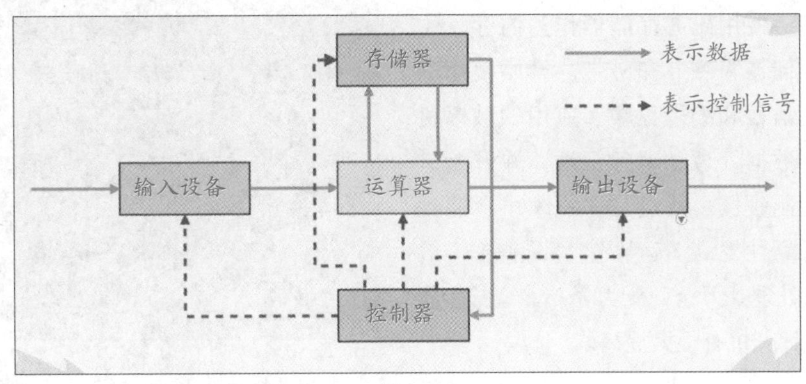

图 1-3

冯·诺依曼体系结构计算机的特点如下。

- 使用单一的处理部件来完成计算、存储以及通信工作。
- 存储单元是定长的线性组织。
- 存储空间的单元是直接寻址的。
- 使用低级机器语言，指令通过操作码来完成简单的操作。
- 对计算进行集中的顺序控制。
- 采用二进制形式表示数据和指令。
- 在执行程序和处理数据时必须将程序和数据从外存储器装入主存储器中，然后才能使计算机在工作时从存储器中取出指令并加以执行。

1.1.2　计算机发展历程

计算机发展至今，一般按照逻辑元件进行划分，主要分为以下四个阶段。

1. 第一代：电子管数字机（1946—1958 年）

第一代计算机逻辑元件采用的是真空电子管，如图1-4所示。主存储器采用汞延迟线及阴极射线示波管静电存储器、磁鼓、磁芯；外存储器采用的是穿孔卡片和纸带。软件方面采用的是机器语言、汇编语言，整个过程异常复杂。应用领域以军事和科学计算为主。特点是体积大、功耗高、可靠性差、速度慢（每秒处理几千条指令）、价格昂贵，但为以后的计算机发展奠定了基础。

图 1-4

2. 第二代：晶体管数字机（1958—1964年）

第二代计算机逻辑元件采用晶体管，如图1-5所示，计算机系统初步成型。相较于电子管，晶体管体积更小，寿命更长，效率也更高。使用磁芯存储器作为内存，主要辅助存储器为磁鼓和磁带。开始使用高级计算机语言和编译程序。应用领域以科学计算、数据处理、事务管理，并开始进入工业控制领域。特点是体积缩小、能耗降低、可靠性提高、运算速度提高（一般每秒可以处理几万至几十万条指令），性能比第一代计算机有很大提高。

图 1-5

3. 第三代：集成电路数字机（1964—1970年）

第三代计算机逻辑元件采用中、小规模集成电路，如图1-6所示。内存采用半导体存储器，外存采用磁盘、磁带，如图1-7所示。软件方面出现了分时操作系统以及结构化、规模化程序设计方法，可以实时处理多道程序。特点是速度更快（每秒可以处理几十万至几百万条指令），而且可靠性有了显著提高，价格进一步下降，产品走向了通用化、系列化和标准化。应用领域为自动控制、企业管理，并开始进入文字处理和图形图像处理领域。第三代计算机形成了一定规模的软件子系统，操作系统也日益完善。

图 1-6

图 1-7

知识点拨

计算机的历史也是IBM公司的发展历史：IBM公司于1952年正式对外发布自己的第一台电子计算机——IBM 701。1958年IBM公司制成了第一台全部使用晶体管的计算机RCA 501。后来IBM 360的研制成功，标志着大量使用集成电路的第三代计算机正式登上历史舞台。

4. 第四代：大规模集成电路机（1970 年至今）

第四代计算机逻辑元件采用大规模和超大规模集成电路（LSI和VLSI），如图1-8所示。内存使用半导体存储器，外存使用磁盘、磁带、光盘等大容量存储器。操作系统也不断成熟，软件方面出现了数据库管理系统、网络管理系统和面向对象的高级语言等。处理能力大幅度提升（每秒处理上千万至万亿条指令）。

图 1-8

1971年世界上第一台微处理器在美国硅谷诞生，开创了微型计算机的新时代。应用领域从科学计算、事务管理、过程控制逐步走向家庭，并在办公自动化、数据库管理、文字编辑排版、图像识别、语音识别中发挥更大的作用。

随着网络的发展和计算机的更新换代，计算机从传统的单机发展成依托于网络的终端模式。多核心、多任务，更高的稳定性、处理能力，更专业的显示、存储技术出现，使计算机的应用领域和高度都达到了前所未有的程度。

1.1.3 计算机发展的新热点

由于纳米技术、光技术、生物技术、量子技术等技术的发展，新一代计算机将会继续推动生产力快速发展。

1. 模糊计算机

模糊计算机对问题的判断不以准确值进行反馈，而取模糊值，包括接近、几乎、差不多等表示方式。通过这样的方式，让计算机具有学习、思考、判断和交互的能力，可以识别物体，甚至可以帮助人们从事复杂的脑力劳动。

2. 生物计算机

生物计算机又称仿生计算机，是以生物芯片取代在半导体硅片上集成的数以万计的晶体管而制成的计算机。涉及计算机科学、大脑科学、神经生物学、分子生物学、生物物理、生物工程、电子工程、物理学、化学等多学科。主要研究有关大脑和神经元网络结构的信息处理、加工原理，建立全新生物计算机原理，探讨适于制作芯片的生物大分子的结构和功能。

3. 光子计算机

光子计算机是由一种光信号进行数字运算、逻辑判断、信息存储和处理的新型计算机。

4. 量子计算机

量子计算机主要解决计算机中的能耗问题，概念源于对可逆计算机的研究。

5. 超导计算机

超导计算机是利用超导技术研制的计算机，运算速度是电子计算机的100倍以上，而能耗仅仅为电子计算机的1%。

1.2 计算机系统的组成

计算机从整个系统而言，由硬件系统和软件系统组成。下面介绍计算机系统的组成结构。

1.2.1 计算机硬件系统

计算机的硬件是计算机的身体，计算机的性能高低也由硬件系统决定。计算机的硬件系统包括机箱中的内部组件以及外部组件。

内部组件是计算机主要的运算、中转、存储和功能中心，按照冯·诺依曼的理论，计算机硬件系统包括控制器、运算器、存储器、输入/输出设备。常见的计算机组成部件主要包括CPU、主板、内存、硬盘、显卡、电源以及散热系统等，被放置在机箱内部。外部组件和用户的接触最多，主要由各种输入/输出设备组成，例如键盘、鼠标、显示器、音箱、打印机、摄像头、其他信息采集和USB外设等。

1.2.2 计算机软件系统

只有硬件系统的计算机是无法使用的，就如同人们只有身体而没有灵魂一样。计算机的灵魂就是计算机的软件系统。软件系统是为了运行、管理和维护计算机而编制的各种程序、数据和文档的总称。

1. 软件的概念

软件是计算机的灵魂，是用户与硬件的接口，用户通过软件来使用计算机的硬件资源。在了解软件时，需要了解程序和程序设计语言。

程序是按照一定顺序执行的、能够完成某一任务的指令集合。计算机的运行要有时有序、按部就班，需要程序控制计算机的工作流程，实现一定的逻辑功能，完成特定的设计任务。

程序设计语言是人与计算机“沟通”使用的语言种类，包括以下几种。

- **机器语言：** 指挥计算机完成某个基本操作的命令。所有指令的集合为指令系统，直接用二进制代码表示指令系统的语言及机器语言。
- **汇编语言：** 是一种把机器语言“符号化”的语言。
- **高级语言：** 最接近人类自然语言和数学公式的程序设计语言，基本脱离了硬件系统，常用的有C、C++、Java、Python等，具有严格的语法和语义规则。

2. 软件系统及组成

计算机软件分为系统软件和应用软件两大类。

(1) 系统软件

系统软件是指控制和协调计算机及外部设备，支持应用软件开发和运行的软件。系统软件的主要功能是调度、监控和维护计算机系统，合理分配系统资源，管理计算机系统中各独立硬件，使它们协调地工作，确保计算机正常高效地运行。系统软件包括操作系统、语言处理系统、数据库管理系统和系统辅助处理程序等。其中最主要的是操作系统，它提供了一个软件运行环境。

- **操作系统：** 最主要、最基本的系统软件，控制计算机上运行的程序，并管理整个计算机软硬件资源，是计算机硬件与应用程序及用户之间的桥梁。
- **语言处理系统：** 把一种语言的程序翻译成等价的另一种语言的程序。
- **数据库管理系统：** 用于建立、使用和维护数据库，把不同性质的数据进行组织，以便能够有效地查询、检索、管理这些数据。
- **系统辅助处理程序：** 为计算机系统提供服务的工具软件和支撑软件，如编辑程序、调试程序、系统诊断程序等。

(2) 应用软件

应用软件是用户可以使用的各种程序设计软件以及用各种程序设计语言编制的应用程序的集合，分为应用软件包和用户程序。常见的应用软件有如下几种。

- **办公软件套装：** 如Microsoft Office、WPS Office等。
- **多媒体处理软件：** 如Photoshop、会声会影、Camtasia等。
- **Internet工具软件：** 如Web服务器软件、浏览器、FTP、Telnet、下载工具等。

知识点拨

计算机通过软件系统控制和管理硬件系统的工作，强大的硬件系统又是软件系统高效运行的平台，两者相辅相成，组成了整个计算机系统，为使用者提供强大的运算和数据处理能力。

1.3 计算机的工作原理

计算机是一套精密而复杂的系统，但又遵循计算机之父所提出的规律。计算机的工作过程就是完成各种指令的过程。本节主要介绍计算机的工作原理。

1.3.1 计算机指令格式

计算机指令是能够被计算机识别并执行的二进制代码，它规定了计算机能完成的某种操作。计算机指令通常由两部分组成：操作码和操作数（地址码）。

指令中的操作码指出该指令需要完成操作的类型或性质，例如取数、加法、减法、输出等，不同的操作具有不同的操作码。计算机就是根据指令的操作码来决定做什么样的操作。由于一条指令是二进制代码，因此，其中的操作码也是二进制码。对于某种类型的计算机来说，各种指令的操作码是互不相同的，它们分别表示不同的操作，因此，指令中操作码的二进制位数决定了该种计算机最多能具有的指令条数（即操作种类）。

指令中的地址码用来描述该指令的操作对象，或者直接给出操作数，或者指出操作数的存储器地址或寄存器地址（即寄存器名）。根据指令中操作数的性质，操作数又可以分为源操作数和目的操作数两类，例如，在一般的加法指令中，其中加数和被加数为源操作数，计算结果（即它们的和）为目的操作数。在大多数情况下（即在大多数指令中），指令中给出的操作数一般是存放数据的地址，而不是具体数据本身，甚至在有些指令中实际给出的只能是地址而不是数据，例如，在转移指令中，除了操作码（指出需要转移），还需要指出转移到什么地方，在这种情况下，实际给出的是地址。因此，指令中的操作数一般又称为地址码。每条指令的地址码个数是不一样的，要视具体的操作需要而定。当然，在有的指令中只有操作码而没有地址码，这种指令往往只需要指出做什么操作，而不需要具体的操作数，例如暂停指令、停机指令等。

1.3.2 计算机指令的寻址方式

指令中操作数的真实地址称为有效地址，是由寻址方式和形式地址共同决定的。寻址方式是指确定本条指令的数据地址以及下一条将要执行的指令的地址，与硬件结构密切相关。寻址方式分为指令寻址和数据寻址两类。指令寻址分为顺序寻址和跳转寻址两种。常见的数据寻址方式包括立即寻址、直接寻址、隐含寻址以及更复杂的寻址方式，如间接寻址、寄存器寻址、寄存器间接寻址和堆栈寻址等方式。

1.3.3 计算机指令系统

计算机指令系统指一台计算机所能执行的全部指令的集合。无论哪种类型的计算机，指令系统都应该具有以下功能指令。

- **数据处理指令：** 包括算术运算指令、逻辑运算指令、移位指令、比较指令等。
- **数据传送指令：** 包括寄存器之间、寄存器和主存储器之间的传送指令等（有的数据传送指令包含输入/输出指令）。
- **程序控制指令：** 包括条件转移指令、无条件转移指令、转子程序指令等。
- **输入/输出指令：** 包括各种外围设备的读、写指令等。有的计算机将输入/输出指令包含在数据传送指令类中。
- **状态管理指令：** 例如实现存储保护、中断处理等功能的管理指令。

1.3.4 计算机执行指令的基本过程

计算机的工作是自动快速地执行程序。在计算机中，用程序计数器（PC）来决定程序中各条指令的执行顺序。计算机开始执行程序时，程序计算器为该执行程序的第一条指令所在的内存单元地址，此后按照如下步骤依次执行程序中的各指令。

1. 取指令

按程序计数器中的地址，从内存器中取出当前要执行的指令并传送到指令寄存器。

2. 解析指令

解析指令为寄存器中的指令，由译码器对指令中的操作码进行译码，将指令中的操作码转换成相应的控制信息。由指令中的地址码确定操作数存放的地址。

3. 执行指令

由操作控制电路发出完成该操作所需要的一系列控制信息，对由源地址码所指出的源操作数做该指令所要求的操作，并将操作结果存放到由目的地址码所指出的地方。

4. 修改程序计数器

一条指令执行完后，根据程序的要求修改程序计算器（PC）的值，如果当前执行完的指令中不产生转移地址，则将程序计数器（PC）加n（当前执行完的指令是n字节指令）；如果当前执行完的指令是转移指令，则将转移地址送入程序计数器，最后转“1. 取指令”继续执行，直到所有指令执行完毕。

CPU从内存中取出一条指令解析并执行，一条指令执行完后，再从内存取出下一条指令分析并执行。CPU不断地取指令、分析指令、执行指令，就是程序的执行过程。

5. 指令执行时序

每条指令占用的时间称为指令周期，考虑到计算机中存储器的运行速度最慢，通常用内存中读取一个指令字的最短时间来规定CPU周期。分析指令由指令译码电路完成，所需时间极短。执行指令过程中可能访问一次存储器，也可能访问多次存储器，因此，执行指令的指令周期不确定。

1.4 微型计算机的硬件组成

冯·诺依曼体系结构的计算机中，包括运算器、存储器、控制器、输入设备、输出设备五大部件。

1.4.1 中央处理器

中央处理器（Central Processing Unit，CPU）是计算机的核心，集成了运算器和控制器的功能。

CPU通常是一块超大规模的集成电路，是一台计算机的运算核心和控制核心。它的功能是解释计算机指令以及处理计算机软件中的数据。CPU的外观如图1-9和图1-10所示。

图 1-9

图 1-10

知识点拨

硅是制作CPU芯片的主要材料，经过提纯融化制作出硅锭，切割为晶圆，通过反复蚀刻、影印得到内核，切割、测试并分类后进行封装，再经过多次测试后进入各种销售渠道。

1. 中央处理器的组成

（1）算术逻辑部件

算术逻辑部件（Arithmetic and Logic Unit，ALU）可以执行算术运算和逻辑运算，并能控制这些操作的速度。算术运算指的是基本的数学运算，如加、减、乘、除。逻辑运算是指比较，即ALU可以比较两个数据间的关系，如等于、大于、大于或等于、小于、小于或等于、不等于。

（2）控制器

控制器是整个计算机的控制中心和指挥中心。控制器（Control Unit，CU）解译存储在CPU中的指令，然后执行指令。控制器既能指挥内存和运算器之间电信号的运转，也能指挥内存和输入/输出设备间的信号运转。

（3）寄存器

寄存器是一块特殊的CPU区域，能提高计算机性能。寄存器是高速存储区域，可以在处理过程中临时存储数据。寄存器可以在分析指令时存储程序指令，可以在运算器处理数据时存储数据，或者存储计算结果。所有的数据在处理之前都存在寄存器中，例如要计算两个数的乘积，则将两个数全部放在寄存器中，计算结果也要放在一个寄存器中（寄存器中也可以存放存储数据的内存地址，而不是数据本身）。

CPU中寄存器的数量和每个寄存器的大小（多少位）可以确定CPU的性能和速度，例如，一个64位的CPU是指CPU中的寄存器是64位的，所以，每个CPU指令可以处理64位的数据。寄存器的类型很多，包括指令寄存器、地址寄存器、存储寄存器和累加寄存器。

（4）总线

总线是在CPU内部以及在CPU和主板的其他部件之间传输信息的电子数据线路。总线就像多车道的高速公路，通路越多，信息的传输越快。早期微型处理器为8位总线，只有8条通道；而有64条通道的64位总线，其数据传输宽度是8位总线计算机的8倍。执行指令过程中，CPU除访问内存之外，还可以通过总线访问各种输入/输出设备。

2. CPU 的制造商及主要产品

由于CPU的制造是一项极为精密且复杂的过程，目前在桌面级领域，只有Intel（英特尔）和AMD两家公司。

Intel公司的CPU包括服务器的至强（XEON）系列、物联网设备使用的Quark系列、手持设备等低功耗平台使用的凌动（ATOM）系列、入门级使用的赛扬（Celeron）处理器、中低需求的奔腾（Pentium）处理器，以及主流的酷睿（Core）处理器。酷睿属于Intel推出的桌面级系列CPU产品，是Intel公司推出的面向中高端消费者、工作站和发烧友的一系列CPU。酷睿系列的CPU目前主要有i3、i5、i7、i9系列产品。

AMD公司的主要产品包括服务器使用的EPYC（霄龙）、皓龙系列处理器，笔记本电脑使用的特殊型号，以及台式机使用的FX系列、速龙系列、A系列、锐龙系列、锐龙高端的线程撕裂者系列，以及商用PRO处理器系列。锐龙系列是AMD的主打系列，和Intel的酷睿系列一直在桌面级平台进行着角逐。现在已经发展到第7代锐龙技术，和Intel酷睿的命名类似，AMD的锐龙系列也分为3、5、7、9以及高端的线程撕裂者系列，主要针对不同的客户群和不同的需求者。

3. CPU 的主要参数

在了解和选择CPU时需要了解很多常见的参数及含义。

- **主频：**也叫CPU的时钟频率（CPU Clock Speed），单位是兆赫（MHz）或吉赫（GHz），用来表示CPU的运算、处理数据的速度。CPU的主频=外频×倍频系数。

- **外频**：CPU的基准频率，单位是MHz。CPU的外频决定着整块主板的运行速度。
- **倍频**：CPU主频与外频之间的相对比例关系。在相同的外频下，倍频越高，CPU的频率也越高。常见的超频也是调整的倍频。
- **缓存**：可以进行高速数据交换的区域，缓存的容量较小，但是运行频率极高，一般和处理器同频运作。缓存处在CPU和内存之间，用来在两者间建立高速通道。

知识点拨

睿频其实就是CPU支持的临时的超频。注意是临时，而后会随着应用负荷降低而将频率降回去。

1.4.2 存储器

存储器是存储数据和程序的硬件。一般分为主存储器（内存）和辅助存储器（外存）。内存用来存储当前执行的数据、程序和结果。外存属于辅助存储设备，负责存储文件、资料等。内存数据会因断电而丢失，属于易失性存储，速度非常快。外存断电不会丢失，速度相对内存慢一些，但容量要比内存大很多。

1. RAM

随机存取存储器（Random Access Memory，RAM）是与CPU直接进行沟通的桥梁，也叫作主存储器（内存）。计算机中所有程序的运行都是在内存中进行的。主要作用是调取并暂时存储CPU运算所需的常用数据，同时与硬盘等外部存储器进行数据交换，断电时存储的内容全部消失。包括静态随机存储器（Static RAM，SRAM）和动态随机存取存储器（Dynamic RAM，DRAM）。

（1）SRAM

SRAM是随机存取存储器的一种。所谓“静态”，是指存储器只要保持通电，里面存储的数据就可以保持。相对之下，DRAM中所存储的数据就需要周期性的更新。特点是速度快，集成度低，是高速缓冲存储器。静态存储单元中存储信息比较稳定，并且为非破坏性读出，不需要重写或刷新操作。

（2）DRAM

DRAM是最常见的系统内存，DRAM只能将数据保持很短的时间（速度快）。为了保持数据，DRAM使用电容存储，所以必须隔一段时间刷新一次。如果存储单元没有被刷新，存储的信息就会丢失，关机也会丢失数据。特点是集成度高，功耗低，需要不断刷新，一般做内存。DRAM靠电容存储电荷的原理来存储信息，相比于SRAM，DRAM具有集成度更高、功耗更低的特点。常见的内存外观如图1-11所示。

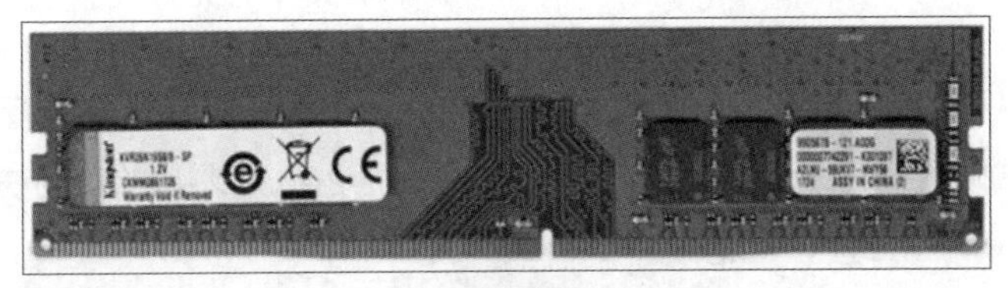

图 1-11

2. 只读存储器

只读存储器是即使停电内容也不会消失的特殊存储器，包括只读存储器（Read-Only Memory，ROM）、只可写一次的可编程只读存储器（Programmable ROM，PROM）、可写多次的可擦可编程只读存储器（Erasable PROM，EPROM）、电擦除可编程只读存储器（Electronically EPROM，EEPROM）。

3. 闪速存储器

闪速存储器也叫闪存（Flash Memory），闪速存储器属于非易失性存储器，兼有EPROM的价格便宜、集成度高和EEPROM电可擦除性等特点，且速度非常快，相对于磁盘，具有抗震、节能、体积小、容量大和价格便宜等特点，作为便携式存储得到了广泛使用。

4. 高速缓冲存储器

CPU的高速缓存（Cache）位于CPU中，用于CPU与内存之间交换数据，容量非常小，但速度非常快，主要用来解决CPU与内存的速度差。

5. 机械硬盘

机械硬盘和下面介绍的固态硬盘都属于辅助存储器（外存），是计算机最重要的大容量外存设备，使用非常广泛。

机械硬盘是一块覆盖了磁性材料的盘面，在中心马达的带动下高速旋转，通过读写磁头进行读写。读写时，磁头和盘片的距离非常小，所以非常怕碰撞。一个硬盘可由多个盘片或者多个磁头组成。

知识点拨

一般台式机使用的是3.5英寸机械硬盘，如图1-12所示。笔记本电脑使用的一般是2.5英寸的机械硬盘，如图1-13所示。

图 1-12　　图 1-13

6. 固态硬盘

固态硬盘从原理上和闪存类似，没有机械部分，通过存储颗粒进行存储，不怕碰撞，速度比机械硬盘快得多。现在固态硬盘在逐渐抢占机械硬盘的市场份额。计算机使用的固态硬盘分为M.2接口固态硬盘（图1-14），以及2.5英寸的SATA接口固态硬盘（图1-15）。

图 1-14

图 1-15

7. 内存的主要参数

内存的主要参数有如下几种。

- **频率**：内存主频和CPU主频一样，习惯上被用来表示内存的速度，代表内存所能达到的最高工作频率。内存主频以MHz（兆赫）为单位来计量。
- **代数**：内存已经从DDR发展到DDR5。现在使用的基本上都是DDR5内存，通过外观和防呆缺口很容易分辨出来。
- **容量**：主流的内存配置，一般以16GB起步，游戏及专业用户的设备一般为32GB。

知识点拨

双通道：在CPU芯片里设计两个内存控制器，这两个内存控制器可相互独立工作，每个控制器控制一个内存通道。这两个内存控制器通过CPU可分别寻址、读取数据，从而使内存的带宽增加一倍，数据存取速度也相应增加一倍（理论上）。

注意事项 若需组建双通道，建议选择相同厂家、相同频率、相同颗粒的内存条。将两条相同的内存插入主板相同颜色的内存插槽中即可。

8. 机械硬盘的主要参数

（1）容量

容量是硬盘最主要的参数，机械硬盘现阶段的一大优势就是容量大。硬盘的容量以TB为单位，1TB=1024GB。但硬盘厂商在标称硬盘容量时通常取1TB=1000GB，因此在计算机中看到的硬盘容量会比厂家的标称值要小。

（2）转速

转速是硬盘内电机主轴的旋转速度，也就是硬盘盘片在一分钟内所能完成的最大转数，它是决定硬盘内部传输率的关键因素之一，单位是rpm（revolutions per minute，转/分钟）。家用的普通硬盘的转速一般有5400r/min、7200r/min，高转速硬盘是台式机用户的首选；对于笔记本电脑用户则是以4200r/min、5400r/min为主。

（3）传输速度

硬盘的数据传输速率是指硬盘读写数据的速度，单位为兆字节/秒（MB/s）。5400 r/min的笔记本电脑硬盘速度为50MB/s～90MB/s，而7200r/min的台式计算机硬盘速度为90MB/s～190MB/s。

（4）缓存

硬盘存取零碎数据时需要不断地在硬盘与内存之间交换数据，缓存则可以将零碎数据暂存在缓存中，减小系统的负荷，也提高了数据的传输速度。目前主流的硬盘缓存容量为64MB。

9. 固态硬盘的主要参数

根据存储原理的不同，固态硬盘的主要参数有如下几种。

（1）主控

固态硬盘的主控是基于ARM架构的处理核心。功能、规格、工作方式等都是该芯片控制的。作用同CPU一样，主要是面向调度、协调和控制整个SSD系统而设计的。主控芯片一方面负责合理调配数据在各闪存芯片上的负荷，另一方面承担整个数据中转，连接闪存芯片和外部SATA接口。除此之外，主控还负责ECC纠错、耗损平衡、坏块映射、读写缓存、垃圾回收以及加密等一系列功能。

（2）闪存颗粒

闪存中存储的数据是以电荷的方式存储在每个存储单元内的，SLC、MLC、TLC以及QLC就是存储的位数不同。单层存储与多层存储的区别在于每个NAND存储单元一次所能存储的“位元数”。在一个存储单元上，一次存储的位数越多，该单元拥有的容量就越大，这样能节约闪存的成本，价格也更低。但随之而来的是可靠性、耐用性和性能都会降低。

（3）协议及速度

SATA固态硬盘使用SATA接口，走的是SATA通道，并使用AHCI协议，最高速度约为600MB/s。而M.2接口的固态硬盘使用PCIE×4通道，使用NVMe协议。如果支持PCI-E3.0标准，那么该通道理论上支持4000MB/s的数据传输速度，该类固态数据读取速度约为3500MB/s。如果支持PCI-E4.0的标准，那么PCIE×4通道理论上支持8000MB/s，该类固态读取速度约为7000MB/s。

注意事项 在固态硬盘的参数中，还有一项TBW，一般与保修挂钩，如600TBW，指的是在保修期内，如果这块硬盘的总写入量超过了600TB，则不予保修。

1.4.3 输入/输出设备

键盘、鼠标、摄像头、扫描仪、手写笔、手绘板、游戏柄、麦克风等都属于输入设备。输入设备可以将模拟信号输入计算机，转换成数字信号，控制或者作为数据进行存储及处理。

输出设备主要有显示器、打印机、绘图仪、数字电视等。主要是将计算机中的非可视数据转换为可视数据，并展示在显示器、纸张上，供使用者浏览。

1. 鼠标

鼠标是计算机主要的输入设备，因其外形酷似一只小老鼠而得名。通过鼠标控制屏幕上的光标移动、选取和点击控制按钮，实现各种控制信息的输入。

光电鼠标内部有一个发光二极管，通过它发出的光线，可以照亮光电鼠标底部表面。光电鼠标经底部表面反射回的一部分光线，通过一组光学透镜后，传输到一个光感应器件（微成像器）内成像。当光电鼠标移动时，其移动轨迹便会被记录为一组高速拍摄的连贯图像，被光电鼠标内部的一块专用图像分析芯片（DSP，数字信号处理器）分析处理。该芯片通过对这些图像上特征点位置的变化进行分析来判断鼠标的移动方向和移动距离，完成光标的定位。

2. 键盘

键盘的主要作用是输入数据、文字、指令等，用来与计算机交互，是计算机最重要的输入设备。目前薄膜键盘和机械键盘共存。

薄膜键盘无机械磨损、价格低、噪声也小，是目前使用最广的键盘品种。但长期使用后，由于材质问题，手感会有变化，橡胶模也会老化。

机械键盘的每一个按键都由一个单独开关控制，也就是常说的"机械轴"，每一个按键由一个独立的微动组成，按下即反馈信号，与其他按键几乎没有冲突，好的机械键盘可以做到全键盘无冲突。机械键盘的寿命比较长，手感好，但价格稍贵，且防水性较弱。

3. 显示器

显示器也叫液晶显示器，液晶显示器内部由驱动板（主控板）、电源电路板、高压电源板（有些与电源电路板设计在一起）、接口，以及液晶面板组成。

显卡的常用接口包括DP、HDMI、PCI、VGA等，在选择显示器时，尽量选择常用接口的显示器。

4. 打印机

打印机也是计算机最主要的输出设备，一般计算机中的文字、图像等通过打印机打印出来，作为实体材料使用。打印机从打印原理上分为针式打印机、喷墨打印机和激光打印机。

1.4.4 主板

主板为硬件设备提供了接驳的接口，用来在各硬件之间传输数据。主板一般为矩形电路板，上面安装了组成计算机的主要电路系统，一般有BIOS芯片、I/O控制芯片、面板控制开关接口、指示灯插针、扩展插槽、直流电源供电接插针、各种功能芯片等元件。

主板芯片组（Chipset）相当于主板的大脑，主板各功能的实现都依赖于主板芯片组。芯片组几乎决定了主板的功能，进而影响到整个计算机系统性能的发挥。主板的芯片通常分为北桥芯片和南桥芯片，现在的主板主要是北桥芯片的大部分功能，如PCI-Express控制器、内存控制器、GPU图形核心等已经整合进了CPU。

知识点拨

除主要的芯片组外，在主板上还有提供网络功能的网卡芯片；提供声音输入转换的声卡芯片；监控电压、风扇转速、各主要部件温度的传感器监控芯片；供电控制芯片；SATA控制芯片；USB控制芯片；BIOS芯片；等等。

1.5 总线与接口

计算机各组件之间通过主板提供的接口连接，并在其间通过各种总线来传输、交换数据。下面介绍计算机的总线与接口的相关知识。

1.5.1 计算机的总线

总线（Bus）是计算机各种功能部件之间传送信息的公共通信干线，是由导线组成的传输线束，是各部件共享的传输介质，是CPU、内存、输入/输出设备传递信息的公用通道。主机的各部件通过总线相连接，外部设备通过相应的接口电路再与总线相连接，从而形成完整的计算机硬件系统。

1. 总线的分类

总线根据功能和实现方式的不同，可以分为片内总线、系统总线和通信总线。

（1）片内总线

片内总线是芯片内部的总线。

（2）系统总线

系统总线是计算机各部件之间的信息传输，包括数据总线（Data Bus）、地址总线（Address Bus）和控制总线（Control Bus）。数据总线在CPU与RAM之间来回传送需要处理或需要储存的数据，是双向总线；地址总线用来指定在RAM之中储存的数据的地址，是单向的；控制总线将微处理器控制单元信号传送到周边设备。

（3）通信总线

通信总线用于计算机系统之间或计算机系统与其他系统之间的通信，依据总线不同的传输方式，又分为串行通信总线和并行通信总线两种。

2. 总线的结构及性能指标

总线的结构通常分为单总线结构和多总线结构。其中单总线结构将CPU、主存、I/O设备（通过I/O接口）连接在一组总线上，允许设备之间或与主存之间直接交换信息。而多总线结构的特点是将速度较低的I/O设备从单总线上分离出来，形成主总线与I/O设备总线分开的结构。

总线的性能指标包括总线宽度（数据总线的根数）、总线带宽（数据传输率）及时钟同步/异步（总线上的数据与时钟同步的称为同步总线，与时钟不同步的称为异步总线）等。

3. 总线仲裁

由于总线上连接着多个部件，因此诸如某一时刻应当由哪个部件发送信息、传输的定时、传输中防止信息丢失、避免多个设备同时发送信息，以及接收部件的确认等一系列问题都需要总线控制器统一管理。总线控制器的工作主要包括总线的判优控制（仲裁逻辑）和通信控制。

知识点拨

总线仲裁逻辑可分为集中式和分布式两种，前者将控制逻辑集中在一处（如在CPU中），后者将控制逻辑分散在总线的各部件之上。

4. 总线操作

在总线上的操作主要有读和写、块传送、写后读或读后写、广播和广集等。其中读和写操作的读是将从设备（如存储器）中的数据读出并经总线传输到主设备（如CPU）；而写是由主设备到从设备的数据传输过程。块传送操作是主设备给出要传输的数据块的起始地址后，利用总线对固定长度的数据一个接一个地读出或写入。主设备给出地址一次，可以进行先写后读或者先读后写操作，先读后写往往用于校验数据的正确性，而先写后读往往用于多道程序对共享存储资源的保护。对于一个主设备和多个从设备间的数据传输，主设备同时向多个从设备传输数据的操作模式称为广播；与广播操作正好相反，广集操作将多个从设备的数据在总线上完成AND或OR操作，常用于检测多个中断源。

5. 总线标准

总线标准是系统与各模块、模块与模块之间的一个互连的标准界面。目前流行的总线标准有ISA、EISA、VESA、PCI、PCI-Express等。PCI（Peripheral Component

Interconnection，外围设备互连）局部总线是高性能的32位或64位总线，是专门为高集成度的外围部件、扩充插板和处理器/存储器系统而设计的互连机制。PCI-Express（PCI-E）总线是完全不同于过去PCI总线的一种全新总线规范，与PCI总线共享并行架构相比，PCI-Express总线是一种点对点串行连接的设备连接方式，点对点意味着每一个PCI-Express设备都拥有自己独立的数据连接，各设备之间并发的数据传输互不影响，PCI总线上只能有一个设备进行通信，一旦PCI总线上挂接的设备增多，每个设备的实际传输速率就会下降，性能得不到保证。PCI-Express总线支持双向传输模式，还可以运行全双工模式，并且支持热插拔。

常用的设备总线标准包括IDE、AGP、RS-232C、USB、SATA、SCSI、PCMCIA等。SATA（Serial ATA，串行高级技术附件）是一种完全不同于SATA的新型硬盘接口类型，由于采用串行方式传输数据而知名。可以在较少的位宽下使用较高的工作频率来提高数据传输的带宽。SATA 3.0最高可以实现600MB/s的数据传输率。

知识点拨

常见的主板，根据不同的CPU，系统总线也各不相同，例如Intel CPU的主板，经历了FSB到QPI和DMI总线的更新换代，AMD CPU的主板采用了HT总线。

1.5.2 计算机的接口

计算机的接口包括主板与内部各设备之间连接的接口，也包括计算机与其他外设的接口。在了解计算机的内外部组件后，下面介绍计算机的主要接口及其作用。

1. 主板内部接口

主板内部接口是主板为各内部组件提供接驳的接口，例如，常见的CPU插槽如图1-16所示，内存插槽如图1-17所示，均有防呆设计。

图 1-16

图 1-17

接驳显卡的PCI-E插槽如图1-18所示，M.2固态硬盘的插槽如图1-19所示。

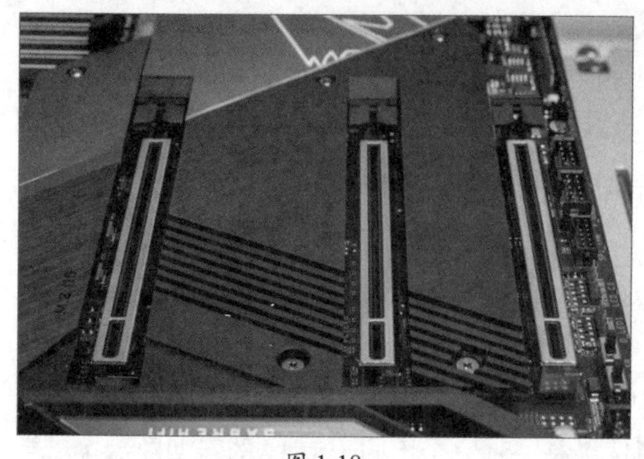

图 1-18

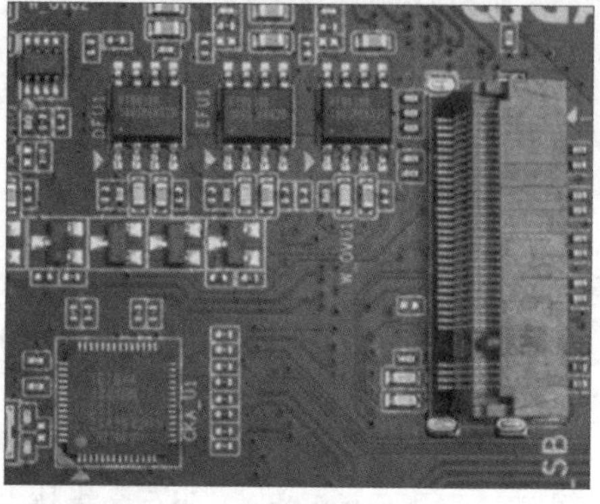

图 1-19

其他的还有SATA硬盘接口插槽、CPU供电插槽、主板24针供电插槽、风扇接口等。

机箱前面板接口使用跳线连接到主板的插针上，包括机箱开机按钮、重启按钮、电源指示灯、硬盘工作指示灯、USB接口、Type-C接口等。需要连接到主板的对应插针上才能正常工作。

2. 主板外部接口

主板外部接口主要是各种外设连接到主板的接口，除了机箱前面板的接口外，大部分都需要连接到机箱背部主板提供的对外接口上，如图1-20所示。

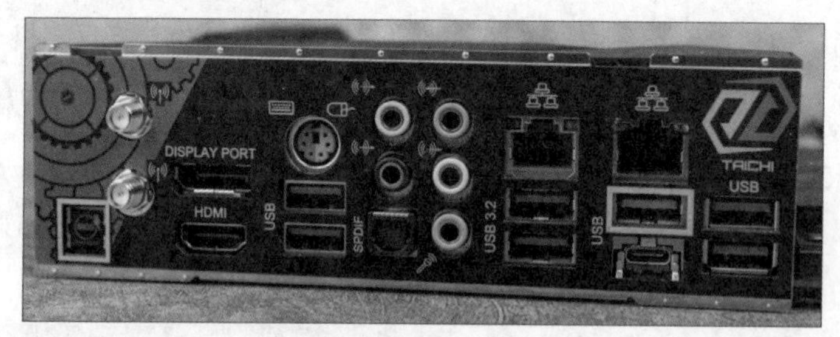

图 1-20

这些接口按照从左往右、从上到下的顺序分别如下。

- BIOS清空按钮。
- 2×天线接口，可以购买天线后安装到该接口上。
- DP1.4和HDMI1.4接口，主要用于CPU核显的输出。
- PS/2接口，用来连接PS/2接口的键盘和鼠标。USB3.2 Gen1接口，也就是常说的USB3.0接口。
- 5+1音频输入/输出接口。
- 2.5G网卡接口，USB3.2 Gen2接口。
- 千兆网卡接口，USB3.2 Gen1接口，Type-C接口。
- USB3.2 Gen1接口。

动手练 组装微型计算机的案例

微型计算机的组装步骤如下。

Step 01 将主板放置好后，拉开固定杆，抬起金属固定框，放入CPU，如图1-21所示，注意防呆指示，完成后盖上固定框并放回固定杆，如图1-22所示。

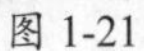
图 1-21

图 1-22

Step 02 将散热器底座固定到主板上，如图1-23所示，为CPU涂抹硅脂后，将散热器固定到底座上，如图1-24所示，并连接风扇接口。

图 1-23

图 1-24

Step 03 掰开内存固定卡扣，将内存条按照缺口位置确定方向，向下压入内存插槽中，如图1-25所示。压到位置后，卡扣自动弹起并固定好内存。

图 1-25

Step 04 为机箱安装电源，推到位置后，用螺丝固定在机箱上，如图1-26所示。

Step 05 将铜柱螺丝按照主板的螺丝孔先拧入机箱，然后将主板放入机箱，用螺丝固定，如图1-27所示。

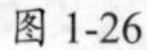

图 1-26

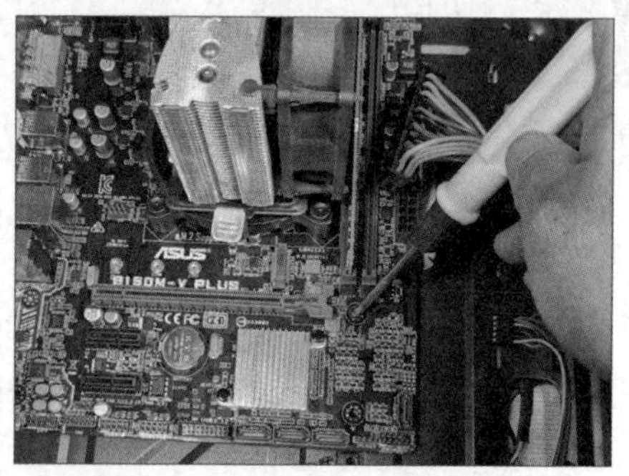

图 1-27

Step 06 将电源的24PIN输出接口连接到主板上，将双8PIN输出接口连接到主板上。

Step 07 将前面板的音箱跳线、USB跳线、指示灯和按钮跳线接入主板的相应位置，如图1-28和图1-29所示。

图 1-28

图 1-29

Step 08 安装显卡，如图1-30所示，并拧入机箱固定螺丝。

Step 09 将硬盘放入机箱的硬盘架中并固定，如图1-31所示。

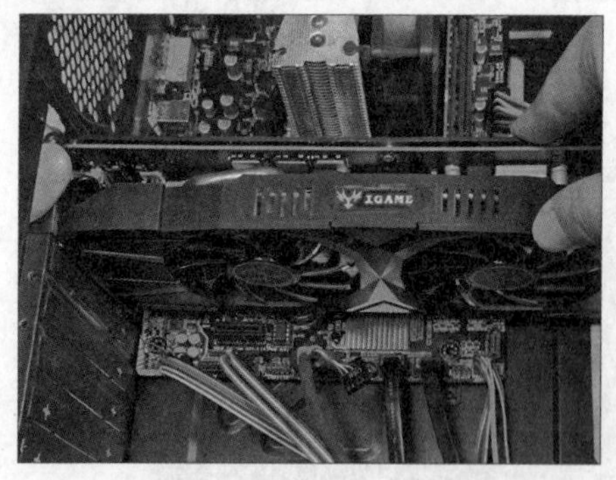

图 1-30

图 1-31

Step 10 接下来使用SATA数据线连接硬盘和主板，再将机箱电源线连接到硬盘、显卡等设备上。

Step 11 机箱内部组件安装完毕后，盖上机箱侧盖，连接键盘鼠标线，如图1-32所示，连接网卡和显卡的视频线，如图1-33所示。

图 1-32

图 1-33

Step 12 连接电源线，并打开电源上的开关键。微型计算机组装完毕。

1.6 计算机中信息的表示与存储

计算机的工作过程包括数据信息的收集、存储、处理和传输。输入计算机并能被计算机识别的数字、文字、符号、声音和图像等，都可以称为数据。信息指的是对各种事物变化和特征的反映，是经过加工处理并对人类客观行为产生影响的数据表现形式，人们通常通过接收信息来了解具体事物。下面从数据信息的角度出发，介绍计算机中信息的表示与存储。

1.6.1 信息表示的形式

数据经过处理产生了信息，信息具有针对性、时效性。信息是有意义的，而数据是纯数字，没有实际意义。经过对数字的处理产生的有用数据就是信息。在计算机中，所有的信息都是以二进制（0或1）形式存储和表示的。

ENIAC是十进制的计算机，逢十进一。而冯·诺依曼提出了二进制，也就是逢二进一，从而提高计算机的处理效率。

二进制运算简单，易于在电路中实现，通用性强，便于逻辑判断，可靠性高。当然单纯的二进制只是方便计算机处理数据，对用户而言属于透明层。

计算机的各种输入设备，将各种模拟信号通过技术手段转换成数字信号，交由计算机处理，再通过数/模转换，将其转换为模拟信号，通过输出设备展示给用户，例如让耳麦发出声音、让显示器显示图像等。

1.6.2 计算机中的数据单位

计算机中的数据单位如下。

- **位（bit）**：计算机中最小单位是“位”，例如0或1。
- **字节（Byte）**：存储容量的基本单位，1字节是8位，也就是1Byte=8bit。通常字节被简写成B。计算机中的存储换算关系为1KB=1024B（2^{10}B），1MB=1024KB（2^{20}B），1GB=1024MB（2^{30}B），1TB=1024GB（2^{40}B）。

一般来说，计算机在同一时间内所能处理的一个二进制数统称为一个计算机“字”，而这组二进制的数便称为“字长”。在其他指标相同的情况下，字长越大，计算机处理数据的速度就越快。早期计算机字长一般为8位、16位和32位，目前大多数计算机处理的字长都是64位。而对应该字长的CPU是64位CPU，支持64位数据传输的操作系统就是常说的64位操作系统。

1.6.3 字符的编码

非数值型数据包括字符编码以及汉字编码。

1. 字符编码

字符是计算机处理的主要对象。字符编码是规定用怎样的二进制码来表示字母、数字及各种符号，以便使计算机能够识别、存储和处理它们。最广泛的字符编码是美国信息交换标准代码ASCII。ASCII码已被国际标准化组织接受为国际标准，在世界范围内通用。

2. 汉字编码

在计算机中汉字的应用占有十分重要的地位。例如，用计算机编辑一篇文章时，需要将文章中的汉字及各种符号输入计算机，并进行排版、显示或打印输出。因此，必须解决汉字的输入、存储、处理和输出等一系列技术问题。由于汉字比西文字符数量多，而且字形复杂，所以用计算机处理汉字要比处理西文字符困难得多。汉字处理技术的关键是汉字编码问题。根据汉字处理过程中不同的要求，汉字编码可分为国际码、输入码、机内码和字形码等几类。

随着需求的变化，这两种编码又有被统一的Unicode码取代的趋势。信息在计算机中的二进制编码是一个不断发展的、跨学科的综合型知识领域。

知识拓展：计算机软件工程

计算机软件工程是一门研究计算机软件设计、开发、实施和维护的工程学科。它将计算机科学、工程技术和软件工程原理结合起来，以满足软件开发过程中的技术要求。

1. 软件系统基本概念

计算机软件是计算机系统中与硬件相互依存的一部分，软件是程序、数据及相关文档的完整集合。程序是按事先设计的功能和性能要求执行的指令序列，数据是使程序能正常操纵信息的数据结构，文档是与程序开发、维护和使用有关的图文材料。

软件按功能分为应用软件、系统软件、支撑软件或工具软件。

（1）软件的特点

软件在开发、生产、维护和使用方面与硬件有较大差异，软件的主要特点如下。

- 软件是一种逻辑实体，而不是物理实体，具有抽象性。
- 软件的生产与硬件不同，没有明显的制作过程。
- 软件在运行、使用期间不存在磨损、老化问题。
- 软件的开发、运行对计算机系统具有依赖性，受计算机系统的限制，导致了软件移植的问题。
- 软件复杂性高，成本昂贵。
- 软件开发涉及诸多的社会因素。

（2）软件危机

软件危机是指在计算机软件的开发和维护过程中遇到的一系列严重问题。主要解决的问题是如何开发软件、满足用户对软件日益增长的需求，以及如何维护数量不断膨胀的已有软件。软件危机主要表现在以下方面。

- 对软件开发成本和进度的估计不准确。
- 用户对“已完成的”的软件系统不满意的现象经常发生。
- 软件质量不高、可靠性差。
- 软件常常不可维护。
- 软件缺乏适当的文档资料。
- 软件成本占系统总成本的比例逐年上升。
- 软件的开发速度跟不上计算机硬件的发展速度。

（3）软件工程

软件工程是指导计算机软件开发和维护的一门工程学科。采用工程的概念、原理、技术和方法来开发与维护软件，把经过时间检验的、正确的管理技术和当前能够得到的最好的技术方法结合起来，以开发出高质量的软件并有效维护，就是软件工程。软件工程三要素如下。

- **软件工程过程：**将软件工程划分为若干阶段，定义每个阶段的先后顺序和完成标志。
- **软件工程方法：**为软件开发提供“如何做”的技术，如怎样制订项目计划、怎样实施需求分析、如何测试等。
- **软件工程工具：**为软件工程方法提供自动或半自动软件支撑环境，如软件开发工具、测试工具等。软件开发的不同阶段可使用不同的工具。

（4）软件生存周期

软件生存周期又称为软件生命期或生存期，是指从形成开发软件概念起，经过开发、使用，失去使用价值直至消亡的整个过程。

一般来说，整个生存周期包括计划（定义）、开发、运行维护三个时期，每一个时期又划分为若干阶段。每个阶段有明确的任务，这样使规模大、结构复杂和管理复杂的软件开发变得容易控制和管理。

（5）软件工程的目标与原则

软件工程的目标是建造一个优良的软件系统，在给定成本、进度的前提下，开发出具有有效性、可靠性、可理解性、可维护性、可重用性、可适应性、可移植性、可追踪性和可操作性且满足用户需求的产品，它所包含的内容概括为以下两点。

- 软件开发技术主要有软件开发方法学、软件工具、软件工程环境。
- 软件工程管理主要有软件管理、软件工程经济学。

软件工程需要达到的基本目标：付出较低的开发成本；达到要求的软件功能；取得较好的软件性能；开发软件易于移植；能按时完成开发并及时交付使用。

软件工程的原则包括以下几部分。

- **抽象：** 抽象是事物最基本的特性和行为，忽略非本质细节，采用分层次抽象、自顶向下、逐层细化的办法控制软件开发过程的复杂性。
- **信息隐蔽：** 采用封装技术，将程序模块的实现细节隐蔽起来，使模块接口尽量简单。
- **模块化：** 模块是程序中相对独立的成分，一个独立的编程单位应有良好的接口定义。模块的大小要适中，模块过大会使模块内部的复杂性增加，不利于模块的理解和修改，也不利于模块的调试和重用；模块太小会导致整个系统表达过于复杂，不利于控制系统的复杂性。
- **局部化：** 保证模块间具有松散的耦合关系，模块内部有较强的内聚性。
- **确定性：** 软件开发过程中所有概念的表达应是确定、无歧义且规范的。
- **一致性：** 程序内外部接口应保持一致，系统规格说明与系统行为应保持一致。
- **完备性：** 软件系统不丢失任何重要成分，完全实现系统所需的功能。
- **可验证性：** 应遵循容易检查、测评、评审的原则，以确保系统的正确性。

（6）软件开发工具与开发环境

软件工程的理论和技术性研究内容主要包括软件开发技术和软件工程管理。

软件开发工具包括需求分析工具、设计工具、编码工具、排错工具和测试工具等。软件开发工具的完善和发展将促使软件开发方法的进步和完善，促进软件开发的高速度和高质量。软件开发工具的发展是从单项工具的开发逐步向集成工具发展的，软件开发工具为软件工程方法提供了自动的或半自动的软件支撑环境。同时，软件开发方法的有效应用也必须得到相应工具的支持，否则方法将难以有效实施。

软件开发环境（或称软件工程环境）是全面支持软件开发全过程的软件工具集合。计算机辅助软件工程（Computer Aided Software Engineering，CASE）将各种软件工具、开发机器和一个存放开发过程信息的中心数据库组合起来，形成软件工程环境，极大降低软件开发的技术难度，并保证软件开发的质量。

2. 结构化分析方法

软件开发方法是软件开发所遵循的办法和步骤，以保证得到的运行系统和支持的文档满足质量要求。在软件开发实践中有很多方法可供软件开发人员选择。

（1）需求分析

需求分析是指开发人员要准确理解用户的要求，进行细致的调查分析，将用户非形式的需求陈述转化为完整的需求定义，再由需求定义转换到相应的形式功能规约（需求规格说明）的过程。常见的需求分析方法包括结构化需求分析方法和面向对象的分析方法。需求分析需要进行以下几方面的工作。

- **识别需求：**与用户交流，分析问题定义系统的功能需求、性能需求、环境需求、用户界面需求，还有可靠性、安全性、保密性、可移植性、可维护性等方面的需求。
- **分析综合：**对获取的需求进行分析，逐步细化软件功能，划分各子功能，确定系统的构成及主要成分，并用图文结合形式，建立新系统的逻辑模型。
- **编写文档：**完成需求规格说明书、初步用户使用手册等，确认测试计划等。

（2）结构化分析方法

结构化分析方法是结构化程序设计理论在软件需求分析阶段的应用，结构化分析方法的实质：着眼于数据流，自顶向下，逐层分解，建立系统的处理流程，以数据流图和数据字典为主要工具，建立系统的逻辑模型。其基本步骤如下。

- **构造数据流模型：**根据用户需求，在创建实体关系图的基础上，依据数据流图构造数据流模型。
- **构建控制流模型：**一些应用系统除了要求用数据流建模外，还构造控制流图，构建控制流模型。
- **生成数据字典：**对所有数据元素的输入/输出、存储结构，甚至中间计算结果进行有组织的列表。目前一般采用CASE的“结构化分析和设计工具”来完成。
- **生成可选方案，建立需求规约：**确定各种方案的成本和风险等级，据此对各种方案进行分析，然后从中选择一种方案，建立完整的需求规约。

（3）结构化分析常用工具

数据流图（Data Flow Diagram，DFD）以图形的方式描绘数据在系统中流动和处理的过程，反映系统必须完成的逻辑功能，是结构化分析方法中用于表示系统逻辑模型的一种工具。数据流图中的主要元素如图1-34所示。

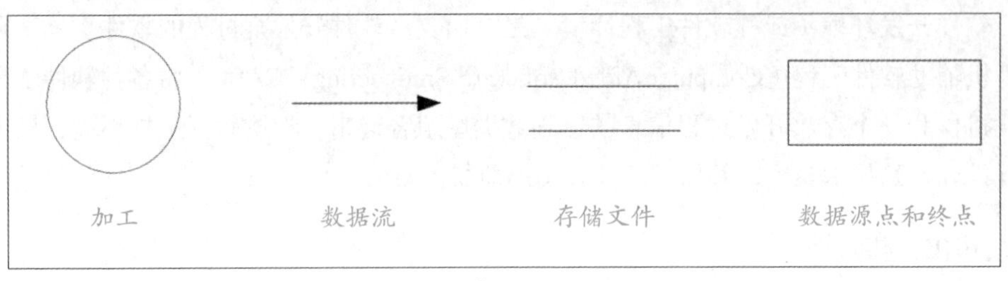

图 1-34

- **加工（转换）：** 输入数据经加工变换产生输出。
- **数据流：** 沿箭头方向传送数据的通道，一般在旁边标注数据流名。
- **存储文件（数据源）：** 表示处理过程中存放各种数据的文件。
- **数据源点和终点：** 表示系统和环境的接口，属系统之外的实体。

画数据流图的基本步骤：自外向内，自顶向下，逐层细化，完善求精。

知识点拨

数据字典是对所有与系统相关的数据元素的一个有组织的列表，以及精确的、严格的定义，使得用户和系统分析员对于输入/输出、存储成分和中间计算结果有共同的理解。数据字典的作用是对数据流图中出现的被命名的图形元素的确切解释。数据字典是结构化分析方法的核心。

3. 结构化设计方法

需求分析主要解决“做什么”的问题，而软件设计主要解决“怎么做”的问题。

（1）软件设计基础

从技术观点来看，软件设计包括软件结构设计、数据设计、接口设计、过程设计。

- **结构设计：** 定义软件系统各主要部件之间的关系。
- **数据设计：** 将分析时创建的模型转化为数据结构的定义。
- **接口设计：** 描述软件内部、软件和协作系统之间以及软件与人之间如何通信。
- **过程设计：** 将系统结构部件转换成软件的过程性描述。

从工程角度来看，软件设计分两步完成，即概要设计和详细设计。

- **概要设计：** 又称结构设计，将软件需求转化为软件体系结构，确定系统级接口、全局数据结构或数据库模式。
- **详细设计：** 确定每个模块的实现算法和局部数据结构，用适当方法表示算法和数据结构的细节。

（2）软件设计基本原理

软件设计的基本原理包括抽象、模块化、信息隐蔽和模块独立性。

- **抽象：** 抽象是一种思维工具，把事物本质的共同特性提取出来而不考虑其他细节。
- **模块化：** 解决一个复杂问题时，自顶向下逐步把软件系统划分成一个个较小的、相对独立但又相互关联的模块的过程。

- **信息隐蔽：** 每个模块的实施细节对于其他模块来说是隐蔽的。
- **模块独立性：** 软件系统中每个模块只涉及软件要求的具体子功能，而和软件系统中其他模块的接口是简单的。

在结构化程序设计中，模块划分的原则：模块内具有高内聚度，模块间具有低耦合度。

（3）概要设计任务

软件概要设计的基本任务如下。

- 设计软件系统结构。
- 数据结构及数据库设计。
- 编写概要设计文档。
- 概要设计文档评审。

常用的软件结构设计工具是结构图，也称程序结构图。程序结构图的基本符号如图1-35所示。

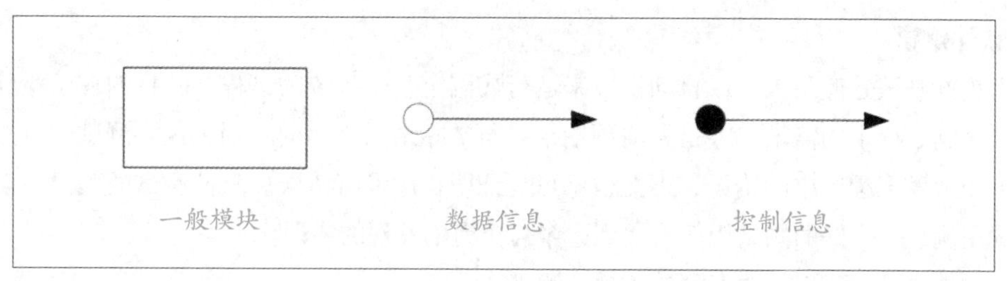

图 1-35

模块用矩形表示，箭头表示模块间的调用关系。在结构图中，带注释的箭头表示模块调用过程中来回传递的信息，带实心圆的箭头表示传递的是控制信息，带空心圆的箭头表示传递的是数据信息。

经常使用的结构图有四种模块类型：传入模块、传出模块、变换模块和协调模块，如图1-36所示。

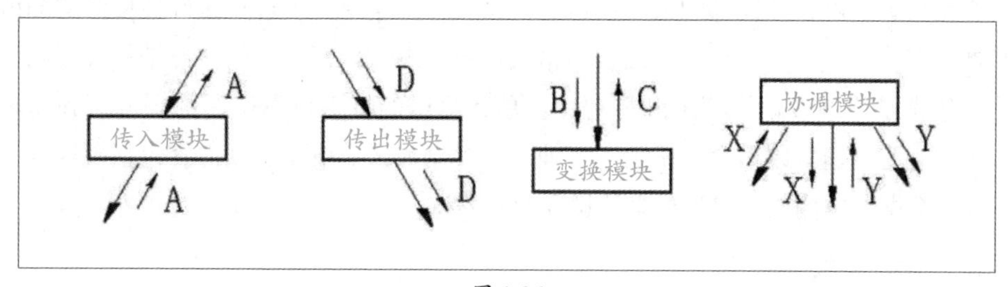

图 1-36

- **传入模块：** 从下属模块取得数据，经处理再将其传送给上级模块。
- **传出模块：** 从上级模块取得数据，经处理再将其传送给下属模块。

- **变换模块**：从上级模块取得数据，进行特定处理， 转换成其他形式，再传送给上级模块。
- **协调模块**：对所有下属模块进行协调和管理的模块。

（4）面向数据流的结构化设计方法

面向数据流的设计方法定义了一些不同的映射方法，利用这些方法可以把数据流图变换成结构图来表示软件的结构。数据流的类型大致可以分为两种：变换型和事务型。

- **变换型**：变换型数据处理问题的工作过程大致分为三步，即取得数据、变换数据和输出数据。变换型系统结构图由输入、中心变换、输出三部分组成。
- **事务型**：事务型数据处理问题的工作机理是接受一项事务，根据事务处理的特点和性质，选择分派一个适当的处理单元，然后给出结果。

（5）详细设计

详细设计是为软件结构图中的每一个模块确定实现算法和局部数据结构，用某种选定的表达工具表示算法和数据结构的细节。详细设计的任务是确定实现算法和局部数据结构，不同于编码或编程。

4. 软件测试

软件测试是使用人工或自动手段来运行或测定某个系统的过程，其目的在于检验软件是否满足规定的需求，或是弄清预期结果与实际结果之间的差别。软件测试的目的：尽可能地发现程序中的错误，不能也不可能证明程序没有错误。软件测试的关键是设计测试用例，一个好的测试用例能找到迄今为止尚未发现的错误。

软件测试方法包括静态测试和动态测试。

- **静态测试**：包括代码检查、静态结构分析、代码质量度量。不实际运行软件，主要通过人工进行。
- **动态测试**：是基于实际运行的测试，包括白盒测试方法和黑盒测试方法。

软件测试一般按照以下过程进行。

（1）单元测试

单元测试是对软件设计的最小单位——模块（程序单元）进行正确性检测的测试，目的是发现各模块内部可能存在的各种错误。单元测试根据程序的内部结构设计测试用例，其依据是详细设计说明书和源程序。单元测试的技术可以采用静态分析和动态测试。对动态测试通常以白盒测试为主，辅之以黑盒测试。单元测试内容包括模块接口测试、局部数据结构测试、错误处理测试和边界测试。

（2）集成测试

集成测试是测试和组装软件的过程，是把模块按照设计要求组装起来并进行测试，主要目的是发现与接口有关的错误。集成测试的依据是概要设计说明书。集成测试所涉及的内容包括软件单元的接口测试、全局数据结构测试、边界条件和非法输入的测试等。集成测试通常采用两种方式：非增量方式组装与增量方式组装。

（3）确认测试

确认测试的任务是验证软件的有效性，即验证软件的功能和性能及其他特性是否与用户的要求一致。确认测试的主要依据是软件需求规格说明书。确认测试主要运用黑盒测试法。

（4）系统测试

系统测试的目的在于通过与系统的需求定义进行比较，发现软件与系统定义不符合或与之矛盾的地方。系统测试的测试用例应根据需求分析规格说明来设计，并在实际使用环境下来运行。

知识点拨

系统测试的具体实施一般包括功能测试、性能测试、操作测试、配置测试、外部接口测试、安全性测试等。

5. 程序的调试

程序调试的任务是诊断和改正程序中的错误，主要在开发阶段进行，调试程序应该由编制源程序的程序员完成。程序调试的基本步骤包括错误定位、纠正错误和回归测试。软件调试可分为静态调试和动态调试。静态调试主要是指测试人员主观分析源程序代码和排错，是主要的调试手段，而动态调试是辅助静态调试。软件的调试方法可以采用：①强行排错法。主要手段：通过内存全部打印来排错，在程序特定部位设置打印语句，自动调试工具；②回溯法。发现错误，分析错误征兆，确定发现“症状”的位置，一般用于小程序；③原因排除法。通过演绎法、归纳法和二分法来实现。

- **演绎法：**根据已有的测试用例，设想及枚举出所有可能出错的原因作为假设；然后用原始测试数据或新的测试，从中逐个排除不可能正确的假设；最后，用测试数据验证余下的假设，确定出错的原因。
- **归纳法：**从错误征兆着手，通过分析它们之间的关系找出错误。大致分四步：收集有关的数据、组织数据、提出假设、证明假设。
- **二分法：**在程序的关键点给变量赋正确值，然后运行程序并检查程序的输出。如果输出结果正确，则错误原因在程序的前半部分；反之，错误原因在程序的后半部分。

第2章 人工智能概述

人工智能是智能学科重要的组成部分，通过了解智能的实质，生产出一种新的能以与人类智能相似的方式作出反应的智能机器。人工智能的应用十分广泛，并逐渐深入人们生活的各方面。作为未来的科技发展方向，我们有必要了解一些人工智能技术和应用。本章将详细介绍人工智能的基础知识。

2.1 认识人工智能

人工智能（Artificial Intelligence，AI）是新一轮科技革命和产业变革的重要驱动力量，是研究、开发用于模拟、延伸和扩展人的智能的理论、方法、技术及应用系统的一门新的技术科学。

2.1.1 人工智能的定义

人工智能是计算机科学的一个分支，它致力于开发能够执行通常需要人类智能的任务的计算机系统。AI的目标是使机器能够模拟或复制人类的思维、学习、推理、决策等能力，从而解决复杂的问题、提高效率，并为各行各业提供创新的解决方案。

AI通常被分为狭义AI、通用AI和超级AI。

- **狭义AI（弱AI）：**专注于执行特定任务的AI，例如语音识别助手和图像识别系统。
- **通用AI（强AI）：**指具有人类等同的智能，可以执行任何人类能够完成的智能任务。目前仍是理论。
- **超级AI：**假设远超人类能力的智能体。尚处于假设阶段。

2.1.2 人工智能的起源与发展

人工智能作为一项跨学科的研究领域，经历了数十年的发展，其根源可以追溯到20世纪中叶。人工智能的起源、发展与各时期的技术创新、哲学思考，以及计算机科学的进步密切相关。

1. 早期的思想和基础（20 世纪以前）

尽管现代人工智能的诞生是在20世纪，但人类对于“智能”或“机器模拟人类思维”的探讨可以追溯到更早的历史。

（1）古代哲学的影响

在古代，关于智能与机器的思想可以追溯到希腊哲学家亚里士多德的著作，他曾提出了“形式逻辑”，对后来的智能计算有着深远影响。中世纪的阿拉伯学者和欧洲的启蒙时期哲学家也在逻辑和推理方面做出了贡献，为AI的发展提供了理论基础。

（2）现代数学的奠基

19世纪的查尔斯·巴贝奇（Charles Babbage）提出的差分机和分析机，被认为是计算机的先驱。巴贝奇的设计启发了现代计算机的构建，间接影响了人工智能的发展。

艾伦·图灵（Alan Turing）的工作则是人工智能发展的关键。图灵在1936年提出的“图灵机”模型，奠定了计算机科学和AI理论的基础。图灵于1950年发表的论文《计算机与智能》中提出了著名的图灵测试，即通过测试机器是否能模拟人的智能行为来判断机器是否具备智能。图灵的工作为后来的AI研究提供了重要的理论支持。

2. 人工智能的诞生（20 世纪 40—50 年代）

人工智能作为一个学科在20世纪40年代末和50年代初开始萌芽。随着计算机科学的发展，人们开始试图用机器模拟智能行为。

（1）达特茅斯会议

1956年，约翰·麦卡锡（John McCarthy）、马文·明斯基（Marvin Minsky）、阿伦·纽厄尔（Allen Newell）等人举办了达特茅斯会议，该会议被广泛认为是人工智能正式诞生的标志。在此次会议上，麦卡锡首次提出了“人工智能”这一术语，并将其定义为“让机器模拟任何形式的智能”。这一会议不仅奠定了人工智能研究的基础，还确立了“使机器能够模拟人类智能”的核心目标。

（2）早期的人工智能研究

20世纪50—60年代，人工智能的研究重点主要集中在规则推理、符号处理以及问题求解方面。早期的AI系统，如逻辑理论家（Logic Theorist）和通用问题求解器（General Problem Solver，GPS），分别是由纽厄尔和西蒙（Herbert Simon）开发的，它们可以模拟人类解决问题的过程。

3. 人工智能的第一次高潮与挑战（20 世纪 60—70 年代）

（1）知识表示与专家系统的兴起

20世纪60年代末，人工智能研究者开始关注知识表示的问题。为了让机器理解复杂的世界，研究者们开发了符号推理和逻辑系统。最著名的成果之一是专家系统。专家系统是能够模拟人类专家决策过程的计算机程序。它们通过一系列规则和推理机制，对特定领域的问题进行求解，如医学诊断系统MYCIN。

（2）挑战和限制

尽管人工智能取得了一些进展，但到了20世纪70年代，人工智能领域遇到了严重的瓶颈。一方面，早期的AI程序缺乏足够的灵活性和扩展性；另一方面，计算能力的限制使得许多理论上的突破无法付诸实践。加上当时社会对AI的期望过高，导致出现了“AI寒冬”（AI Winter）。AI寒冬是指由于技术不成熟、资金投入不足，以及科研人员失望，AI研究在20世纪70年代至80年代初期进入低潮。

4. 人工智能的复兴与发展（20 世纪 80—90 年代）

（1）神经网络与深度学习的复兴

20世纪80年代，神经网络的研究开始复兴。反向传播算法（Backpropagation）由杰弗里·辛顿等人提出，帮助解决了神经网络训练中的问题。神经网络的复兴为后来的深度学习奠定了基础。

（2）专家系统的成功应用

20世纪80年代，专家系统和基于规则的系统在工业界获得了成功应用，尤其是在医疗、金融、制造等领域。XCON（用于配置计算机系统的专家系统）和MYCIN（用于诊断血液感染的专家系统）都是这一时期的代表性成果。

（3）AI在实际应用中的成功

这一时期，人工智能开始进入企业和商业领域，逐渐证明其在数据分析、预测建模、自然语言处理等方面的实用性。

5. 现代人工智能与深度学习的突破（21 世纪至今）

进入21世纪后，人工智能迎来了前所未有的突破和发展，尤其是深度学习的成功应用极大推动了AI的普及。

（1）大数据与计算能力的提升

随着互联网的发展和大数据的普及，计算机能够获得大量的训练数据，深度学习模型的训练也不再受限于数据量和计算能力。同时，图形处理单元（GPU）的使用使得计算能力得到大幅提升，深度学习的训练效率得到了显著提高。

知识点拨

大数据是指规模巨大、类型繁多、生成速度快，且无法用传统数据库管理工具进行高效捕捉、管理和处理的数据集合。

（2）深度学习的成功应用

深度学习通过卷积神经网络（CNN）、递归神经网络（RNN）等结构，在图像识别、语音识别、自然语言处理等领域取得了革命性的突破。例如，谷歌的AlphaGo（2016年）通过深度强化学习击败了围棋世界冠军，标志着AI在复杂决策和策略游戏中的强大能力。

（3）AI的广泛应用

AI技术逐渐渗透到日常生活和各行各业中，如自动驾驶、智能客服、智能推荐、精准医疗、金融风控、智能制造等领域。AI已经从科研领域逐步走向商业应用，成为推动社会发展的重要力量。

2.1.3 人工智能的分类

人工智能分为很多种，不同类型的人工智能擅长的领域也不同。

1. 按智能水平分类

按照智能水平进行分类，可大致分为三种：轻人工智能（ANI）、强人工智能（AGI）和超人工智能（ASI）。

- 轻人工智能是当前比较常见的人工智能类型，是指那些只擅长完成某一特定任务的人工智能，例如语音助手、导航软件等。它们能听懂人类的语音指令，但无法解决其他领域的问题。

- 强人工智能是指能够像人类一样思考和学习的人工智能，它们可以跨领域解决不同问题，能自由地学习、理解和解决各种问题。目前，强人工智能正处于研究阶段。
- 超人工智能是指一种能力全面超越人类的人工智能。它可能会在学习速度、知识储备和创造力上远超人类。目前，该技术仅停留在幻想阶段。

2. 按功能分类

按功能分，人工智能可分为三种：感知型人工智能、决策型人工智能和生成型人工智能。

- 感知型人工智能擅长从图像、声音、文字等数据中获取信息，它们的作用就像人类的眼睛和耳朵，通过数据（图片、声音等）做出识别和反应。例如人脸识别（人脸解锁、打卡等）、语音识别（智能音箱、智能导航等）、图像识别（安防摄像头）。
- 决策型人工智能能够根据感知到的信息进行分析和决策，它们可以帮助人类在复杂环境中做出更明智的选择。例如自动驾驶、股市预测、医疗人工智能等。
- 生成型人工智能可以通过大量的深度学习、模仿和训练，创造出全新的内容。让机器从被动的工具变成可参与创作的创意助手。例如ChatGPT、Midjourney、音乐人工智能等。

3. 按实现方式分类

按实现方式分，人工智能也可分为三种：基于规则的人工智能、基于机器学习的人工智能和基于深度学习的人工智能。

- 基于规则的人工智能需要人类提前写好规则，按照固定的逻辑运行。例如，棋类人工智能是将所有可能的走法都罗列出来，然后一步步计算最优解。这类人工智能适合固定的、明确的任务，但灵活性差。
- 基于机器学习的人工智能是通过学习数据发现规律，不依赖人类设定的规则，能处理复杂问题，例如推荐算法和语音识别等。
- 基于深度学习的人工智能是机器学习的一种进阶方式，它通过“神经网络”模仿人脑的工作方式。这类AI能处理更为复杂的任务，例如图像识别。

2.1.4 人工智能的核心特征

人工智能是一门关于如何模拟人类智能的学科，涉及机器学习、自然语言处理、计算机视觉等技术。人工智能的核心特征有以下几种。

1. 模拟人类智能

人工智能技术的首要目标是模拟或模仿人类的智能行为，包括视觉、听觉、触觉、思维、决策等。例如，计算机视觉使机器具备了“看”的能力，语音识别让机器能“听懂”人说话，自然语言处理则让机器能理解和生成人类语言。

2. 自主学习

传统计算机系统只能执行人类编写的明确指令，人工智能系统则能够在大数据中自主学习，从数据中提取有用的信息和模式，进而预测新的情况。机器学习（Machine Learning）和深度学习（Deep Learning）是实现自主学习的主要技术，使得系统可以不断优化自己的行为和决策。

3. 适应性与自我改进

人工智能系统可以通过反馈机制，分析错误并改进模型。例如，在自动驾驶中，人工智能系统会在面对不同的道路情况时自主调整驾驶策略，并在错误中学习，从而不断提高行驶的安全性和准确性。

4. 环境感知与交互

人工智能系统通常具备一定的感知能力，通过传感器或摄像头等硬件感知环境，将数据输入后进行分析和决策。这种能力使人工智能在工业自动化、家庭助手等应用场景中发挥重要作用。

2.2 人工智能的核心技术

人工智能是一门涵盖计算机科学、数学、统计学、神经科学等多个学科的技术领域。为了实现让机器具备智能行为，人工智能的核心技术涵盖了多方面，涉及从数据处理到算法实现，再到应用层面的广泛技术。下面详细介绍人工智能的核心技术。

2.2.1 机器学习

机器学习是人工智能的一个重要分支，通过让机器从数据中“学习”规律、模式，使机器能够在没有明确编程的情况下执行任务。它是实现人工智能的核心技术之一，广泛应用于各领域。机器学习又分为以下几种类型。

1. 监督学习

监督学习指的是通过已有的标注数据进行学习，使模型能够预测新的数据结果。在这种学习模式下，输入数据与输出结果是已知的，模型通过对输入数据和输出标签之间的关系进行训练，学习到合适的映射关系。通过误差反向传播（如梯度下降法）最小化模型的预测误差，逐步提高预测精度。

知识点拨

监督学习的常见算法有线性回归、逻辑回归、支持向量机、决策树、K最近邻、神经网络等。

2. 无监督学习

无监督学习的任务是从没有标签的输入数据中挖掘数据的内在结构和规律，如相似性或关联性。通常用于数据的聚类、降维等任务。

> **知识点拨**
> 无监督学习的常见算法有K均值聚类、主成分分析、自组织映射、层次聚类等。

3. 强化学习

强化学习是一种通过与环境的交互来进行学习的方式，算法通过试错和奖励机制来优化行为策略，即通过奖励（正向反馈）或惩罚（负向反馈）来引导AI系统学习最优策略。强化学习系统的目标是最大化长期的累积奖励。

> **知识点拨**
> 强化学习的常见算法有Q学习、深度Q网络、策略梯度方法、Actor-Critic方法等。

4. 半监督学习与迁移学习

半监督学习介于监督学习和无监督学习之间，模型使用少量标注数据与大量未标注数据进行训练。迁移学习指的是将已学到的知识从一个领域迁移到另一个相关领域，这对于数据稀缺的问题非常重要。

2.2.2 深度学习

深度学习是机器学习的一个子集，尤其侧重于使用深层神经网络（深度神经网络，DNN）来学习数据的特征和规律，能够通过层级结构提取数据的高阶特征。深度学习在图像识别、语音识别、自然语言处理等多个领域取得了显著的成果。

1. 神经网络

神经网络是深度学习的基础，其灵感来源于生物神经系统，通过模拟人脑神经元连接的数学模型解决复杂问题。神经网络通过层级的结构，将输入信息通过不同的权重进行加权、求和，并通过激活函数进行非线性处理，最终生成输出结果。常见的类型有以下几种。

- **前馈神经网络：** 最基本的神经网络结构，信息从输入层经过隐藏层到达输出层。
- **卷积神经网络：** 特别适用于图像处理，通过卷积操作提取图像的局部特征，广泛应用于图像分类、目标检测等任务。
- **循环神经网络（RNN）：** 适用于序列数据处理，如自然语言处理和时间序列预测。RNN具有记忆性，可以通过时间步长传递信息。

2. 深度神经网络

深度神经网络是具有多个隐藏层的神经网络。通过增加层数，DNN能够捕捉到数据的更复杂的特征和模式。其特点有以下几种。

- 可以通过增加网络的深度学习更高阶的特征。
- 适合处理大规模数据。
- 需要大量的训练数据和计算资源。

3. 生成对抗网络

生成对抗网络由两部分组成：生成器和判别器。生成器的任务是生成逼真的数据，判别器的任务是区分生成的数据与真实数据。两者通过对抗训练，不断提高性能，最终生成器能够生成高质量的样本数据。主要应用有图像生成、风格迁移、数据增强等。

4. 自编码器

自编码器是一种无监督学习算法，主要用于数据降维和特征学习。它通过将输入数据编码成一个低维表示，再将其解码回原始数据来进行训练。自编码器可用于图像去噪、异常检测等任务。

2.2.3 自然语言处理

自然语言处理（NLP）是人工智能的一个重要分支，旨在让计算机理解、生成和处理人类语言。自然语言处理是使计算机理解和生成自然语言的技术，涉及语法、语义、上下文分析等内容。NLP的目标是让机器能够理解文本或语音中的信息，并作出合适的反应。NLP广泛应用于语音识别、机器翻译、情感分析、问答系统等领域。

1. 文本处理与语言建模

文本处理是NLP的基础，涉及文本的分词、去除停用词、词干提取等步骤。语言建模是对语言中词汇、语法结构、句法关系的建模，目的是帮助机器理解文本的含义。

> **知识点拨**
>
> 语言模型是根据文本数据生成单词或句子的概率模型，如n-gram模型和深度神经网络语言模型。它们能够帮助机器理解语言的结构和语法。

2. 机器翻译

机器翻译是NLP的一个重要应用，旨在通过计算机系统自动翻译文本。最初，基于规则的机器翻译（如统计机器翻译）取得了一定成果，但深度学习技术的引入（如神经机器翻译）极大提升了翻译质量。

3. 情感分析与文本分类

情感分析是NLP中的一项应用，目的是识别文本中的情感倾向（如积极、消极、中立）。文本分类则是将文本分配到预定类别的过程，广泛应用于垃圾邮件过滤、新闻分类、社交媒体分析、客户反馈分析等领域。

2.2.4 计算机视觉

计算机视觉旨在使计算机能够“看”并且“理解”图像和视频。它通过处理图像或视频数据，识别其中的物体、场景、活动等信息，广泛应用于自动驾驶、安防监控、医学影像等领域。

1. 图像识别

图像识别是计算机视觉的一个基础任务，目的是从图像中识别出物体或场景。深度学习中的卷积神经网络（CNN）被广泛应用于这一任务。图像识别依赖于大量的图像数据进行训练，通过多层卷积神经网络提取图像的特征，并分类或标注目标物体。主要应用包括人脸识别、物体检测、交通监控、医学影像分析等。

2. 目标检测与实例分割

目标检测不仅要识别图像中的物体，还需要标出物体的具体位置。实例分割则是对图像中的每个像素进行分类，精确地确定物体的边界。常用技术包括YOLO（You Only Look Once）、Faster R-CNN、Mask R-CNN等。

3. 图像生成与风格迁移

图像生成是通过模型生成新的图像，风格迁移是将一种图像的艺术风格应用到另一张图像上。主要应用包括艺术创作、虚拟现实（VR）、游戏开发等。

2.2.5 专家系统与知识图谱

专家系统旨在模拟领域专家的决策过程。它们通常包含一个规则库和推理引擎。专家系统利用大量的领域知识和规则，通过逻辑推理来解决复杂问题。知识图谱则是通过图的形式表示实体及其之间的关系，是AI系统的知识基础。

1. 专家系统

专家系统由两个主要部分组成。

- **知识库：**存储专家的知识和规则。
- **推理引擎：**基于规则库对输入数据进行推理，得出结论。

2. 知识图谱

知识图谱是通过图结构来组织和表示知识，图中的节点代表实体，边代表实体之间的关系。知识图谱通用的表示方式为三元组。它的基本形式有以下两种。

- **（实体1，关系，实体2）三元组：** 例如（爱因斯坦，提出了，相对论），其中“爱因斯坦”是实体1，“提出了”是关系，“相对论”则是实体2，如图2-1所示。
- **（实体，属性，属性值）三元组：** 例如（江苏省，地级市，13个），其中“江苏省”为实体，“地级市”为属性，“13个”为属性值，如图2-2所示。

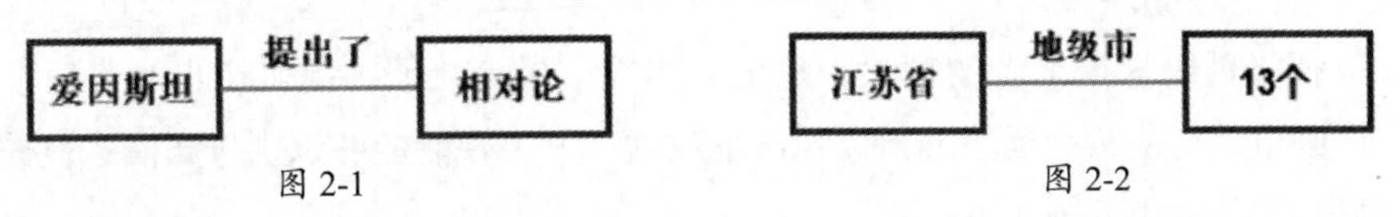

图 2-1　　图 2-2

知识图谱就是利用图形化界面来展示复杂的网络图，人们可以直观地看到所有知识的关联性。它是人工智能的一项基础技术，用于增强AI系统的推理能力和知识理解能力。主要应用包括搜索引擎、推荐系统、智能问答等。

2.3 人工智能的应用领域

人工智能已经从理论研究走向实际应用，渗透到了各行各业，并带来了革命性的变化。随着技术的不断进步，人工智能在多个领域的应用变得越来越广泛、深入。以下是人工智能的主要应用领域及其应用实例的介绍。

2.3.1 智能制造与工业自动化

人工智能与机器人技术结合，推动了智能制造的发展。人工智能可以对生产线进行监控、优化，自动化机器人则可以在没有人工干预的情况下完成各种生产任务。

人工智能能够通过分析设备的传感器数据，预测设备可能出现的故障，提前进行维护，减少停机时间和维修成本。应用实例如下。

某工厂使用人工智能控制的机器人进行零部件的组装和检验，提高生产效率，并使用人工智能和机器人在生产线上实现大规模的自动化制造等。利用人工智能技术对工业设备进行预测性维护，减少设备故障率，降低维修成本。

2.3.2 医疗健康

人工智能在医疗健康领域，对于医学影像分析、智能诊断与决策等方面可以起到巨大的作用。

1. 医学影像分析

人工智能在医学影像分析中发挥着至关重要的作用，特别是在病变检测、疾病诊断以及图像分类等任务中。例如，人工智能可以帮助医生自动识别CT扫描、X光片或MRI中的病灶，辅助诊断肺癌、乳腺癌、脑部疾病等。应用实例如下。

- **肺癌筛查：**人工智能通过训练深度学习模型，能够自动分析肺部CT影像，发现早期的癌症症状，并提供准确的诊断建议。
- **病理图像分析：**通过图像分割、物体识别等技术，人工智能帮助病理学家自动识别癌细胞，提取组织特征，提高诊断效率和准确性。

2. 智能诊断与辅助决策

人工智能可以根据患者的症状、病史、体检结果等数据，提供初步的疾病诊断意见，协助医生进行决策。通过分析大量医学数据，人工智能能够识别疾病模式，提供个性化治疗建议。应用实例如下。

- **IBM Watson Health：**通过自然语言处理和机器学习技术分析患者的健康数据，帮助医生做出个性化的治疗决策。
- **人工智能辅助诊断系统：**如皮肤癌检测系统，通过深度学习模型对皮肤病变图像进行分析，帮助医生识别早期皮肤癌。

3. 药物发现与研发

人工智能可以加速药物的研发过程，通过大规模数据分析发现潜在的药物分子，缩短药物开发周期，并提高药物的成功率。应用实例如下。

- **药物筛选：**人工智能通过模拟分子结构与疾病靶标的相互作用，筛选出有潜力的药物分子。
- **临床试验优化：**人工智能通过分析患者数据，预测哪些患者群体最适合某种临床试验，提升药物研发的效率。

2.3.3 自动驾驶与智能交通

自动驾驶是人工智能技术最具代表性的应用之一。自动驾驶汽车利用传感器（如激光雷达、摄像头等）收集环境数据，经过深度学习、图像识别、决策规划等技术，完成自主导航、路径规划、障碍物避让等任务。应用实例如下。

- **特斯拉自动驾驶：**特斯拉的Autopilot系统利用人工智能技术进行自动驾驶，通过摄像头、雷达和传感器识别道路状况，实现自动加速、刹车和变道等功能。
- **Waymo：**谷歌的自动驾驶项目，通过深度学习和强化学习，构建了一个全自动的驾驶系统，能够自主行驶。

人工智能在智能交通管理系统中的应用也日益广泛。人工智能可以根据实时交通数据动态调整信号灯，管理道路通行效率，优化交通流量，减少拥堵。应用实例如下。

- **智能红绿灯系统：**人工智能通过监控摄像头和传感器收集交通流量数据，并实时调整信号灯的时长，以实现更高效的交通控制。
- **智能停车管理：**人工智能能够通过传感器和图像识别技术帮助车辆找到空闲停车位，优化停车场的管理。

人工智能在计算领域，尤其是深度学习方面，高度依赖并行计算，之所以广泛使用显卡，是因为显卡与CPU相比，在并行计算能力方面具有显著优势。

2.3.4 金融科技

人工智能在金融领域的应用主要在于精准定向与风险管理等。

1. 智能投资与量化交易

人工智能在金融市场中的应用主要体现在智能投资和量化交易方面。人工智能通过数据挖掘、趋势分析和预测建模帮助投资者做出更加精准的投资决策。应用实例如下。

- **量化交易：** 利用深度学习、强化学习等技术构建交易模型，分析市场数据，并自动执行交易操作，获取盈利。
- **智能投顾：** 人工智能通过分析客户的风险偏好、财务状况等数据，为投资者提供个性化的投资建议。

2. 风险管理与欺诈监测

人工智能能够实时监测交易行为，识别潜在的欺诈风险或不正常的交易模式。金融机构利用人工智能技术建立风险评估模型，提前预警并采取相应措施。应用实例如下。

- **信用评分与风险评估：** 人工智能模型通过分析用户的信用历史、交易行为、社交网络等数据，评估用户的信用风险。
- **欺诈监测：** 银行和支付平台使用人工智能技术监测不寻常的交易活动，如信用卡盗刷、账户盗窃等，及时发现并拦截欺诈行为。

3. 智能客服与金融助手

AI-powered聊天机器人和虚拟助手被广泛应用于金融行业的客户服务。它们可以自动处理客户咨询，帮助客户进行账户查询、交易操作等。应用实例如下。

- **银行客服机器人：** 许多银行使用AI聊天机器人处理用户的咨询问题，提供7 × 24小时的服务。
- **财富管理助手：** 一些人工智能平台为高净值客户提供智能理财建议，帮助客户进行财富管理。

2.3.5 智能家居与物联网

人工智能与物联网（IoT）相结合，为智能家居提供更多创新应用，使家居环境更加智能化、自动化、个性化。物联网设备通过互联网连接，将各种家居设备（如智能灯泡、温控器、家电、安防系统等）整合在一起，人工智能则为这些设备提供智能决策和自动化处理能力。

1. 智能家居控制与自动化

语音助手（如Amazon Alexa、Google Assistant、Apple Siri等）是智能家居中最常见的人工智能应用之一。通过语音命令，用户可以控制家中的各类设备，如开关灯、调整温度、播放音乐、设定闹钟等。人工智能语音识别技术让这些虚拟助手能够识别多种语言和方言，甚至理解上下文的含义。

智能家居系统能够学习用户的行为习惯和日常生活模式，然后根据这些数据自动调整设备设置。例如，智能家居可以自动调节家中的温度、灯光亮度或窗帘开合程度，模拟用户在家或外出的状态，提升居住体验。

人工智能与IoT设备的结合可以使不同设备之间互相沟通、协同工作。通过人工智能平台，智能设备能够共同制定决策，例如，在人们入睡后，智能灯光、空调、窗帘等自动调整到最佳状态。

2. 智能安防与监控

人工智能与IoT结合的智能监控系统能够识别访客、家庭成员或陌生人，并根据身份采取不同的措施。例如，人工智能技术能够通过人脸识别来解锁门或发送警报提醒。

智能门锁是智能家居系统的关键部分之一，人工智能结合生物识别技术（如指纹、面部识别、语音识别等）能够提供更高的安全性，避免传统密码被泄露或破解。

3. 智能环境控制

智能温控系统可以通过人工智能分析天气情况、房屋位置、家庭成员的活动等数据，自动调节温度和湿度。例如，智能恒温器可以根据季节变化和居住人员的活动情况动态调整家中的温度设置。人工智能与IoT设备能够持续监测家中的空气质量，包括温度、湿度、二氧化碳浓度等，并智能调节空气净化器、加湿器或除湿器的工作状态，保持空气清新和舒适。

4. 智能家电与生活管理

人工智能能够帮助智能厨房家电提高效率并优化用户体验。例如，智能冰箱能够追踪食物库存、到期时间，并推荐菜谱；智能洗碗机可以根据实际需求自动选择清洗模式。

2.3.6 零售与电子商务

人工智能在零售业和网上购物等电子商务领域的应用也在不断深化。

1. 个性化推荐系统

在电商平台，人工智能通过分析用户的浏览历史、购买行为、搜索记录等数据，构建用户画像，进而为每个用户推荐个性化的商品或服务。应用实例如下。

- **亚马逊推荐系统：** 亚马逊通过人工智能分析用户的购买历史和浏览行为，推荐个性化的商品。
- **Netflix推荐算法：** Netflix使用人工智能算法根据用户观看历史和评分，为用户推荐他们可能感兴趣的电影或电视剧。

2. 智能客服与虚拟助手

人工智能驱动的聊天机器人可以代替传统的客服人员，处理顾客的常见问题，并提供即时的服务。这些AI客服能够全天候工作，提升顾客的服务体验。应用实例如下。

- **京东智能客服：** 京东利用人工智能聊天机器人为顾客提供商品咨询、订单查询等服务，提升服务效率。
- **Siri、Alexa等虚拟助手：** 语音助手可以帮助用户进行购物、查询商品信息、下单等。

3. 库存与供应链优化

人工智能通过分析库存数据、销售预测、市场趋势等信息，帮助商家优化库存管理和供应链安排，减少库存积压和缺货现象。应用实例如下。

- **沃尔玛库存管理：** 沃尔玛利用人工智能算法预测商品需求，优化供应链和库存管理，减少仓储成本。
- **京东无人仓库：** 京东使用自动化和人工智能技术管理仓库，提升配送效率，减少人工操作。

2.3.7 创意与娱乐产业

在创意和娱乐产业领域，人工智能的贡献更为直观，而且与广大读者的联系也更加密切。

1. 内容创作与生成

人工智能能够自动生成音乐、文章、图像、视频等内容，成为创意产业的重要工具。人工智能作曲、人工智能绘画和人工智能写作在艺术创作中已经取得显著进展。应用实例如下。

- **OpenAI的GPT模型：** GPT-3等生成式预训练模型能够创作文章、诗歌，甚至编写代码。
- **人工智能作曲工具：** 人工智能可以根据用户的喜好生成音乐，甚至在电影和视频游戏中自动编写背景音乐。

2. 虚拟现实与增强现实

人工智能与虚拟现实（VR）和增强现实（AR）结合，能够提供更加沉浸式的娱乐体验。例如，人工智能可以为虚拟角色赋予智能行为，使其在虚拟世界中与用户互动。

应用实例如下。

- **AR游戏：** 如游戏*Pokemon Go*（《精灵宝可梦Go》），通过人工智能技术实现实时环境识别和增强现实体验。
- **虚拟角色：** 在电影或视频游戏中，人工智能控制的虚拟角色能够根据用户的行为做出智能反应。

知识点拨

人工智能在教育领域的应用正在快速发展，极大地推动了个性化学习和教学方法的创新。人工智能能够通过分析学生的学习数据、兴趣、能力等，为每个学生提供量身定制的学习内容和路径，帮助教师更高效地管理课堂、跟踪学生进度、提高教育质量。

2.4 大模型的基本概念

人工智能大模型是一种超大规模，是通用性强的深度学习模型，具备“聪明”的特性，能够解决复杂的任务。下面对大模型的一些基础概念进行简单介绍。

2.4.1 大模型的定义

大模型是指一种超大规模的深度学习模型，它通常包含非常多的参数（亿级、百亿级甚至千亿级以上），并使用海量数据进行训练。大模型可以用来解决各种复杂的人工智能任务，例如语言理解、图像生成和推荐系统等。ChatGPT这样的聊天模型就属于典型的大模型，如图2-3所示。

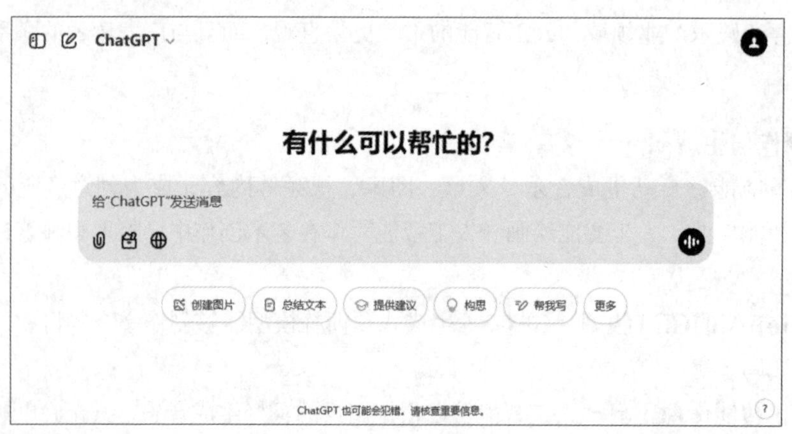

图 2-3

2.4.2 大模型的特点

大模型具有以下几个显著的特点。

- **参数规模大：** 大模型的核心是它的“参数”。可以把参数想象成大脑中的“神经连接”。普通模型的参数可能只有几百万个，而大模型的参数动辄达到亿级，甚至千亿级。
- **数据量大：** 大模型需要用海量数据进行训练，这些数据可以是文本、图像、视频等。数据的丰富性让大模型在不同任务中表现得更加通用和高效。
- **通用性强：** 大模型的一个核心优势是通用性。经过训练后，它可以在多个领域中表现优异，而不需要为每个任务单独设计和训练模型。
- **迁移学习能力强：** 大模型具备很强的迁移学习能力，它在一个任务上学到的知识，可以很好地迁移到另一个任务上，从而节省开发时间和成本。
- **高计算需求：** 大模型需要大量的计算资源来支持训练和运行，例如高性能GPU集群和云计算资源。因此，训练大模型的成本非常高。
- **人工智能的泛化能力：** 泛化能力是指模型从已知数据中学到知识，并能够在未知数据上表现出色。大模型能够理解不同任务的上下文，并生成高质量的答案。

2.4.3 大模型的分类

根据功能和应用领域，大模型可以分为以下几类。

- **自然语言处理模型：** 主要用于处理和生成人类语言文本。擅长语义理解、语言生成等任务。代表模型有GPT系列、BERT（谷歌）等。
- **计算机视觉模型：** 专注于图像、视频等视觉数据的处理。能够识别、分类和生成视觉信息。代表模型有Vision Transformer（ViT）、YOLO等。常用于人脸识别、自动驾驶、医学影像分析等领域。
- **多模态模型：** 可以同时处理多种类型的数据，它打破单一模态的限制，实现跨领域协作。代表模型有DALL·E、CLIP（OpenAI）等。常用于文本生成图像、语音转文字、视频分析等操作。
- **推荐系统模型：** 专注于为用户推荐符合其喜好的内容。利用用户的行为数据和兴趣偏好进行个性化推荐。代表模型有DeepFM、Transformer4Rec等。常用于电商、流媒体、社交平台的内容推荐。
- **专用领域模型：** 为特定行业和任务设计的大模型。其模型更加专业化，性能更高。代表模型有AlphaFold（用于蛋白质结构预测）、MedPaLM（用于医学问答系统）等。常用于医疗诊断、金融分析、科学研究类专业领域。

知识拓展：人工智能模型的训练和优化

人工智能模型的训练和优化是机器学习和深度学习的核心部分，它决定了模型在实际应用中的表现。这里详细介绍人工智能模型的训练过程、优化算法、常见的训练技巧，以及如何应对过拟合和欠拟合等问题。

1. 模型训练的基本流程

模型训练一般采用以下几个步骤。

（1）数据准备

- **数据收集：** 获取足够的高质量数据是人工智能模型训练的基础。数据可以来自公开数据集、传感器、用户数据等。
- **数据清洗：** 处理缺失值、异常值和重复数据，以确保数据质量。
- **数据预处理：** 包括标准化、归一化、离散化、分桶等操作，使数据满足模型的输入要求。
- **数据分割：** 通常将数据分为训练集、验证集和测试集。训练集用于模型训练，验证集用于调参和选择模型，测试集用于最终评估模型的泛化能力。

（2）选择模型结构

根据任务的需求选择适合的模型结构，例如卷积神经网络（CNN）适合图像处理，循环神经网络（RNN）适合序列数据，自编码器（Autoencoder）适合无监督学习。

（3）定义损失函数

损失函数（Loss Function）用于衡量模型预测值和真实值之间的差距。选择合适的损失函数是训练模型的关键。

（4）优化算法

通过优化算法调整模型参数，使得损失函数的值最小化。优化算法是模型训练的核心部分。接下来会详细介绍优化算法的内容。

2. 常见的优化算法

优化算法主要用于更新模型的参数（如权重和偏置），以最小化损失函数的值。常用的优化算法有以下几种。

（1）梯度下降法

梯度下降是优化算法的基础，通过沿着损失函数的梯度方向更新参数。常用的算法有以下几种。

- **批量梯度下降（Batch Gradient Descent）：** 一次用整个训练集计算梯度更新参数。适合小数据集，对大数据集来说，会导致内存耗尽且训练较慢。
- **随机梯度下降（Stochastic Gradient Descent, SGD）：** 每次用一个样本计算梯度，参数更新更频繁，但噪声较大、收敛较慢且波动较大。

- **小批量梯度下降（Mini-batch Gradient Descent）：**每次使用小批量样本计算梯度，综合了批量和随机梯度下降的优点，常用批量大小为32、64、128等。

（2）自适应优化算法

为了改善SGD的收敛速度和稳定性，许多自适应优化算法应运而生。

- **动量法（Momentum）：**在SGD基础上引入了动量概念，使参数在梯度方向上增加动量项，以加速收敛。
- **RMSprop（Root Mean Square Propagation）：**通过自适应地调整学习率来加速收敛，适合处理噪声大的梯度。
- **Adam（Adaptive Moment Estimation）：**结合了动量和RMSprop的优点，通过自适应地调整学习率，使参数更新既稳定又快速，适合大多数神经网络训练。

（3）学习率调节方法

学习率是控制参数更新幅度的超参数，对模型训练影响很大。常见的学习率调整策略包括以下几种。

- **固定学习率：**保持学习率不变，适合简单问题。
- **衰减学习率：**逐步降低学习率，例如每经过若干轮次减少一定比例，以使模型逐步收敛。
- **自适应学习率：**如Adam和Adagrad等算法中的自适应学习率。

3. 训练技巧和方法

为了提高模型的效果，通常会在模型训练中使用一些技巧。

（1）正则化

正则化（Regularization）是防止模型过拟合的常用方法，在损失函数中加入惩罚项以约束模型的复杂度。

（2）数据增强

数据增强（Data Augmentation）是通过生成新的训练数据来提高模型的泛化能力，特别在图像处理中效果显著。常见的数据增强方法包括旋转、缩放、裁剪、镜像翻转等。数据增强可以帮助模型避免过拟合。

知识点拨

过拟合（Overfitting）：模型在训练集上表现很好，但在测试集上表现较差，可以通过增大数据量、使用正则化、数据增强和提前停止来解决。欠拟合（Underfitting）：模型无法很好地拟合训练集数据，可以通过增加模型复杂度、减小正则化强度、增加训练轮次来解决。

（3）提前停止

在验证集上监控模型性能，如果模型在若干轮次后性能不再提高，则提前停止（Early Stopping）训练，以避免过拟合。

（4）批归一化

批归一化（Batch Normalization）是一种加速神经网络训练的技术，通过在每层计算时将输入归一化为均值0、方差1，从而稳定梯度流动。批归一化不仅可以加速训练，还可以起到一定的正则化效果。

（5）迁移学习

在一些特定场景（如图像分类、文本分类）中，可以使用预训练模型（如ResNet、BERT）在新任务中进行微调，从而提高模型的表现并减少数据和计算成本。

4. 分布式训练和并行计算

在处理大型模型和大数据集时，分布式训练和并行计算非常重要。常用的分布式训练方式有以下两种。

- **数据并行：** 将数据分成不同的小批次，分配到多个计算节点上，每个节点在本地训练模型副本并计算梯度，然后汇总梯度更新模型参数。
- **模型并行：** 将模型的不同部分放在不同的计算节点上，适合大模型（如 GPT-3），以分布式方式训练。

5. 模型评估与验证

训练结束后，评估模型的泛化能力和性能指标，以验证其在测试集上的表现。

- **交叉验证（Cross Validation）：** 在数据较少的情况下，可以使用 K 折交叉验证等技术反复训练模型，以获得更稳定的性能评估。
- **评估指标：** 根据任务类型选择合适的评估指标，如分类任务中的准确率、精确率、召回率等，回归任务中的均方误差、平均绝对误差等。

知识点拨

超参数调优可以使用网格搜索，枚举所有可能的超参数组合，并评估每个组合的模型性能。随机搜索、随机选择超参数组合进行评估。贝叶斯优化利用概率模型（如高斯过程）来指导选择下一组超参数。

第3章 AIGC技术基础与应用

人工智能技术的快速发展使其在众多领域产生了深远影响。第2章介绍了人工智能主要的应用领域及相关知识。本章将从使用者的角度出发，介绍人工智能技术中的一个重要的分支——人工智能生成内容（AIGC）的基础与应用，包括常用的AIGC工具、向机器提问方式，以及利用AIGC生成各种类型的内容等。通过本章内容的学习，让读者了解AIGC技术，学习并掌握其使用方法，为工作和学习带来质量和效率的提升。

3.1 AIGC技术的日常应用

AIGC技术在日常生活中的应用正在以惊人的速度普及，影响着从内容创作、图像处理到数据分析等领域。

3.1.1 文本生成与处理

文本生成与处理是AIGC技术的重要组成部分，在多个行业和日常应用中有着广泛的使用。AIGC工具通过自然语言处理技术生成、分析和理解文本内容，为用户提供丰富的文字服务和支持。主要的应用与特色功能如下。

1. 写作与创意生成

文本生成工具能够根据提示词生成文章、故事、诗歌等。很多自媒体创作者、营销人员和内容策划者都可借助AIGC工具提供的创意和内容生成，大大提升生产力。此外，AIGC还可模仿各种写作风格，帮助品牌发布风格一致的内容。

知识点拨

ChatGPT是由OpenAI开发的大型语言模型，能够生成文本、翻译语言、编写不同类型的创意内容，并回答用户的问题。Jasper.ai专注于营销文案生成的AI工具，可以帮助用户快速生成高质量的广告文案、博客文章、社交媒体内容等。

2. 新闻生成

许多新闻媒体会使用AIGC工具自动生成新闻报道，尤其是涉及财经数据、体育赛事、天气预报等结构化信息的新闻。AIGC能根据数据生成准确、实时的新闻报道，大大提高信息的传播速度。

3. 语言翻译

机器翻译技术（如Google翻译、DeepL）通过深度学习模型实现了高质量的多语言互译。AIGC能够即时翻译电子邮件、网页、对话等，消除语言障碍，帮助用户获取更多信息。尤其是在跨境电商、旅游、国际贸易中，机器翻译已成为不可或缺的工具。

4. 语法纠正与文本优化

写作辅助工具（如Grammarly、Linguix）利用机器进行语法检测、句法优化、语言建议，为用户提供文本改进建议。此类工具帮助学生、职场人士等在日常写作中减少错误、提升文档质量。

知识点拨

Grammarly是一款AI驱动的写作辅助工具，能帮助用户纠正语法错误、改进用词、提高写作水平。

5. 聊天机器人和客户支持

许多企业使用 AI 驱动的聊天机器人（如 Dialogflow、ChatGPT）处理常见的客户问题，提升客户支持效率。它能理解客户的需求，提供实时响应，并将复杂问题转接给人工客服。在电商、金融、教育等行业，聊天机器人提升了客户体验和服务水平。

6. 自动摘要与信息提取

AIGC技术可以自动生成文章摘要和关键信息，便于用户快速获取核心内容。例如，在阅读应用或新闻聚合平台上，利用AIGC工具能自动生成摘要，让用户在短时间内了解文章要点。

3.1.2 图像生成与处理

利用图像生成与处理技术能够生成、编辑、识别图像，被广泛应用于图像编辑、创意设计、图像搜索等方面，为视觉内容创作者和用户带来极大便利。

1. 图像生成与艺术创作

图像生成技术（如DALL·E、Stable Diffusion）可以根据文本描述生成高质量图像，用于广告设计、品牌宣传、艺术创作等。用户输入一些关键的提示词，就可以生成符合要求的图片，省去烦琐的绘制过程，且结果富有创意。图3-1所示的是利用即梦AI工具文生图的效果。

图 3-1

2. 自动修图与滤镜推荐

许多摄影和社交平台（如 Instagram、Snapseed）利用AIGC工具自动识别图像中的人物、场景等元素，并为用户推荐合适的滤镜和修图效果。另外AIGC工具还可以进行图像增强、亮度调节、噪点去除等操作，使得修图更加智能化。图3-2所示是为图片自动上色。

3. 图像超分辨率重建

图像增强技术（如ESRGAN）可以将低分辨率的图像重建为高清版本，恢复图像细节。图像重建技术广泛应用于安防监控、电影修复、医学成像等领域，使得低质量图像获得清晰还原。

图 3-2

4. 虚拟试妆与试衣

在电商平台（如 Sephora、IKEA），AI驱动的虚拟试妆和试衣技术可以让用户在线试戴眼镜、试涂口红、试穿衣服等，提升购物体验。这种试用功能帮助消费者更直观地选择适合自己的产品，如图3-3所示。

图 3-3

5. 图像内容审核

社交媒体和内容平台使用AIGC技术对上传的图片和视频进行审核，以识别并屏蔽不良内容，保护用户免受不良影响。AI模型能快速筛查图片中的敏感元素，提高内容审核的效率和准确性。

6. 实时美颜和表情滤镜

在短视频平台（如TikTok、Snapchat），AI美颜和表情滤镜功能非常流行。用户可以在视频录制中实时应用美颜、动态特效等，使视频内容更加生动有趣。

知识点拨

要选择适合自己的AI工具，需要考虑以下因素：工具是否能满足用户的具体需求，工具的操作是否简单，是否有友好的用户界面，工具的价格是否在用户的预算范围内，工具是否能与用户现有的工具或系统进行集成。

3.1.3 代码生成与辅助

AI在代码生成和开发辅助方面的应用正在快速发展，为程序员提供了强大的支持工具，大大提升了软件开发的效率和质量。

1. 自动代码补全

代码编辑器（如GitHub Copilot、IntelliCode）利用AIGC技术分析开发者输入的代码，并预测下一行代码，实现智能补全。这种补全工具帮助开发者节省时间，并减少语法错误或常见编码错误。

2. 代码生成与样例推荐

AIGC可以根据开发者的需求生成代码段，帮助开发者快速获得功能代码示例。例如，用户输入描述提示词“生成一个读取CSV文件的函数”，系统就会生成相应的代码，使得代码编写更简单。

3. 代码注释生成与文档自动化

AIGC可以根据代码内容生成相应的注释，帮助开发者理解代码逻辑。例如，AI会自动为函数、类生成详细的文档注释，使代码更具可读性。

4. 错误检测与自动修复

AIGC（如DeepCode、TabNine）能够分析代码结构，检测代码中的潜在错误，并提供修复建议，帮助开发者快速定位并修复Bug。尤其适合调试和大型代码库的维护。

5. 代码重构与优化建议

AIGC可以帮助开发者优化代码结构，提高代码效率。例如，AIGC会分析代码中的冗余逻辑，推荐更优的实现方法，使代码更简洁和高效。

6. 代码转换

AIGC可以将代码从一种编程语言自动转换为另一种，方便跨平台开发。例如，将Python代码转换为JavaScript，或将SQL查询转换为Spark代码。这种转换功能适用于迁移项目或多语言编程需求。

7. 学习与提升编程技能

许多在线编程学习平台（如LeetCode、Codecademy）通过AI自动化批改作业，提供学习进度建议，帮助初学者提升编程技能。AI提供个性化学习计划，根据学习情况推荐相应的课程和练习。

3.1.4 数据分析与可视化

数据分析与可视化是AIGC在日常和商业中最广泛的应用之一。它可以快速处理和分析大量数据，并以可视化的方式呈现，帮助用户和企业进行数据驱动的决策。

1. 预测分析与趋势洞察

通过数据建模和机器学习算法（如回归分析、时间序列预测）分析数据趋势，进行销售预测、市场分析等。在电商、金融等行业应用广泛，例如帮助企业预估需求、制订生产计划等。

2. 实时监控与异常检测

在金融、制造等行业，AIGC能实时监控系统状态，识别数据中的异常模式。例如，在金融交易中，AIGC可以检测潜在的欺诈交易，在制造业中识别设备异常，以便及时维护。

3. 数据可视化

许多可视化工具（如Tableau、Power BI）通过AI自动生成可视化图表，便于数据分析结果的展示。AIGC可以自动选择合适的图表类型（如柱状图、折线图、散点图）并生成数据交互图，使用户直观理解数据趋势和关系。

4. 个性化报告生成

AIGC能够自动生成数据分析报告，将数据分析结果总结为易懂的文本或图表。企业可以使用AIGC生成财务报告、市场分析报告等，提升决策效率。

5. 自然语言查询数据

许多商业智能（BI）平台（如Google Data Studio、Looker）提供自然语言查询功能，用户可以用文本语言查询数据，如“过去一年销量增长最快的产品是什么？”系统会通过解析用户输入生成查询语句，返回相应的数据和可视化图表。

3.2 常见的AIGC工具及特点

AIGC工具在多个行业中被广泛应用，覆盖多方面。以下是一些国外及国内常见的AIGC工具及其特点。

3.2.1 国外常用工具

国外的AIGC研究已经有很长时间，相对于国内，在多方面都比较成熟。下面是一些国外常用工具及其特点。

1. ChatGPT

ChatGPT是OpenAI公司推出的广受欢迎的对话生成工具，基于大规模的自然语言处理（NLP）模型，并基于GPT（Generative Pre-trained Transformer）架构，能处理从日常聊天、技术问答到内容创作等多种语言任务。凭借其出色的自然语言理解和生成能力，使用户能够和系统进行多轮互动。ChatGPT支持上下文会话，并能够不断调整输出，让用户体验流畅的交流过程。它广泛应用于在线客服、教育培训和内容创作等场景，通过庞大的数据训练实现精细化的语言生成，有助于个性化需求的满足。

2. Grammarly

Grammarly是一款强大的英语写作辅助工具，旨在提升用户的书面表达，通过智能化的语法检查和拼写纠正，帮助用户识别和修正错误。它还可以分析写作风格、词汇使用和情感倾向，提供优化建议，特别适合提高专业写作和学术文章的表达质量。Grammarly 的界面简洁，操作方便，用户可以快速获得反馈，不仅是个人用户的得力助手，也是企业和教育领域的热门工具。

3. Midjourney

Midjourney是一款专门用于艺术创作的图像生成工具，通过输入文字描述，生成带有浓厚艺术风格的高质量图像。不同于其他生成工具，Midjourney以其独特的美学风格和极具创意的效果在设计师和艺术家中广受好评。该工具尤其适合制作插画、杂志封面和艺术设计，用户可以在其中探索和体验独一无二的视觉效果，满足个性化艺术需求。

4. Tableau

Tableau是全球广泛应用的数据可视化和分析工具，通过直观的数据图表展示和交互设计，帮助用户发现数据中的规律和趋势。其强大的数据处理功能使得用户可以轻松创建动态报表，适合企业级数据分析和商业智能需求。Tableau不仅支持实时数据更新，还能通过交互视图进行细节分析，是金融、市场分析、企业管理等领域的理想工具。

5. Power BI

Power BI是微软公司推出的商业智能工具，提供数据清洗、建模、可视化和交互式报表生成等功能，广泛应用于企业数据分析和决策支持。其与Excel的无缝集成提高了企业在数据管理和报表生成中的效率，能够灵活地与多种数据源连接，提供定制化的数据展示方式。Power BI界面友好，功能强大，特别适合需要深入分析和报告生成的业务场景。

3.2.2 国内常用工具

国内的AIGC虽然起步稍晚，但发展势头强劲。在应用厂商的优化下，更适合国内的使用环境和国人的使用习惯。国内常用的工具主要有以下几种。

1. 豆包

豆包由字节跳动公司开发，具备智能问答、文本创作、图片生成（目前仅支持在App端使用）等功能，能进行中文（包括古文）的处理，语言生成能力较强。其设计初衷是成为日常AI小助理，可在用户需要时提供情绪支持或倾听安慰。它还在不断优化和改进，以提升智能性和人性化程度，增加更多功能和内容来解决用户的问题和需求。

2. 文心一言

文心一言是百度公司推出的知识增强型大规模语言模型，可以是工作中的超级助理，帮忙写文章、想文案、做报告等；也可以是学业上的导师，解答专业知识、撰写论文大纲等；还可以陪用户聊天互动、答疑解惑。

3. 智谱清言

智谱清言是基于清华大学keg实验室和智谱AI公司共同训练的语言模型开发的。支持多轮对话，能进行连贯的交流和对话，具备内容创作、信息归纳总结，以及实时搜索和数据分析的能力。

除了以上介绍的大模型外，讯飞星火、通义千问、Kimi、紫东太初等都是很优秀的模型。

4. 即梦 AI

即梦AI作为剪映旗下的生成式人工智能创作平台，支持用户通过自然语言描述及图片输入，轻松生成高品质的图像与视频内容。被广泛应用于各种创意创作场景，包括广告制作、动画制作、短视频创作以及社交媒体内容生成等。该软件同时支持Web端和移动平台，用户可以根据自己的需求和喜好选择合适的平台进行创作。

5. 魔音工坊

魔音工坊是一款功能强大、操作简便的配音软件，具有广泛的适用性和高度的自定义性。无论是专业配音师还是普通用户，都可以通过魔音工坊轻松实现高质量的音频创作。对于音频创作领域，还有其他一些比较实用的AIGC工具，例如海绵音乐、网易天工等。

6. 剪映 AI

剪映AI包含多种功能强大的智能工具，包括生成图片、生成视频、智能特效及数字人播报等，能够自动识别视频元素并提供编辑建议，同时支持智能配音与音频处理，极大地提升了视频创作的效率与质量。用户只需简单操作，即可借助人工智能生成技术轻松制作出专业水准的视频作品。

3.3 AIGC工具的使用方法

用户根据不同的需要可以选择不同的工具来使用。每种工具的使用方法也不尽相同。下面介绍一些常用AIGC工具的使用方法和操作步骤。

3.3.1 了解提示词

提示词是用户与AIGC互动的核心。通过提示词，用户可以向AIGC表达任务需求并定义期望的输出内容和风格。高质量的提示词可以极大地提高内容生成的准确性和效率。以下是一些提示词的使用原则和技巧，以帮助用户在与机器交互时取得最佳结果。

1. 具体、清晰的提示词

提示词必须明确表达需求，避免使用模糊或冗长的语言。例如，当需要获取一些健康的建议时，不要泛泛地输入“如何保持健康？”而是具体说明需求。“我想在办公室久坐的情况下保持健康，有什么每日运动或饮食建议吗？”这个提示词能让系统聚焦在久坐和日常工作环境下的健康建议上，而不是给出一般性的健康指南。

知识点拨

如果提示词涉及特定的领域或背景，需要提供相关的上下文信息，帮助AIGC更好地理解用户的意思。例如，“我想了解一下深度学习，可以从哪里入手？”要比单纯问“深度学习是什么？”效果更好。

2. 分步引导

如果提示词较为复杂，建议逐步拆解提示词。分步骤或分层次的提示词可以让AIGC更加准确地跟进。例如，你正在学习如何制作预算表，这时就可逐步分解提示词，让AIGC提供分阶段的帮助。可以先问“如何列出日常支出清单？”然后再问“如何设置支出限制并自动计算总金额？”这种分步式引导可以帮助AIGC逐步解决更复杂的问题，使回答更准确。

3. 使用示例或场景

如果希望对特定代码段进行修改，或生成特定格式的内容，那么提供示例可以让AIGC更快理解需求。例如“请用Python编写一个计算平均值的代码”可以改为“给定列表[10，20，30]，如何用Python计算它们的平均值？”

在生成内容时，明确要求AIGC输出的结构或格式，例如，“生成500字的市场分析”或“生成简明的步骤清单”。

4. 开放式和封闭式提示词的结合

开放式提示词适用于需要创造性或开放性建议的情况，例如，“如何提升电子商务网站的用户体验？”“在远程团队协作中，如何改善大家的配合效率？”等。开放式提示词可以引出多样的创意和策略。

封闭式提示词适合需要特定信息的情况，通常带有是非判断或直接答案的引导，例如，“是否有内置的Python函数用于计算中位数？”“远程团队协作中是否有提升沟通效率的工具？”等。

5. 迭代式提示与反馈

获得初步回答后，明确指出生成内容中的优缺点，帮助AIGC进一步调整。例如，“活动方案的第一部分我觉得不错，但如何增加互动环节？”像这样的反馈有助于AI的继续回应。

知识点拨

如果AI的答案过于宽泛，可根据初次回答进一步缩小提示词的范围。例如“如何创建数据库？”可能会得到整体的介绍，而进一步询问“在SQLite中如何创建表？”可得到更精准的回答。

6. 提示输出风格

控制回答长度和深度，用户可以指定生成内容的简洁性或详细性，例如，“用简短的两句话描述……”或“详细讲解每个步骤”。还可以选择内容的语气，AIGC工具支持生成不同风格的内容，用户可以要求“用简洁易懂的方式解释”或“使用专业术语进行详细讲解”等，例如“请用正式且简明的语气，写一份关于公司搬迁的员工公告，包括日期、地点、搬迁原因。”这种提示词能够帮助AIGC更好地理解公告的语气需求和具体信息。

7. 利用工具专长

每个工具有其独特的专长，要合理利用各工具的特性，例如，GitHub Copilot擅长代码自动补全和编程建议，而Microsoft 365 Copilot更侧重于文档和数据处理任务。明确工具的专长后，用户可以根据需求选择最适合的工具。

8. 迭代并优化提示词

记录有效的提示词，可以根据生成内容的反馈不断优化提示词，记录哪些提示词表达效果更好。例如，使用“请用步骤说明”或“给出详细代码”则能更好地激发高质量的内容。

3.3.2 输入提示词

用户可以直接进入文心一言的官网，注册账号后，就可以向文心一言提问了。默认使用的是文心大模型3.5（4.0和4.0Turbo大模型需要开通会员）。用户可以在界面的文本框中，按照前面介绍的提示词技巧输入提示词，按Enter键，文心一言就可以给出答案，如图3-4所示。回答完毕后，如果不符合用户的需要，还可以继续输入提示词或优化提示词。

利用文心一言还可生成各种文案内容，如图3-5所示。在提示词中加入文案要求即可。

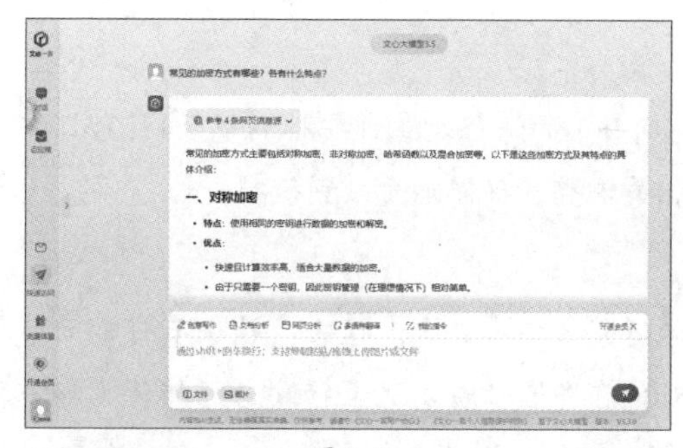

图 3-4

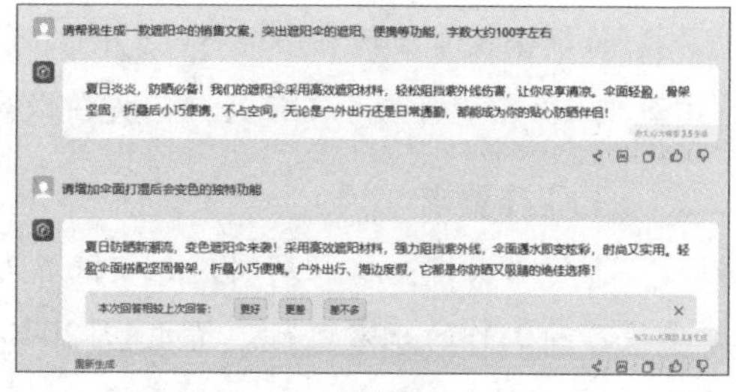

图 3-5

知识点拨

如果对回答不满意，可以重新生成，而且可以在问题的基础上增加问题或者要求。

动手练 生成关于劳动节放假的通知

下面使用文心一言工具，生成××学院关于劳动节放假的通知文档。打开文心一言，输入以下提示词。

请根据提供的信息，使用正式且规范的语气生成一份劳动节放假安排通知。

标题：关于2025年劳动节放假安排的通知

发文机关：××学院办公室

主送机关：全校师生

成文日期：2025年4月21日

通知内容：放假时间5月1日（星期四）至5日（星期一），共5天。5月5日（星期一）课程及工作安排调整至4月27日（星期日）。

工作要求：①放假期间务必安排好专人值班，并于4月29日18:00前将值班表发送至行政老师邮箱；②做好安全教育工作；③自觉做到廉洁自律。

生成内容如下：

> **关于2025年劳动节放假安排的通知**
>
> 发文机关：××学院办公室
>
> 主送机关：全校师生
>
> 成文日期：2025年4月21日
>
> 尊敬的全校师生：
>
> 根据国家法定节假日安排，结合我校实际情况，现将2025年劳动节放假安排通知如下：
>
> **1. 放假时间**
>
> 劳动节放假时间为2025年5月1日（星期四）至5月5日（星期一），共计5天。

2. 课程及工作安排调整

为确保教学活动有序进行，5月5日（星期一）的课程及工作安排调整至4月27日（星期日）。请各教学单位及部门提前做好相关调整，确保师生顺利衔接。

3. 工作要求

①值班安排：放假期间，xx学院、各部门务必安排好专人值班，确保节日期间学校各项工作的正常运行。请于4月29日18:00前将值班表发送至行政老师邮箱（邮箱地址：xxxx@xx.com），以便统筹协调。

②安全教育工作：各部门需加强安全教育，提醒师生注意人身安全、财产安全，确保度过一个平安、祥和的节日。

③廉洁自律：全体教职工应自觉做到廉洁自律，严禁利用节日之机收受礼品礼金，树立良好的师德师风。

请全校师生根据放假安排提前做好相关准备，确保假期平稳有序。祝大家劳动节快乐，阖家幸福！

特此通知。

××学院办公室

2025年4月21日

3.3.3 分析文档与图片

除了生成文本外，利用文心一言还可对上传的文档进行分析。

在对话框中单击“文件”按钮，如图3-6所示，在弹出的界面中，单击上传或者拖入需要分析的文档，如图3-7所示。

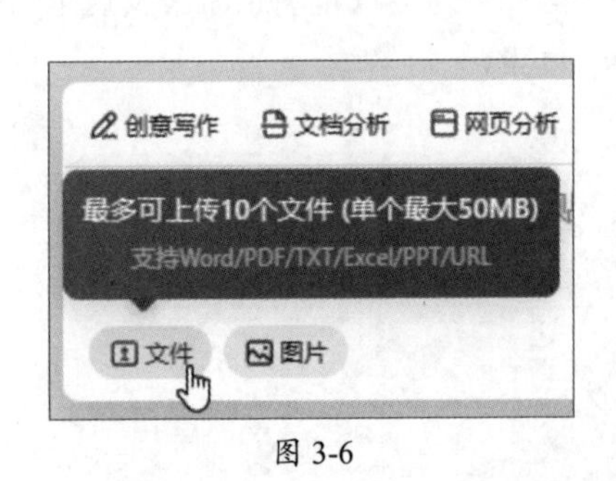

图 3-6

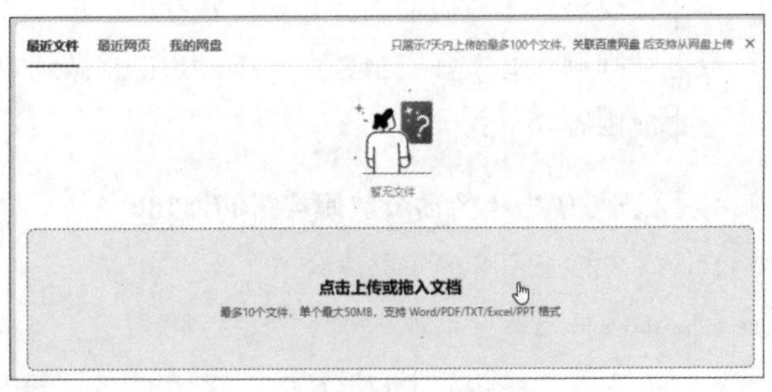

图 3-7

文档上传完毕后，可以在文本框中输入具体的分析要求等，单击“发送”按钮即可，如图3-8所示。

接下来系统就会根据用户要求提取并整理内容，并快速完成文档的整理操作，非常适合办公一族使用，如图3-9所示。

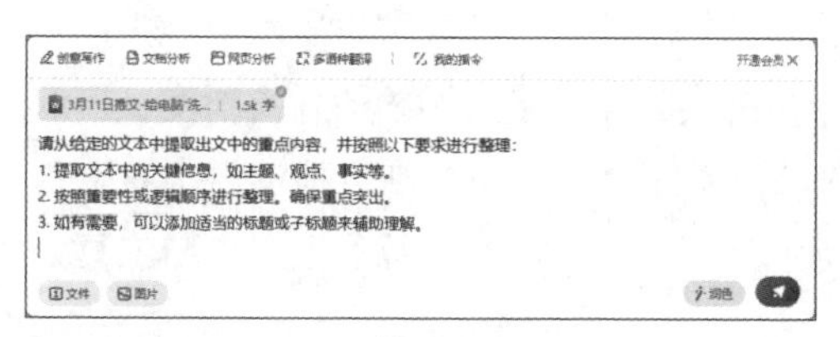

图 3-8

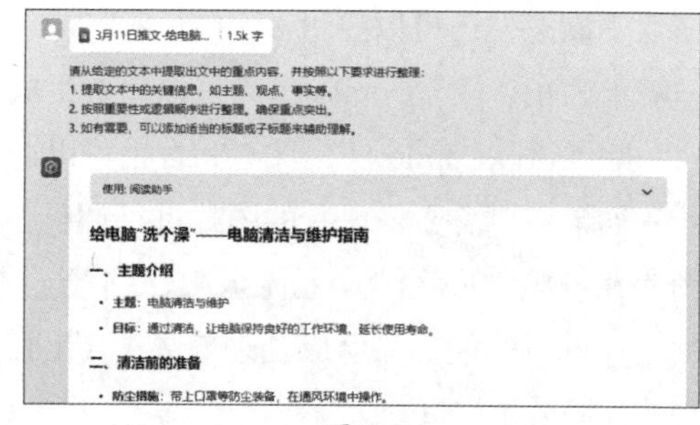

图 3-9

知识点拨

在文心一言的文本框上方，可以看到“创意写作”“文档分析”“网页分析”“多语种翻译”等板块，打开后可以查看到更多独特的AIGC功能，根据提示进行操作就可以快速获得对应的支持。

除了分析文档外，还可对图片进行分析，按同样的步骤上传图片后，输入分析要求，就可获得答案，如图3-10所示。

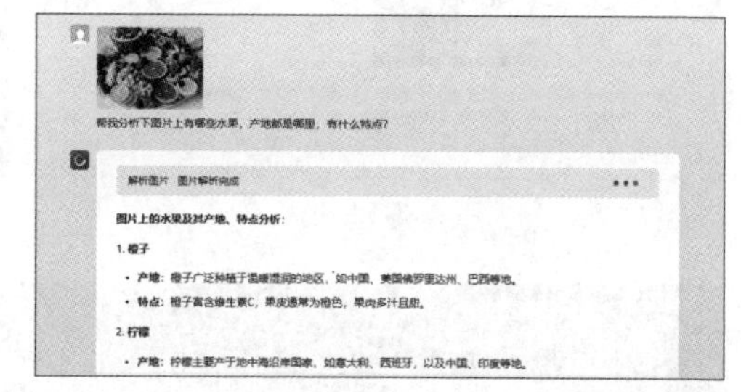

图 3-10

知识点拨

· 在上传时需要注意，单个文档文件体积大小限制为50MB，支持Word、PDF、TXT、Excel、PPT等格式，关联了网盘后，可以从网盘中直接读取文件。图片的文件体积大小限制为10MB。

3.3.4 生成图像

图片生成也就是常说的文生图功能。用户可以通过输入提示词的方式，向AIGC描述所要图片的具体内容，例如主题、背景、颜色、构图、人物、意境、时间、地点等。也可让AIGC自由发挥，只提供图片主题，AIGC即可根据提示词生成相应的图片。图3-11所示的是微软Copilot AI工具图片生成效果。

图 3-11

单击生成的图片，可放大查看，单击“下载”按钮可下载该图片。如果对生成的图片不满意，还可以要求AIGC重新生成，或者继续调整提示词，直到图片效果符合用户需求为止。微软Copilot每天可以免费生成10幅图片。

除了微软Copilot外，文心一言也可以通过文字生成图片，如图3-12所示。

如果用户需要将现有的图片进行调整，例如更换图片风格、调整图片清晰度、抠取图片背景等，可将图片上传至AIGC平台，输入相关提示词，系统则会根据需求对上传的图片进行处理，并生成处理效果。图3-13所示为参考图，图3-14所示为即梦AI工具处理的插画效果。

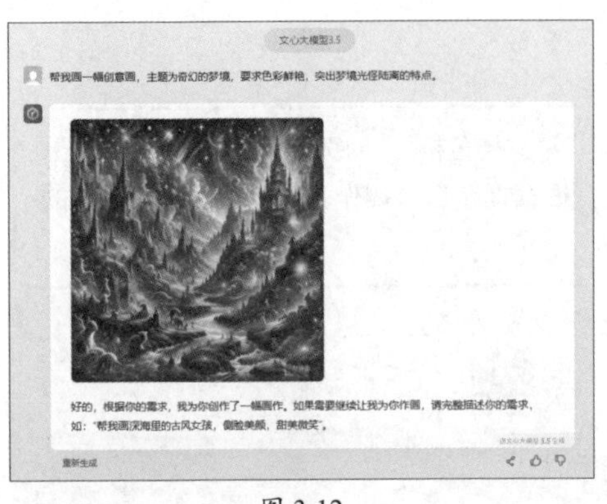

图 3-12

图 3-13

图 3-14

动手练 利用豆包工具生成场景图

下面利用豆包工具将沙发产品图合成至相关的场景图中。

Step 01 打开并登录豆包工具，单击“图像生成”按钮，进入图像生成界面。单击“AI抠图”按钮，如图3-15所示。

图 3-15

Step 02 在“打开”的对话框中选择产品图片，单击“打开”按钮，系统将自动进行抠图操作，并显示抠图结果，如图3-16所示。用户也可手动调整抠取区域。

Step 03 调整完成后，单击“抠出主体”按钮，即可完成抠图操作，如图3-17所示。

图 3-16

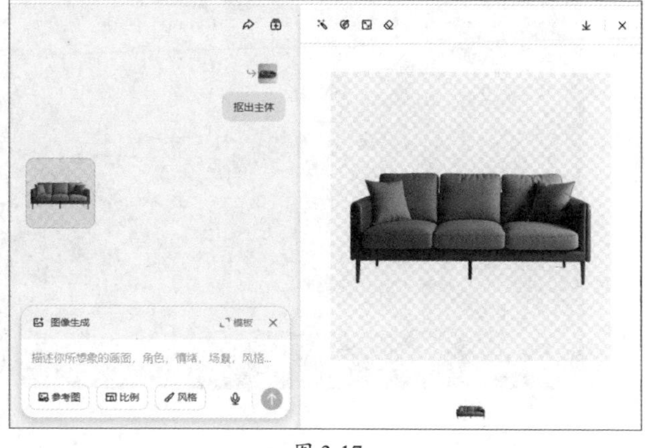

图 3-17

Step 04 单击抠取效果上方的按钮，并在文本框中输入相关提示词“将该沙发融入一个北欧风格的家居场景中。沙发背后挂着几幅艺术画，沙发右侧摆放着一盏落地灯。整个场景给人温馨浪漫的感受。”如图3-18所示。

Step 05 单击“发送”按钮，稍等片刻即可生成符合要求的产品场景图，如图3-19所示。单击“下载原图”按钮可将该图下载至本地计算机中。

图 3-18

图 3-19

3.3.5 生成歌曲

利用AIGC技术可帮助音乐创作者快速生成旋律、和声和节奏。让音乐人能够快速获得灵感，完成整首曲子的编写。目前，国内的AI音乐生成工具有很多，包括豆包、天工AI、海绵音乐等。图3-20所示是海绵音乐主界面。

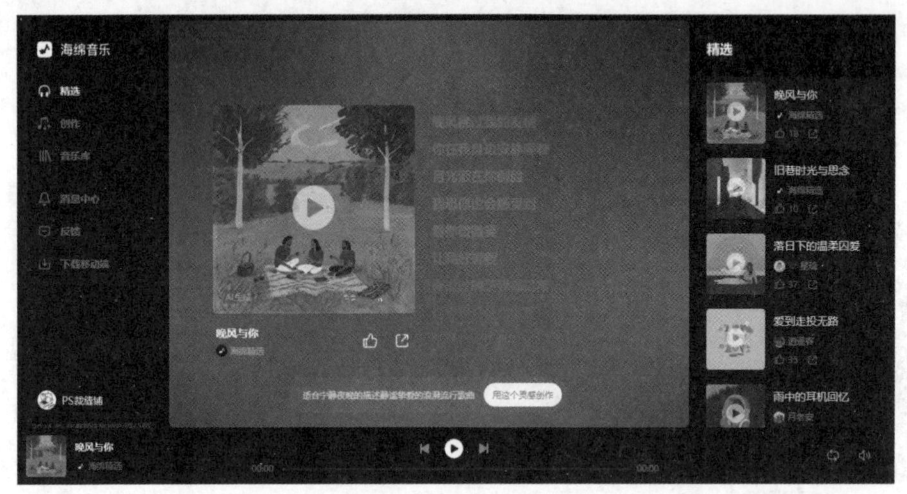

图 3-20

海绵音乐是由字节跳动推出的一款功能强大、易用性高的AI音乐创作和生成工具，它为用户提供了多样化、个性化的音乐创作体验。支持多种音乐风格，包括R&B、嘻哈、电子、国风等。在中文歌曲创作上，减少了电音的使用，提高了吐字清晰度和演唱流程性，使得生成的歌曲更加自然动听。目前海绵音乐是完全免费的。

进入并登录海绵音乐官方网站。在主界面中单击“创作”按钮，进入“定制音乐”界面。这里可选择“灵感创作”和“自定义创作”两种方式，如图3-21所示。

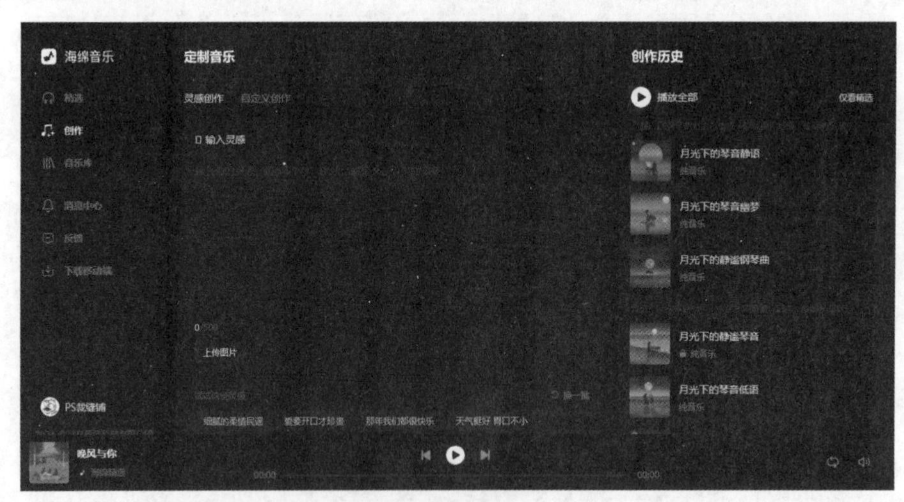

图 3-21

- **灵感创作：**根据用户输入的一句话或音乐主题自动生成音乐。可理解为根据主题进行创作。
- **自定义创作：**根据用户提供的歌词，或是一键生成的歌词，以及设定的曲风、心情和音色来进行定制化的创作。

以“自定义创作”方式为例，在“输入灵感”文本框中输入创作提示词，如图3-22所示。单击“生成音乐”按钮。稍等片刻，系统会自动生成三段音频供用户选择，如图3-23所示。

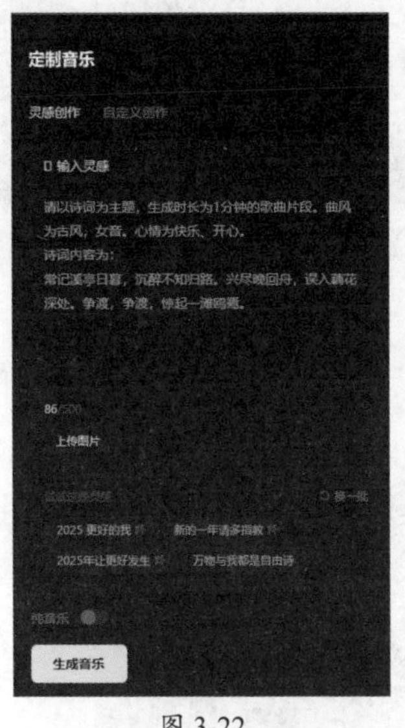

图 3-22

图 3-23

单击所需音频的播放按钮，可进行试听。在“音乐详情”窗口中单击“编辑”按钮可对当前歌词进行修改，如图3-24所示。

可使用手机扫描二维码进行试听，单击音乐右侧的分享按钮，也可将该音频进行分享操作，如图3-25所示。

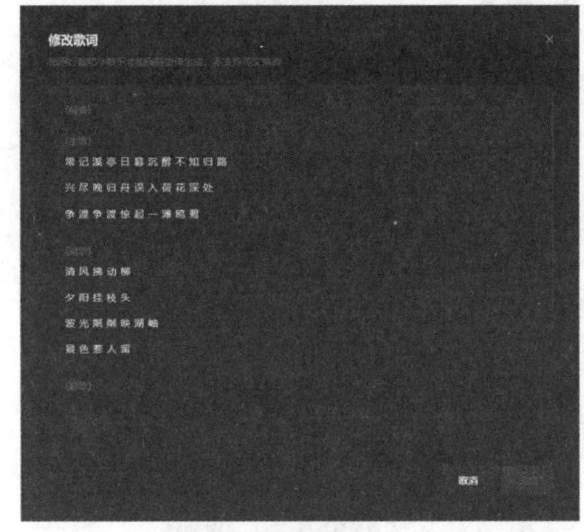

图 3-24

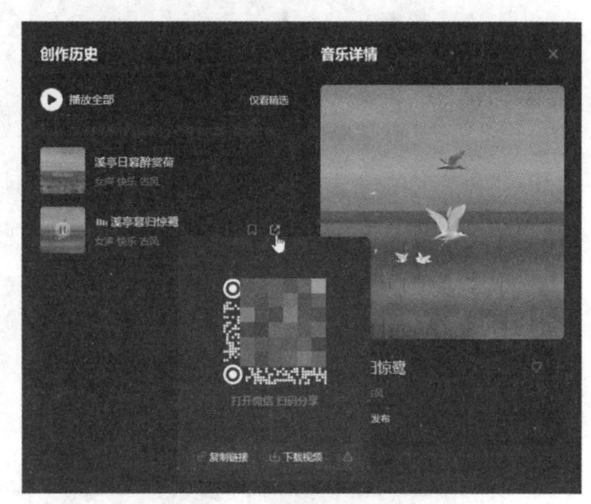

图 3-25

3.3.6 生成视频

除了创作歌曲外，利用AIGC还可以按照用户提供的文字内容或图片内容生成视频。用户就像导演一样，让AIGC生成各种视频画面，同时也可添加各种特效，进行运镜、镜头切换等。图3-26所示是即梦AI工具利用图片生成的视频画面。

图 3-26

即梦AI是一款生成式人工智能创作平台，支持通过自然语言及图片输入生成高质量的图像及视频。用户只需输入简单提示词即可生成精彩的图片或视频，还可以对现有图片进行创意改造，自定义保留人物或主体的形象特征，实现背景替换、风格联想等操作。

登录即梦AI官网，在首页单击左侧导航栏中的“视频生成”按钮，或在页面顶部“AI视频”区域单击“视频生成”按钮，如图3-27所示。

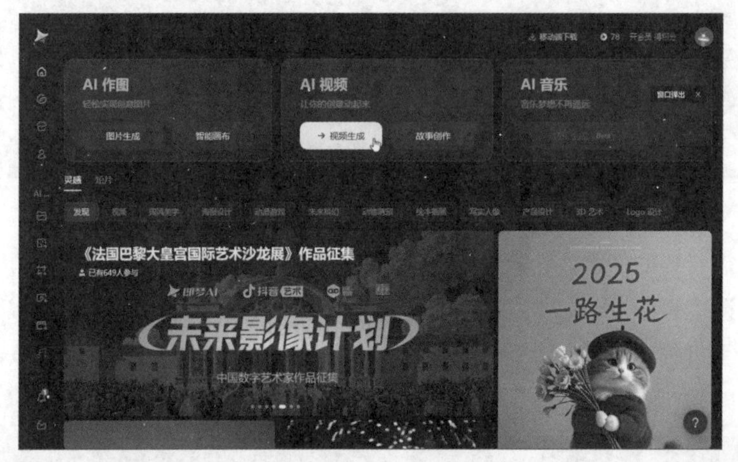

图 3-27

进入“视频生成”页面。在页面左侧的“视频生成”选项卡下选择“文本生视频”选项。在文本框中输入提示词，并选择好视频模型以及视频比例，单击“生成视频”按钮，稍作等待即可生成视频。将光标移动到视频区域，可以浏览视频，如图3-28所示。

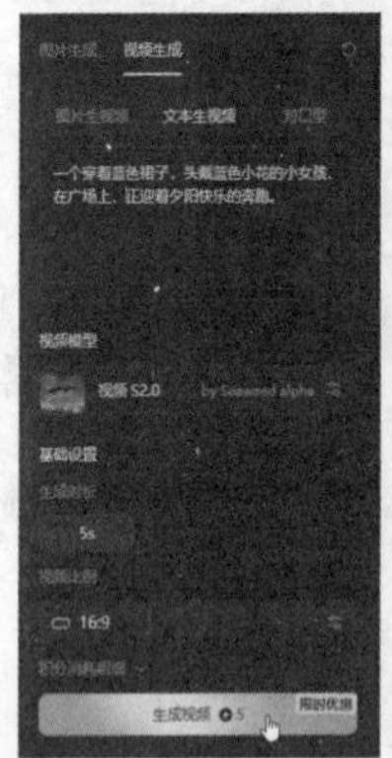

图 3-28

动手练 使用可灵AI生成视频

可灵AI是快手推出的新一代AI创意生产力平台，基于快手自研大模型可灵和可图，提供高质量视频及图像生成能力，通过更便捷的操作、更丰富的能力、更专业的参数和更惊艳的效果，满足创作者对创意素材生产与管理的需求。

用户注册并登录后，可以使用文生视频的功能，输入创意描述的提示词，如图3-29所示。然后进行参数设置和运镜控制等，如图3-30所示，最后单击“立即生成”按钮。

图 3-29

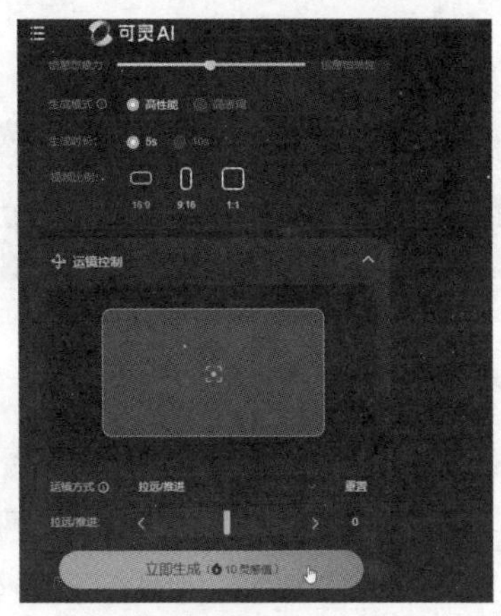

图 3-30

经过AI计算并生成后，可以查看生成的视频，如图3-31所示。

图 3-31

3.3.7 辅助编写代码

AIGC辅助编程是指利用人工智能技术支持和增强软件开发过程的一种方法。它可以通过多种方式帮助程序员进行代码补全和建议、进行错误检查和调试、代码生成、代码翻译和迁移、文档生成、代码重构等。

例如可以让AI帮助程序员编写代码，如图3-32所示；也可以优化代码，如图3-33所示。

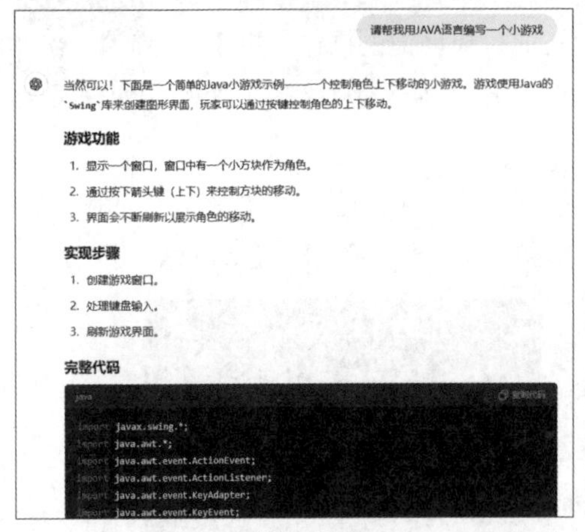

图 3-32

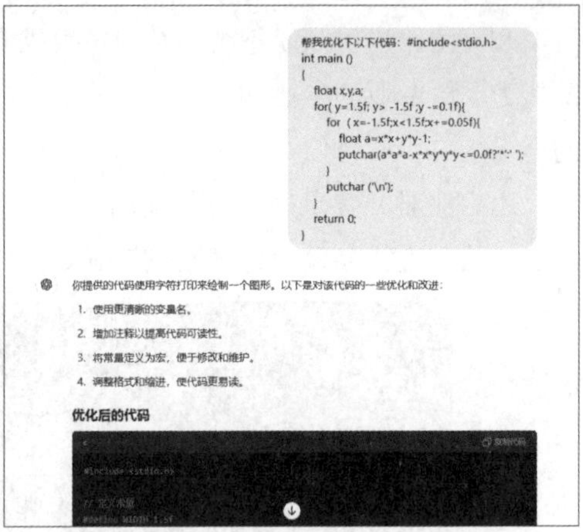

帮我优化下以下代码：#include<stdio.h>

```
int main ()
{
    float x,y,a;
    for( y=1.5f; y> -1.5f ;y -=0.1f){
        for (x=-1.5f;x<1.5f;x+=0.05f){
            float a=x*x+y*y-1;
            putchar(a*a*a-x*x*y*y*y<=0.0f?'*':' ');
        }
        putchar ('\n');
    }
    return 0;
}
```

你提供的代码使用字符打印来绘制一个图形。以下是对该代码的一些优化和改进：

1. 使用更清晰的变量名。
2. 增加注释以提高代码可读性。
3. 将常量定义为宏，便于修改和维护。
4. 调整格式和缩进，使代码更易读。

优化后的代码

```
#include <stdio.h>
```

图 3-33

通义灵码是阿里云出品的一款基于通义大模型的智能编码辅助工具，提供行级/函数级实时续写、自然语言生成代码、单元测试生成、代码注释生成、代码解释、研发智能问答、异常报错排查等能力，并针对阿里云SDK/OpenAPI的使用场景调优，助力开发者编码。通义灵码基于海量优秀开源代码数据集和编程教科书训练，可根据当前代码文件及跨文件的上下文，自动生成行级/函数级代码、单元测试、代码注释等，此外还具备代码解释、智能研发问答、异常报错排查等能力。用户可以在JetBrains或VSCode等集成开发环境（IDE）中添加该扩展，登录后就可以使用，如图3-34所示。

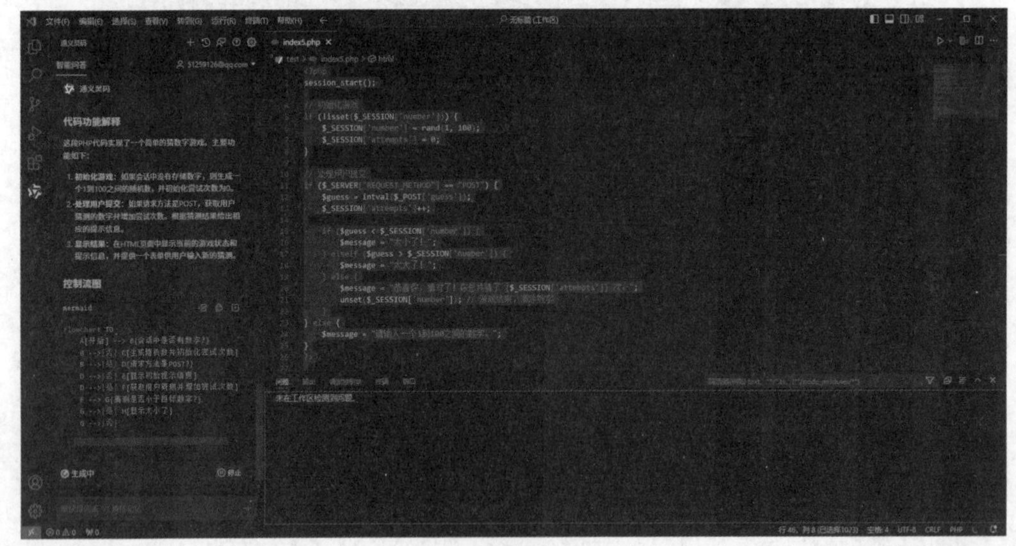

图 3-34

动手练 生成装机配置清单

AI在实际工作和生活中应用比较广泛，例如可以让AI帮助用户生成计算机的配置清单，以便进行比较和购买，如图3-35所示。

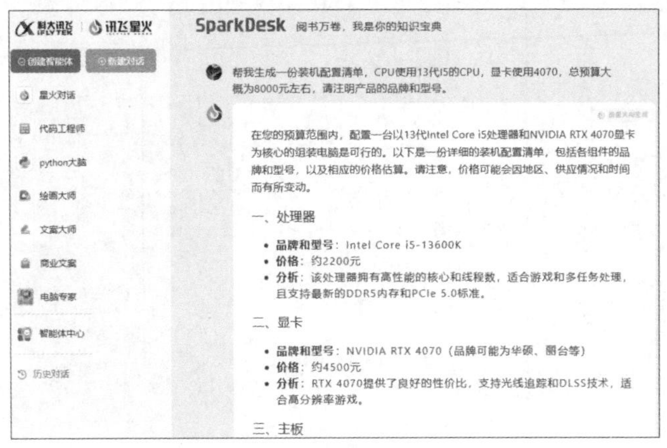

图 3-35

除了询问配置外，对一些硬件参数、平替产品、专业术语等不太了解的用户，还可以直接向AI提问，让AI进行详尽的解答，非常方便高效。

知识拓展：数字播报人的使用

使用AI生成虚拟的数字人，可以按照用户的文档内容进行讲解和演示，生成对应的视频，无须真人出镜。这样的平台很多，例如腾讯智影就可以创建数字人。用户在官网中注册后即可使用，选择出镜的数字人形象、背景，如图3-36所示。在右侧输入需要数字人朗读的文本，设置停顿点，单击“保存并生成播报”按钮，如图3-37所示。

图 3-36

图 3-37

单击上方的“合成视频”按钮生成视频。在弹出的界面中，设置合成参数，单击“确定”按钮，如图3-38所示。稍等片刻，即可生成数字人视频，口型和朗读文字的口型一致。用户可以观看及下载，如图3-39所示。

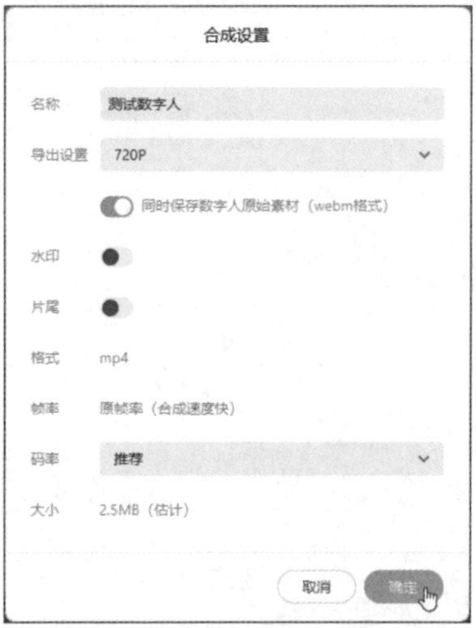

合成设置
名称
测试数字人
导出设置
720P
同时保存数字人原始素材（webm格式）
水印
片尾
格式
mp4
帧率
原帧率（合成速度快）
码率
推荐
大小
2.5MB（估计）
取消
确定

图 3-38

腾讯智影
测试数字人
开通会员
将向读者介绍 如何创建数字人

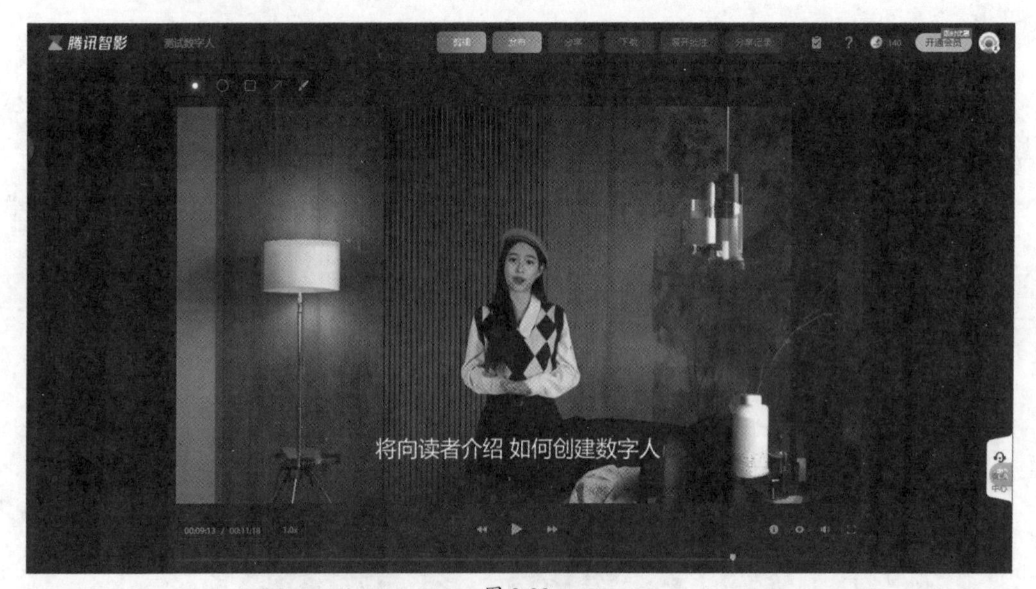

图 3-39

利用类似功能，有些平台还可以通过克隆人声、克隆外观来生成直播带货数字人形象，可以按照带货的文本内容进行朗读，还可以按照设置的脚本根据不同的触发关键字朗读不同的内容，以便与观众互动。

第4章 WPS文字的应用

WPS文字即WPS Office中的文字处理模块，是一款功能全面、操作便捷的文字处理软件。它提供了丰富的文档编辑工具和模板，支持多人协同编辑和PDF转换，适用于日常办公、团队协作以及学术研究等场景，能够满足用户高效、专业的文档处理需求。本章将对WPS文字的应用进行详细介绍。

4.1 WPS文字的基础操作

WPS文字的基础操作是现代办公和学习中不可或缺的基本技能，系统地掌握文档创建、文本编辑、格式设置等基本技能，能够大幅提升工作效率和文档质量。

4.1.1 文档的创建与关闭

WPS文字、WPS表格和WPS演示共同集成于WPS Office中。若要创建WPS文字，需要先启动WPS Office。

Step 01 安装WPS Office软件后，在桌面上双击WPS Office图标（或在计算机“开始”菜单中单击软件图标），如图4-1所示。

Step 02 启动WPS Office，在首页单击“新建”按钮，在展开的“新建”菜单中选择“文字”选项，如图4-2所示。

图 4-1

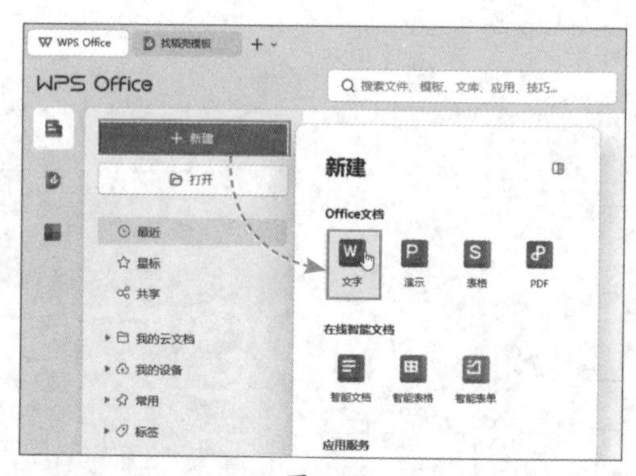

图 4-2

Step 03 打开“新建文档”页面，单击“空白文档”按钮，如图4-3所示。

Step 04 WPS Office中随即新建一页空白文档，该文档默认名称为“文字文稿1”。若要关闭文档，可以单击文档标签右侧的☒按钮，如图4-4所示。

图 4-3

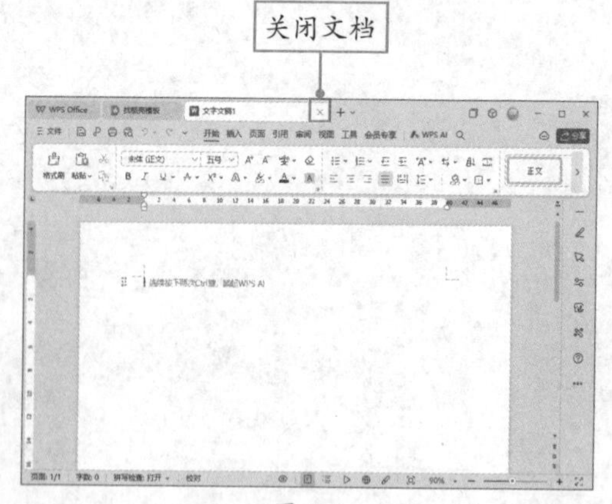

图 4-4

操作提示

WPS Office首页中提供了多种新建文档的通道，除了单击“新建”按钮，也可在标签栏中单击+按钮，打开“新建”菜单，如图4-5所示。

另外，在标签栏中单击˅按钮，也可打开“新建”菜单，如图4-6所示，但是在该“新建”菜单中选择“文字”选项后，不会进入“新建文档”页面，而是直接新建一个空白文档。

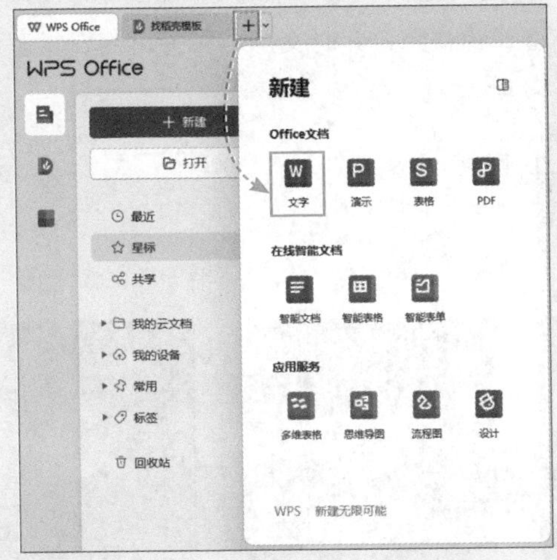

图 4-5

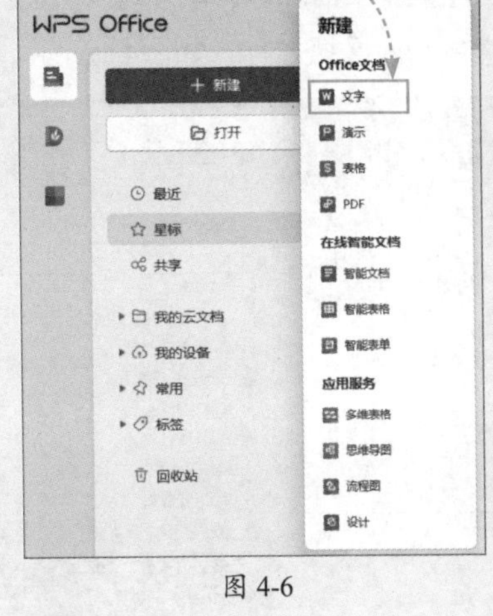

图 4-6

4.1.2 新建模板文档

WPS Office内置海量模板，在首页单击“新建”按钮，并选择“文字”选项，然后进入“新建文档”页面。在该页面中可以根据类型或搜索关键字查找所需模板，如图4-7所示。

图 4-7

注意事项 需要说明的是，WPS Office中的大部分模板仅供会员免费使用。非会员用户可以尝试在“搜索”栏中输入“免费”进行搜索，搜索结果中也会包含许多免费模板。

动手练 使用快捷方式新建文档

使用右键菜单可以快速创建空白文档。WPS Office为快捷创建方式提供DOC和DOCX两种文档格式，用户可以根据需要进行选择。

Step 01 在需要创建文档的位置右击（此处在桌面上右击），在弹出的快捷菜单中选择“新建”选项，在其级联菜单中选择所需文档格式，如图4-8所示。

Step 02 桌面随即自动新建一个相应格式的文档，此时文档名称为可编辑状态，用户可直接修改文档名称，如图4-9所示。

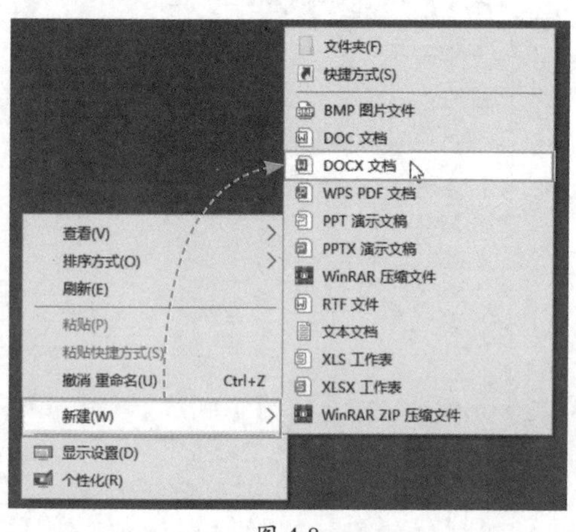

图 4-8

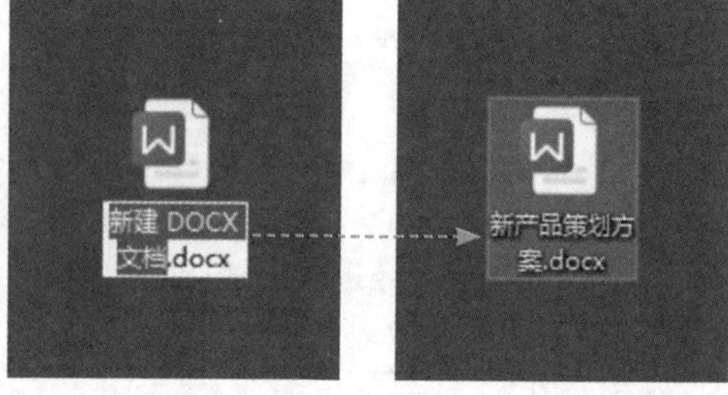

图 4-9

4.1.3 保存新建文档

创建文档后需要将文档保存到指定位置，并为文件设置名称。新建的文档在初次保存时会自动打开“另存为”对话框。

Step 01 在新建文档中单击“保存”按钮（或按Ctrl+S组合键），如图4-10所示。

Step 02 打开“另存为”对话框，选择好文件保存位置，并修改文件名称，如图4-11所示。

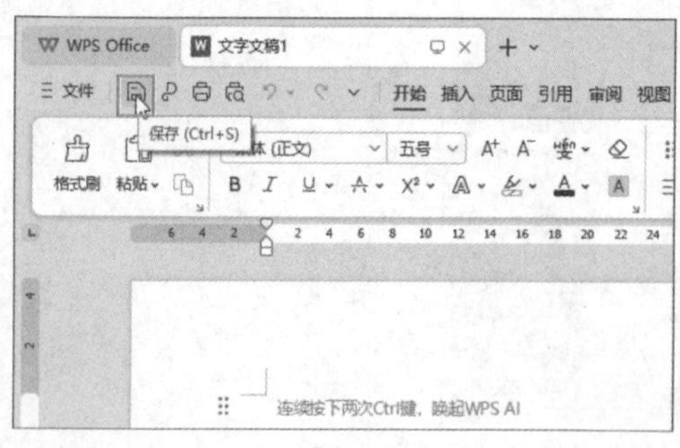

图 4-10

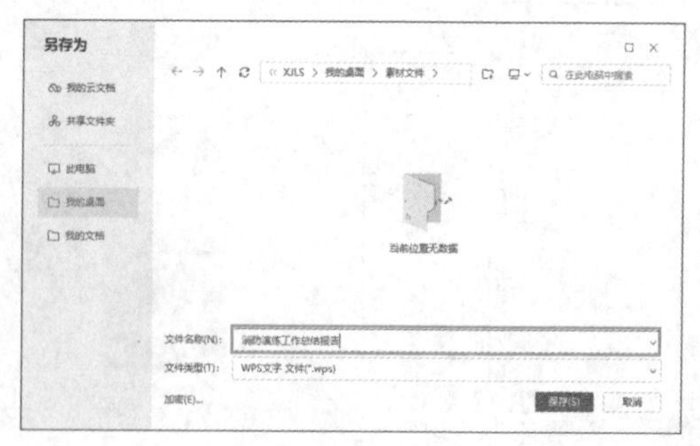

图 4-11

Step 03 单击“文件类型”下拉按钮，在下拉列表中选择所需文件格式，如图4-12所示。

Step 04 单击“保存”按钮，即可保存文档。此后直接单击“保存”按钮即可保存新编辑的内容，如图4-13所示。

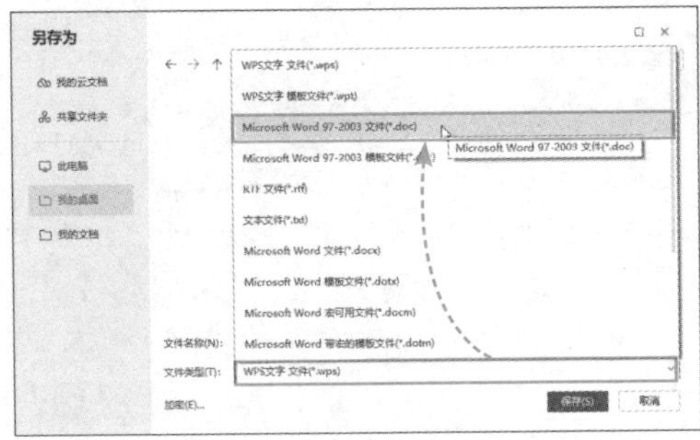
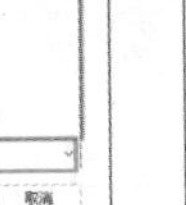

图 4-12

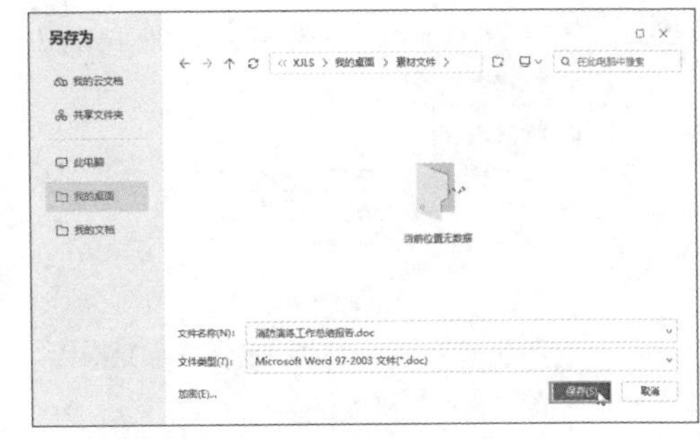

图 4-13

4.1.4 另存为文档

文档编辑完成后，若想生成备份文件，可以执行另存为操作。用户可以在另存为时，更改文件名称、文件存储位置以及文件格式。

Step 01 单击“文件”选项卡，在下拉列表中，将光标移动到“另存为”选项上，此时会自动显示下级列表，下级列表中提供了常用的文档格式，选择一个需要的文档格式，如图4-14所示。

Step 02 打开“另存为”对话框，更改文档存储位置以及文件名称，单击“保存”按钮，即可完成另存为操作，如图4-15所示。

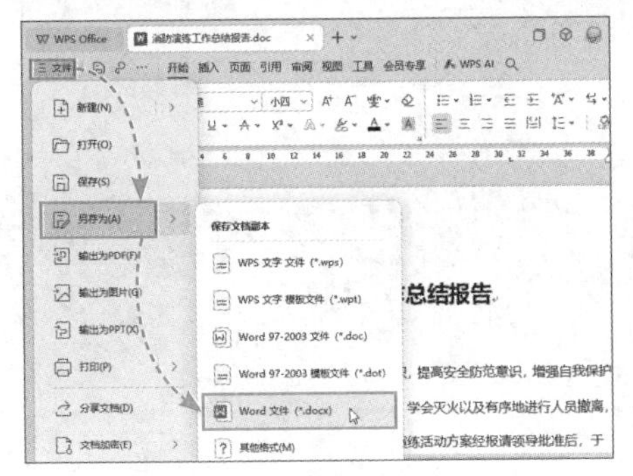

图 4-14

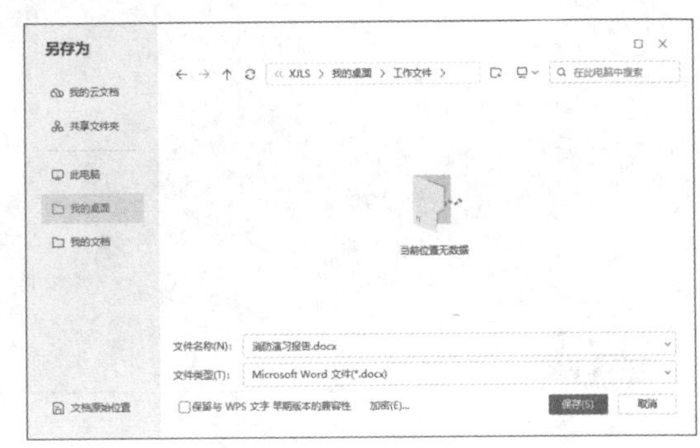

图 4-15

4.1.5 为文档设置密码保护

设置密码是保护文档的常用手段，也是有效手段。下面介绍为文档设置密码保护的具体方法。

Step 01 打开需要设置密码保护的文档。单击“文件”选项卡，在下拉列表中选择“文档加密”选项，在其下级列表中选择“密码加密”选项，如图4-16所示。

Step 02 打开“密码加密”对话框，设置“打开权限”和“编辑权限”密码，单击“应用”按钮，如图4-17所示。

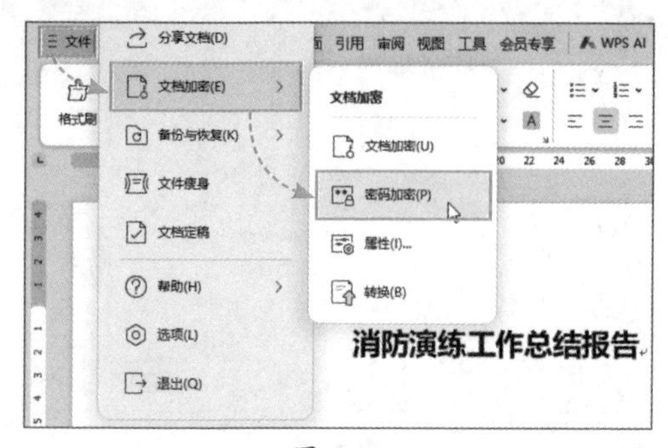

图 4-16

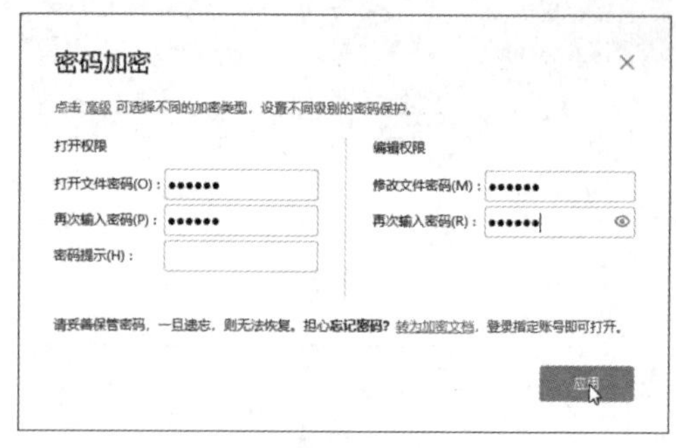

图 4-17

Step 03 关闭文档后，再次打开该文档时会打开“文档已加密”对话框，输入密码，单击“确定”按钮，如图4-18所示。

Step 04 若文档同时设置了编辑权限密码，此时会打开“文档已设置编辑密码”对话框，输入正确密码，单击“解锁编辑”按钮，如图4-19所示，即可打开文档，并可以对文档进行正常编辑。

图 4-18

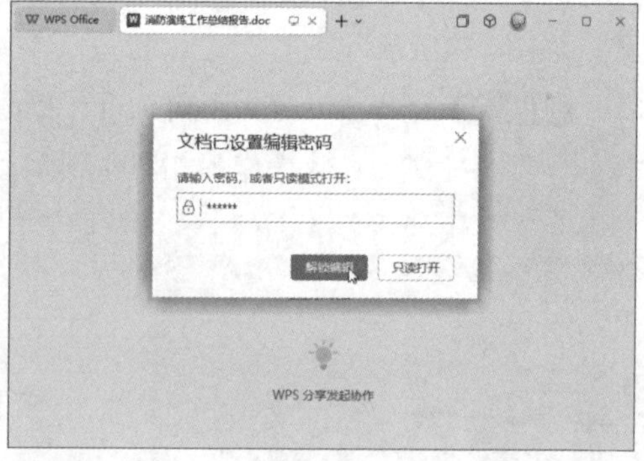

图 4-19

知识点拨

若要取消密码保护，需要再次打开“密码加密”对话框，将“打开权限”和“编辑权限”密码全部删除，最后单击“应用”按钮即可，如图4-20所示。

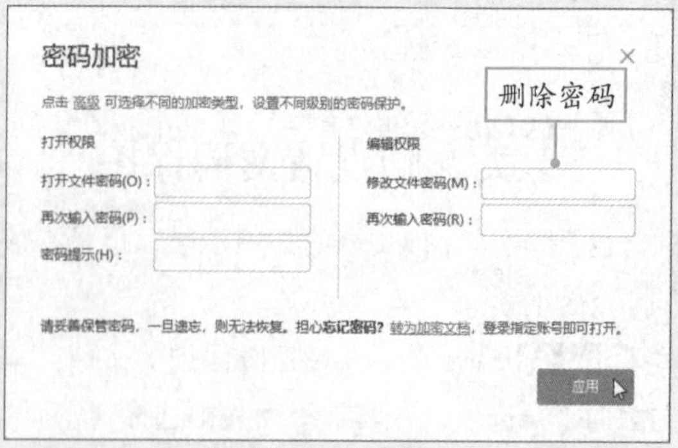

删除密码

图 4-20

动手练 将文件保存至“我的云文档”

在WPS Office中，将文件保存至“我的云文档”可以实现在任何设备、任何时间对文档的便捷访问与编辑，同时享受自动保存、版本管理、团队协作及安全分享等优势，极大地提升工作效率和文档管理的灵活性。

Step 01 启动WPS Office，在首页左侧选择“最近”选项，在打开的页面中可以看到最近使用过的文件，将光标移动到需要保存到“我的云文档”的文件选项上，此时该选项右侧会显示“分享”和⋯按钮，单击⋯按钮，在下拉列表中选择“转存到‘我的云文档’”选项，如图4-21所示。

Step 02 打开“上传到”对话框，选择文件在“我的云文档”中的存储位置，单击“上传”按钮，如图4-22所示。

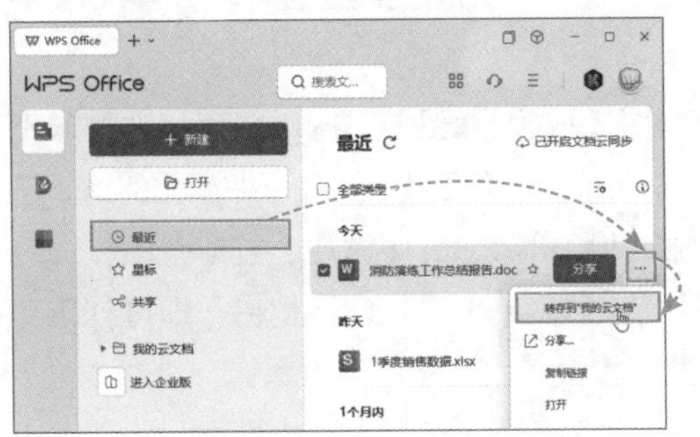

图 4-21

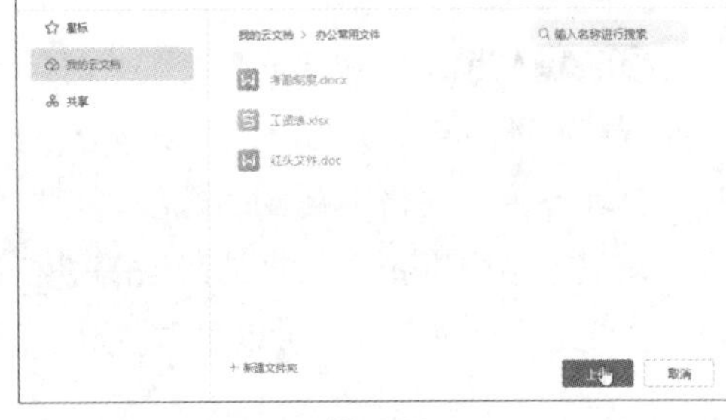

图 4-22

Step 03 保存成功后，在首页打开“我的云文档”界面，在文件存储位置即可查看相应文档，如图4-23所示。

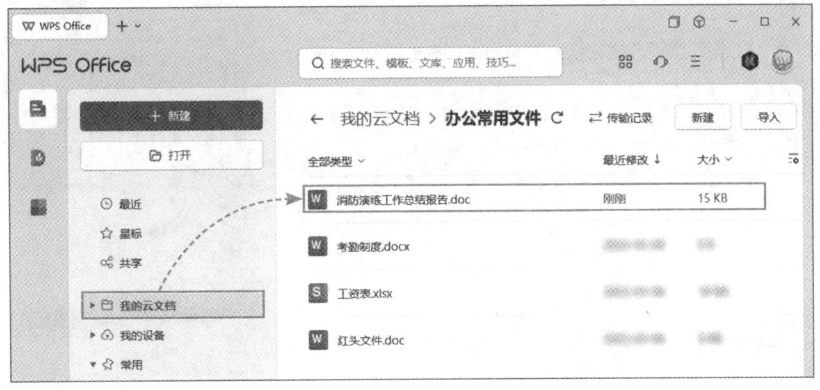

图 4-23

4.1.6 文档的打印与输出

打印以及将文档输出成指定格式是基础办公中十分常见的操作。因此办公人员需熟练掌握文档的打印和输出技巧。

1. 打印预览和打印设置

打印文档之前需要确保当前计算机已经成功连接了打印机，并且打印机为启动状态。下面介绍如何预览以及设置打印效果。

Step 01 打开需要打印的文档，单击“文件”选项卡，在下拉列表中选择“打印”选项，在其下级列表中选择“打印预览”选项，如图4-24所示。

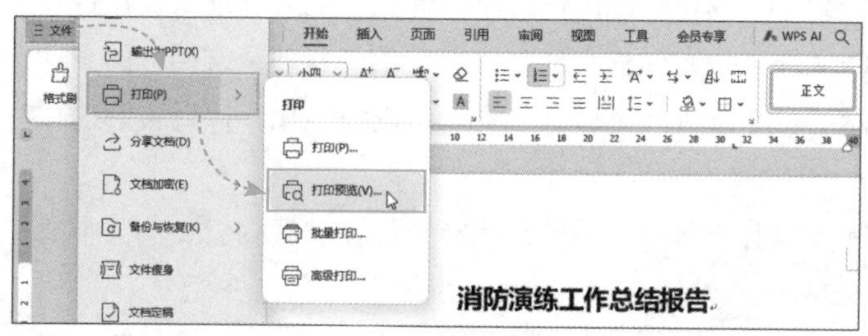

图 4-24

Step 02 当前文档随即切换至“打印预览”模式，如图4-25所示。通过“打印预览”区域底部的各项功能按钮可以调整预览区域内显示的页码、页数、缩放比例等。通过“打印设置”窗格中提供的选项则可以对打印的份数、打印方向、打印范围、页边距、缩放为指定纸张、每页的版数等进行设置。最后单击“打印”按钮，即可打印文档。若要退出预览模式，可以单击“退出预览”按钮。

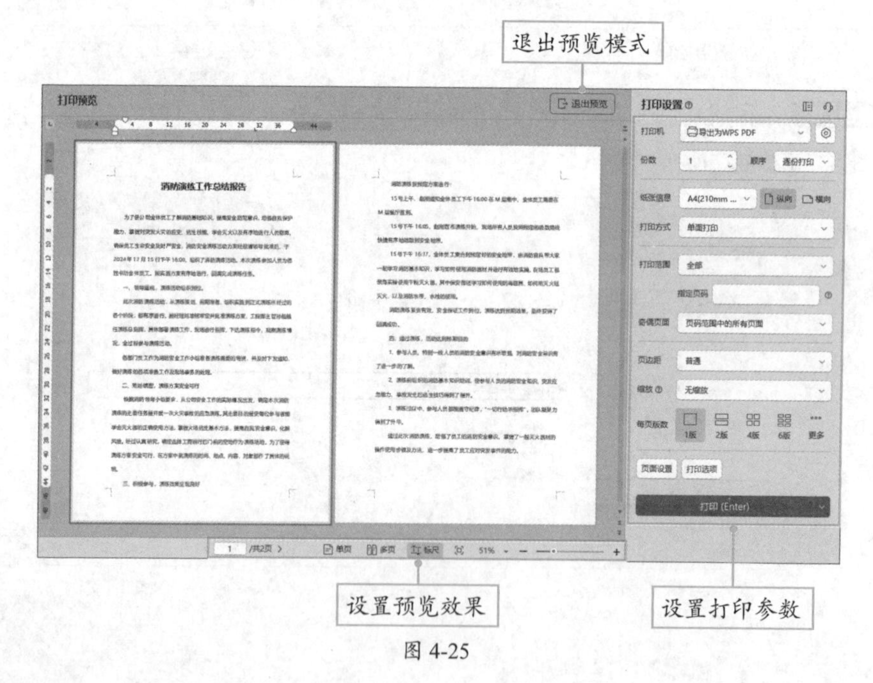

图 4-25

2. 将文档导出成指定格式

WPS Office可以将文档导出成PDF、图片、PPT等格式，以便在不同场合查看或者展示。下面以将文档导出为PDF格式为例进行介绍。

Step 01 打开需要导出为PDF格式的文档，单击“文件”选项卡，在下拉列表中选择“输出为PDF”选项，如图4-26所示。

Step 02 打开“输出为PDF”对话框，设置好输出范围、保存位置等参数，单击“开始输出”按钮，如图4-27所示，即可将文档输出为PDF格式。

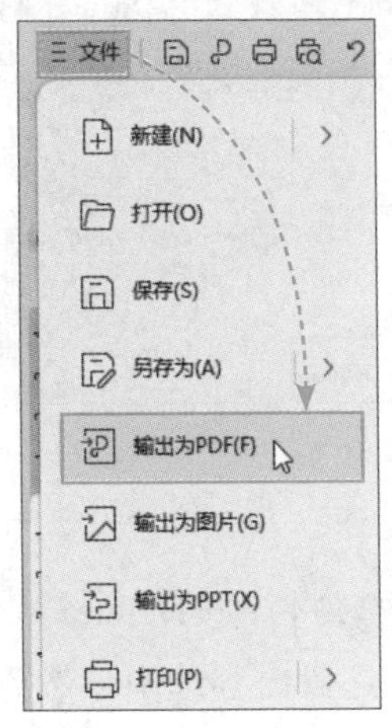

图 4-26

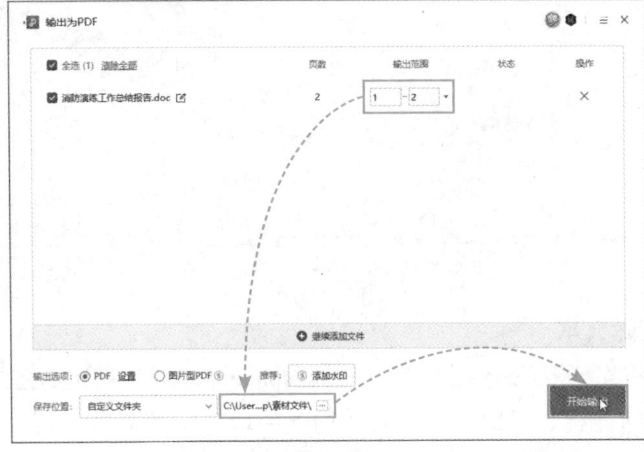

图 4-27

知识点拨

除了直接将文档输出为PDF格式，用户也可通过执行“另存为”操作，在“另存为”对话框中将“文件类型”设置为“PDF文件格式”，获得PDF格式的备份文件，如图4-28所示。

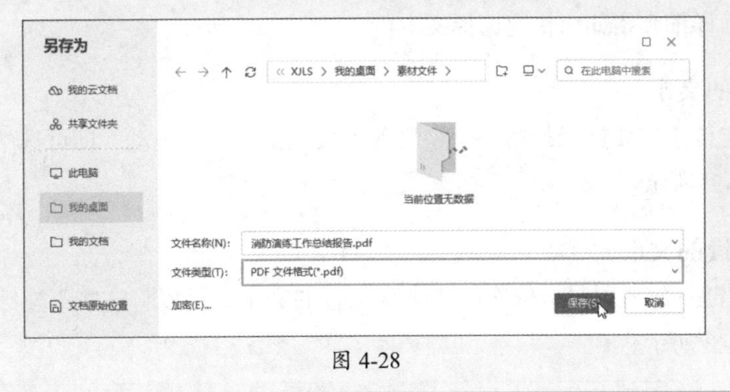

图 4-28

4.2 输入并编辑文档内容

在文档中输入内容有很多技巧，掌握这些技巧能够提高工作效率。另外，对文档内容进行格式、段落、项目符号等的编辑还可以让内容更易读。

4.2.1 内容的输入和删除

在文档中输入内容，包括常规字符以及特殊字符。

1. 输入文本并控制换行

新建文档后，文档中会显示一个闪动的光标，此时可以直接输入内容，如图4-29所示。按Enter键可切换到下一行，如图4-30所示。

图 4-29

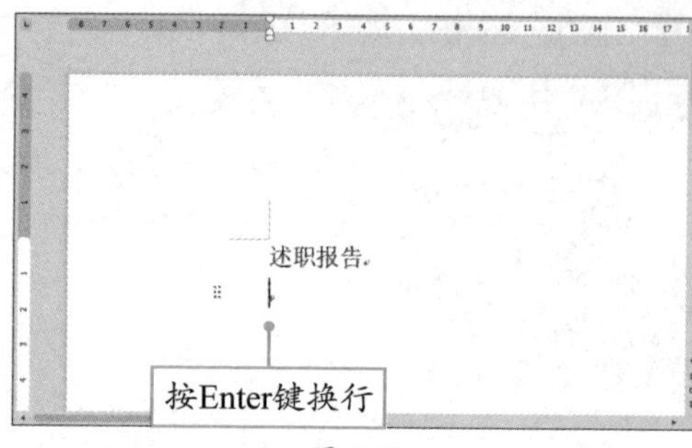

图 4-30

2. 删除文本

将光标定位于文档中，按Backspace键即可删除光标之前的文本，按Delete键则可以删除光标之后的内容。若要删除一段连续的内容，可以将这段内容选中，然后按Backspace键将其删除。

4.2.2 快速选择文本

在文档中，选择文本属于最基础的操作，快速选择目标文本内容，可以大大提高工作效率。下面详细介绍如何快速选择文本。

1. 选择连续的文本

将光标定位于需要选择的第一个字之前，按住鼠标进行拖动，即可选中连续的文本内容，如图4-31所示。

2. 选择不连续的文本

按住Ctrl键不放，用鼠标依次选择多个位置的文本，可以将这些不连续的文本同时选中，如图4-32所示。

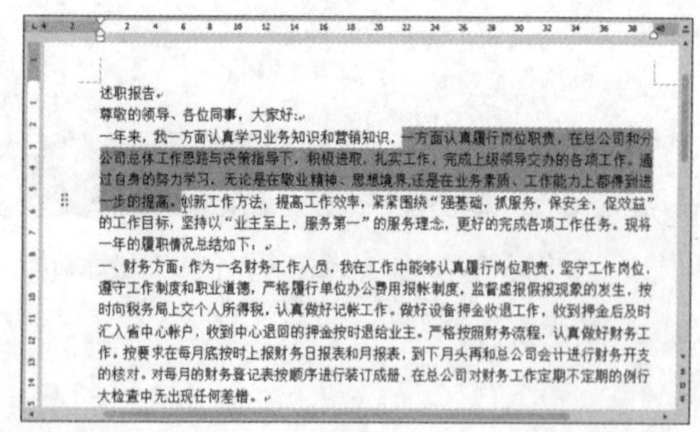

图 4-31

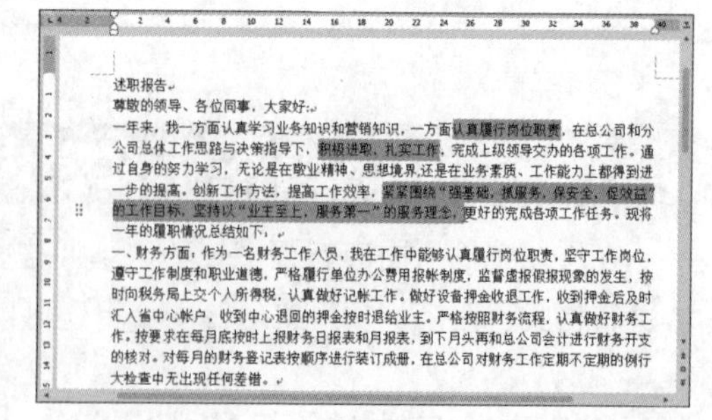

图 4-32

3. 快速选择整行

将光标移动到某一行左侧，光标变成⬚形状时单击，可以将光标所指的行选中，如图4-33所示。选中一行后，按住鼠标不放，继续向上或向下拖动，可以选择连续的多行，如图4-34所示。

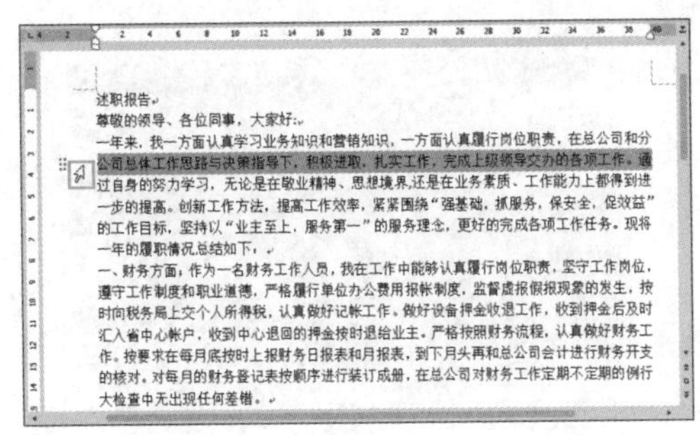

图 4-33

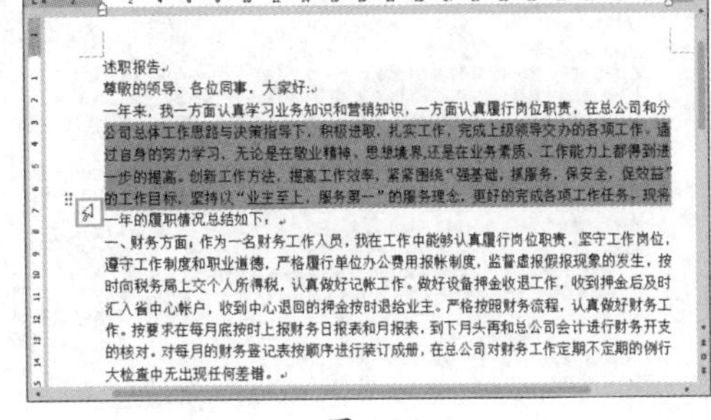

图 4-34

4. 选择整段文本

将光标定位于某个段落中的任意位置，连续三次单击，可将该段落选中。或将光标移动至该段落左侧，光标变成⬚形状时双击，也可将整个段落选中，如图4-35所示。

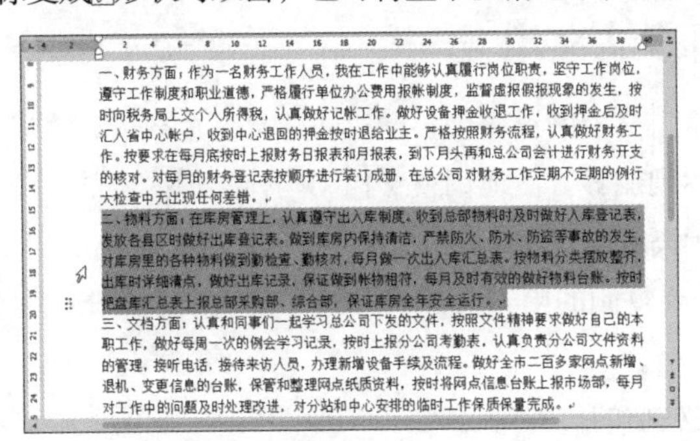

图 4-35

5. 选择光标至文档开头或光标至文档结尾的内容

在文档中定位光标，按Ctrl+Shift+Home组合键，可选中光标至文档开头的所有内容，如图4-36所示。按Ctrl+Shift+End组合键，则可选中光标至文档结尾的所有内容，如图4-37所示。

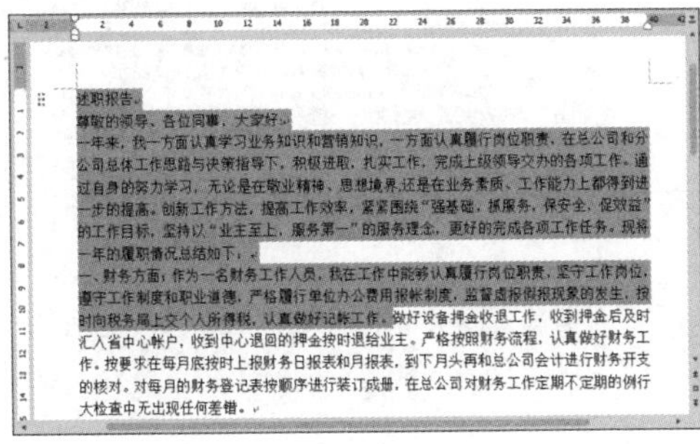

图 4-36

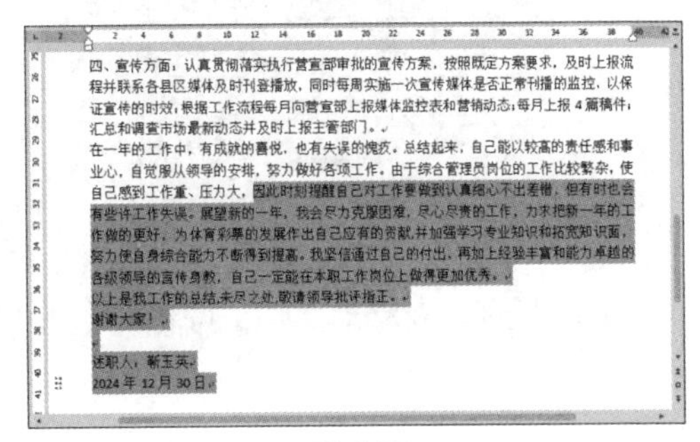

图 4-37

6. 快速选择长段连续的内容

当要选择的连续内容较多时，拖曳光标可能操作起来不太方便，此时可以将光标定位于要选择的第一个字之前，如图4-38所示。随后按住Shift键，在要选中的最后一个字之后单击，即可快速将长段的连续内容选中，如图4-39所示。

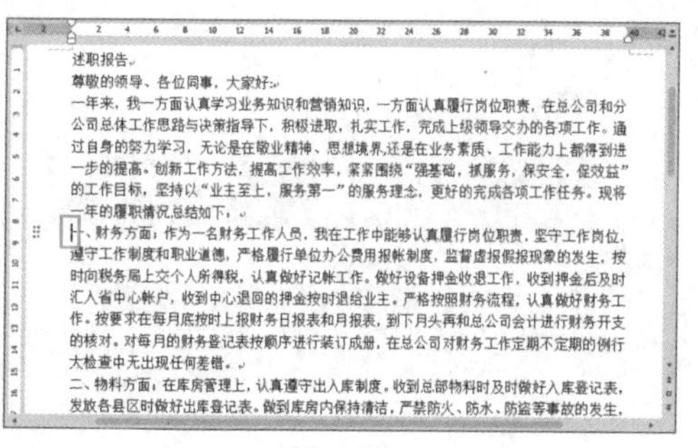

图 4-38

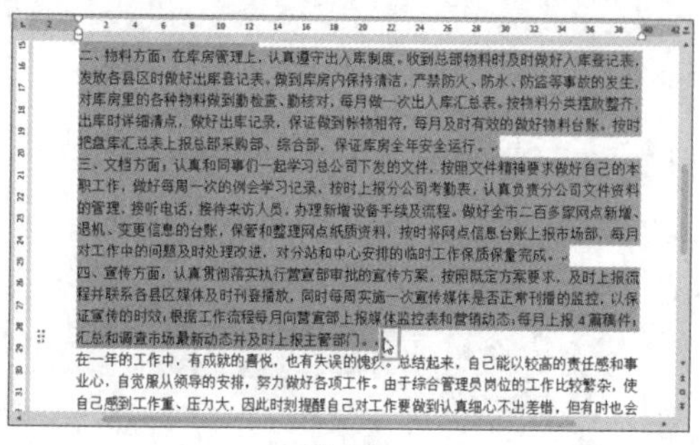

图 4-39

7. 选择文档中的所有内容

将光标定位于文档中的任意位置，按Ctrl+A组合键，可以选中文档中的所有内容。

动手练 复制和移动文本

在编辑文档的过程中，通过快速复制重要内容或段落可避免重复输入，移动文本则能够方便地调整文档结构，实现内容的重新组织和优化布局，从而大幅提高编辑效率。

Step 01 选中需要复制的内容，在“开始”选项卡中单击“复制”按钮，如图4-40所示。

Step 02 在需要粘贴的位置定位光标，在“开始”选项卡中单击“粘贴”按钮，即可将复制的内容粘贴到目标位置，如图4-41所示。

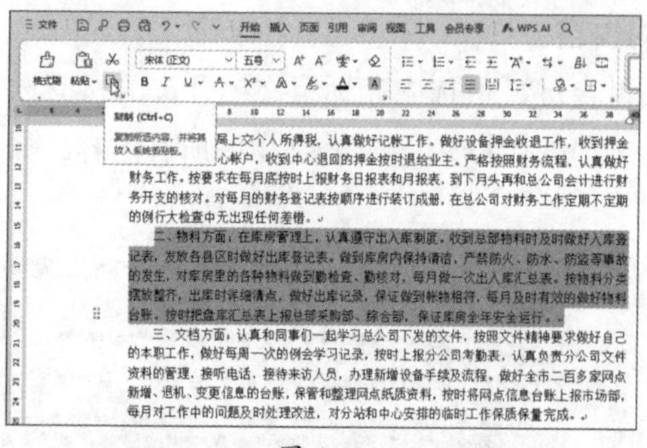

图 4-40

图 4-41

Step 03 若要移动文本，可将文本选中，在“开始”选项卡中单击“剪切”按钮，如图4-42所示。

Step 04 在目标位置定位光标，在“开始”选项卡中单击“粘贴”按钮，即可将所选文本移动到光标处，如图4-43所示。

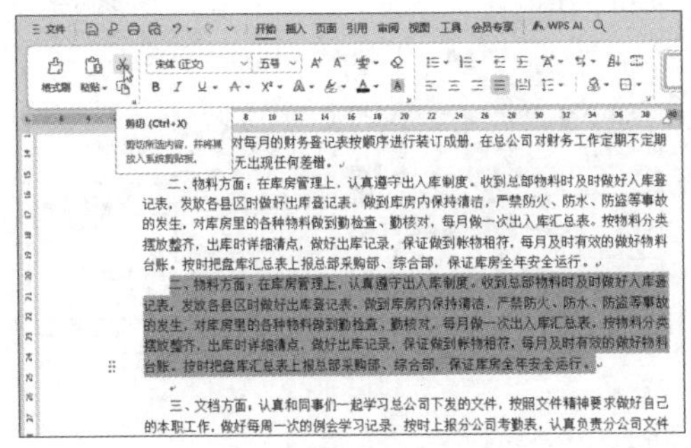
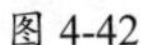

图 4-42

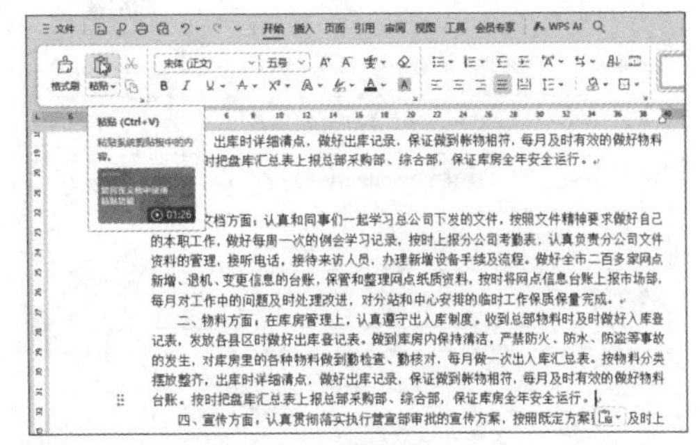

图 4-43

4.2.3 插入特殊符号

当需要在文档中输入符号时，有些常见的符号可以通过键盘直接输入，例如<、>、?、/、@、#、$、&、*等。但大部分符号键盘上并不包含，此时可使用WPS文字内置的“符号”功能插入特殊符号。下面以插入复选框符号为例进行介绍。

Step 01 在文档中需要插入符号的位置定位光标。打开“插入”选项卡，单击“符号”下拉按钮，下拉列表中包含近期使用的符号、自定义符号、符号大全以及其他符号4个区域，用户可在该下拉列表中选择要使用的符号，此处选择“其他符号”选项，如图4-44所示。

Step 02 打开“符号”对话框，选择“字体”为“Wingdings 2”，在下方列表中选择复选框符号，单击“插入”按钮，如图4-45所示。随后关闭对话框。

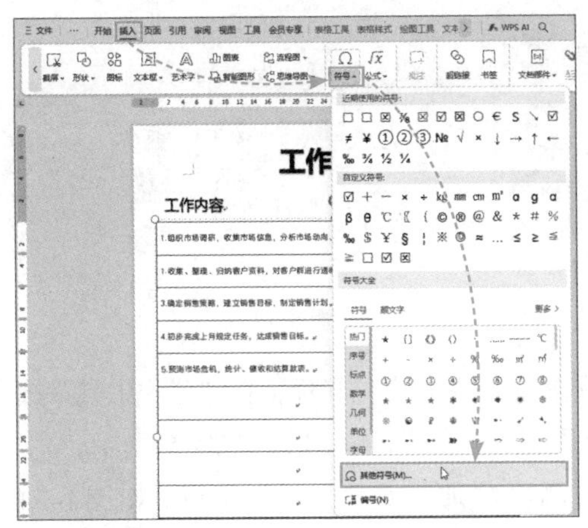

图 4-44

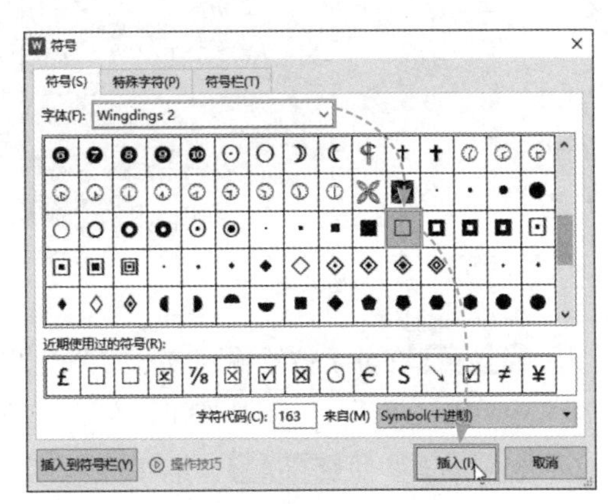

图 4-45

Step 03 光标位置已经被插入了一个复选框符号，如图4-46所示。

Step 04 单击复选框，复选框随即变为勾选状态，如图4-47所示。再次单击则可取消勾选。

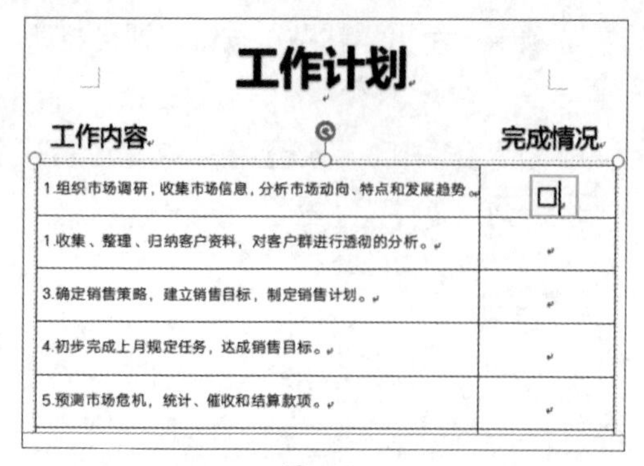

工作计划

工作内容	完成情况
1.组织市场调研，收集市场信息，分析市场动向、特点和发展趋势	□
1.收集、整理、归纳客户资料，对客户群进行透彻的分析。	
3.确定销售策略，建立销售目标，制定销售计划。	
4.初步完成上月规定任务，达成销售目标。	
5.预测市场危机，统计、催收和结算款项。	

图 4-46

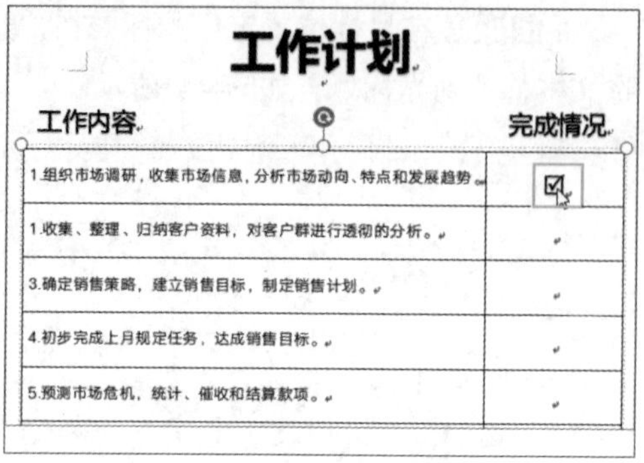

图 4-47

动手练 输入公式

制作课件类内容时，经常需要插入各种数学公式。公式中通常带有很多数学符号，如果直接手动输入会很麻烦，此时可启用公式编辑器，快速插入数学公式。

Step 01 将光标定位于要插入公式的位置，打开“插入”选项卡，单击“插入公式”按钮，光标位置随即被插入一个公式编辑框，如图4-48所示。

Step 02 在公式编辑框中手动输入函数名和等号，随后打开“公式工具”选项卡，单击“分数”下拉按钮，在下拉列表中选择“分数（竖式）”选项，在公式中插入格式模板，如图4-49所示。

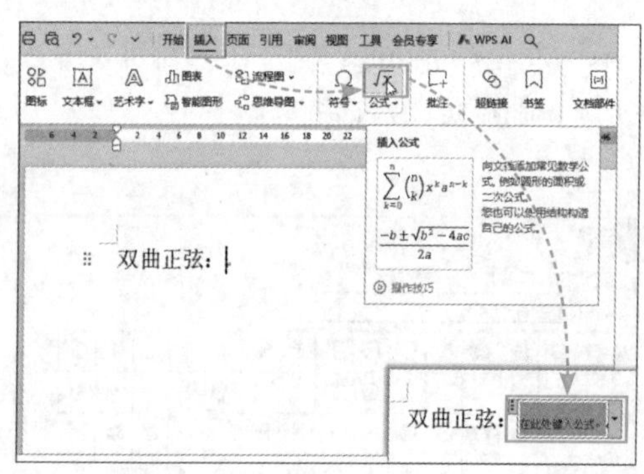

图 4-48

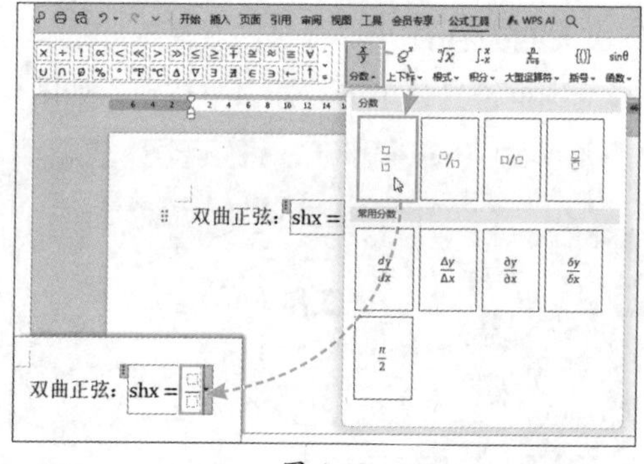

图 4-49

Step 03 在分子位置输入减号“-”，随后在“-”左侧定位光标，在“公式工具”选项卡中单击“上下标”下拉按钮，在下拉列表中选择“上标”选项，如图4-50所示。

Step 04 参照 Step 03，继续在“-”右侧再添加一个“上标”模板，如图4-51所示。

Step 05 在模板的相应位置输入数字和数学符号，如图4-52所示。

Step 06 公式输入完成后，在文档空白处单击即可退出公式编辑模式，如图4-53所示。

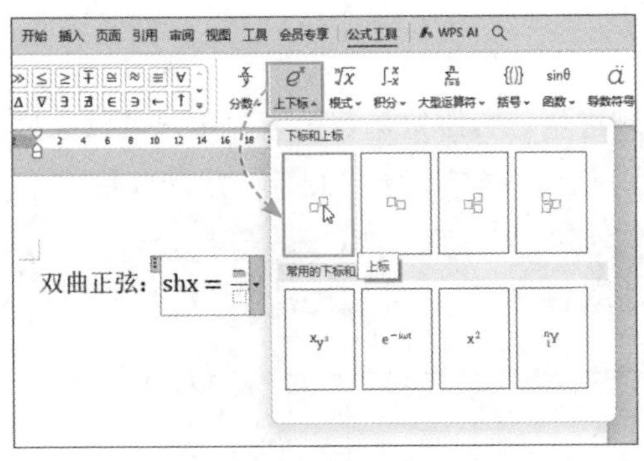

图 4-50

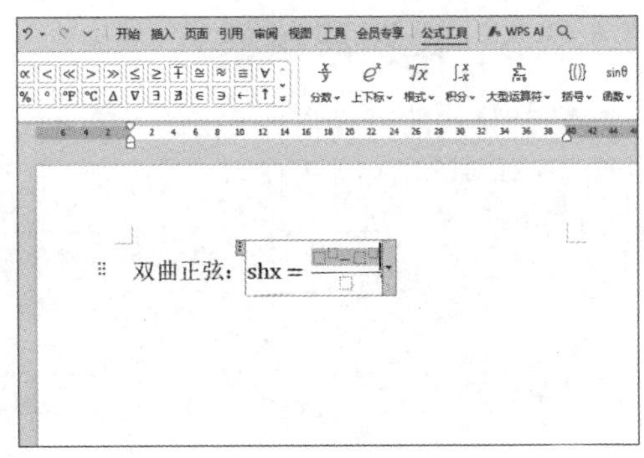

图 4-51

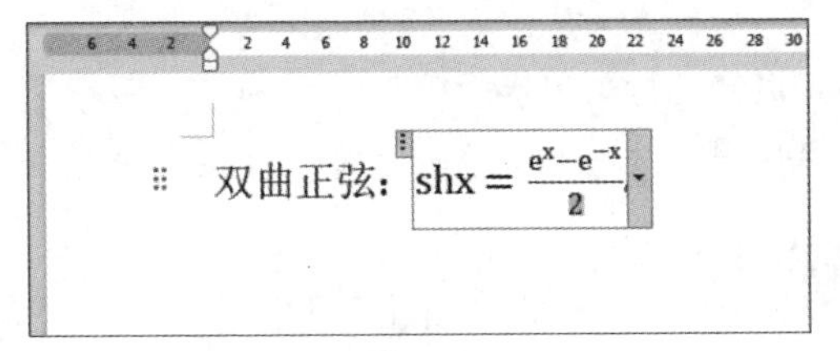

图 4-52

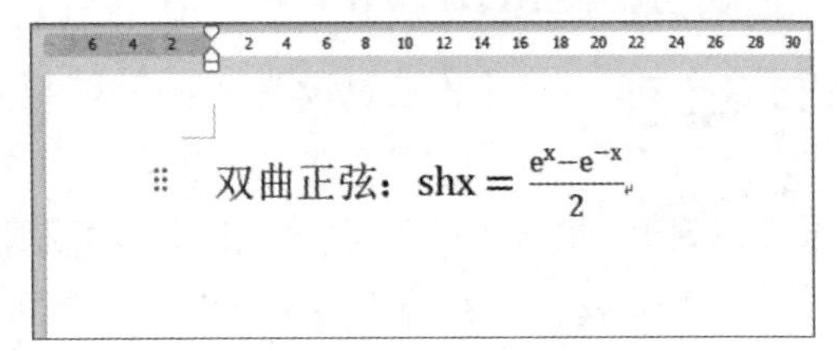

图 4-53

4.2.4 设置文本格式

文本格式的设置包括设置字体、字号、字体颜色以及其他字体效果。下面对文档标题的格式进行设置。

Step 01 选中文档标题，在“开始”选项卡中设置字体为“黑体”、字号为“二号”，如图4-54所示。

Step 02 单击“加粗”按钮，可将标题字体加粗显示，如图4-55所示。

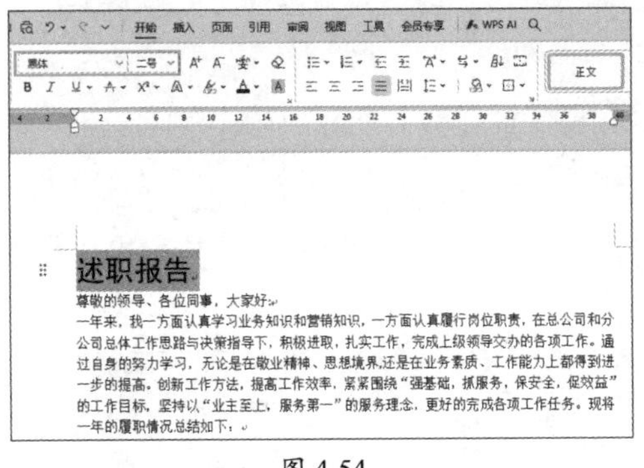

图 4-54

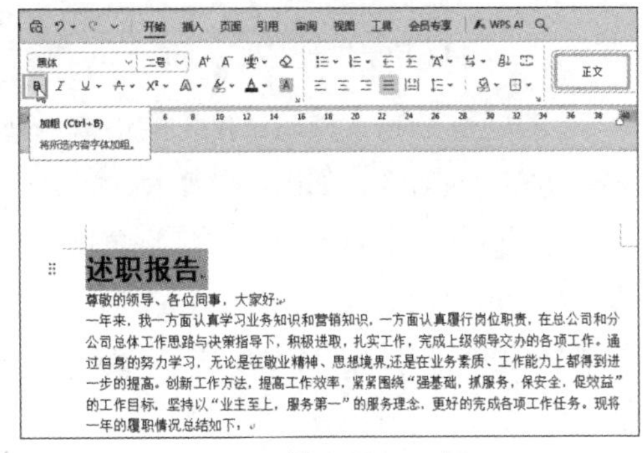

图 4-55

知识点拨

在“开始”选项卡中除了可以设置字体和字号外，还可以设置字体颜色，为文本添加下画线、删除线、底纹、上标或下标，添加拼音，等等，如图4-56所示。

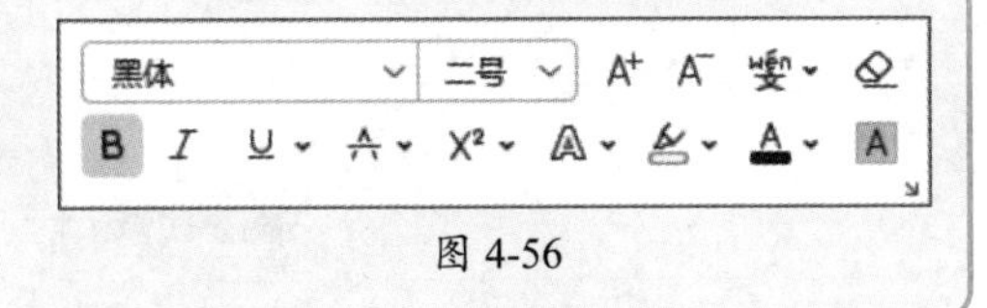

图 4-56

4.2.5 设置段落格式

段落格式的设置是对段落的对齐方式、缩进量、行距等进行设置。用户可以通过“开始”选项卡中的命令按钮或选项对文档的段落格式进行设置，如图4-57所示。

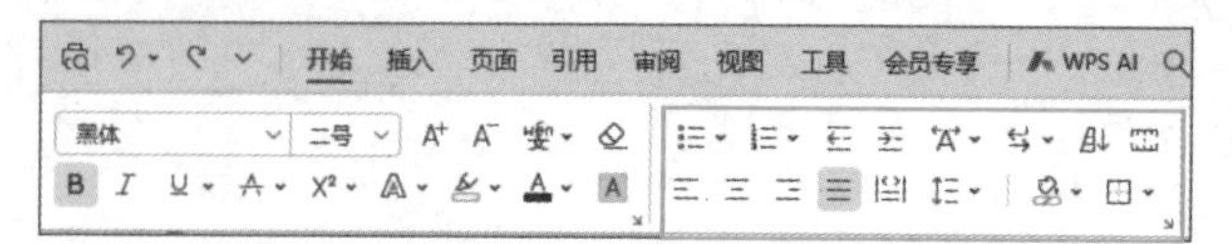

图 4-57

动手练 述职报告的简单排版

下面通过设置段落格式对述职报告进行简单排版。

Step 01 选中标题文本，在“开始”选项卡中单击“居中对齐”按钮，将标题设置为居中显示，如图4-58所示。

Step 02 保持标题为选中状态，在“开始”选项卡中单击“行距”下拉按钮，在下拉列表中选择“3.0”选项，如图4-59所示。

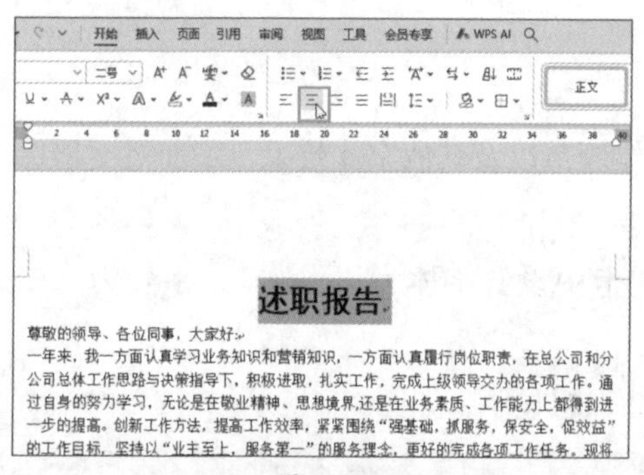

图 4-58

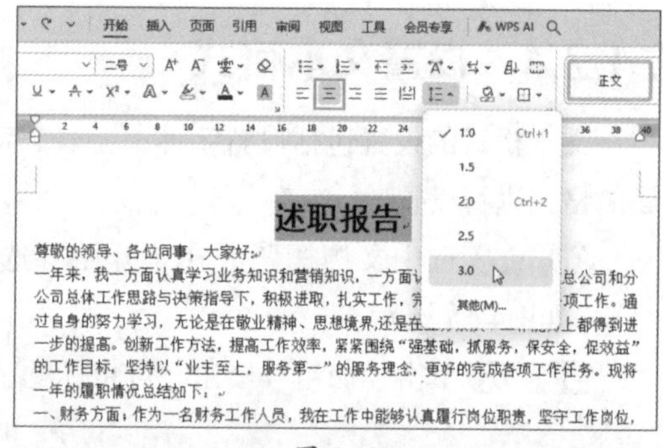

图 4-59

Step 03 选择文档结尾位置的落款，在“开始”选项卡中单击“右对齐”按钮，将落款设置为右对齐，如图4-60所示。

Step 04 选中除了标题和落款之外的所有正文内容，在“开始”选项卡中单击“段落”对话框启动器按钮，如图4-61所示。

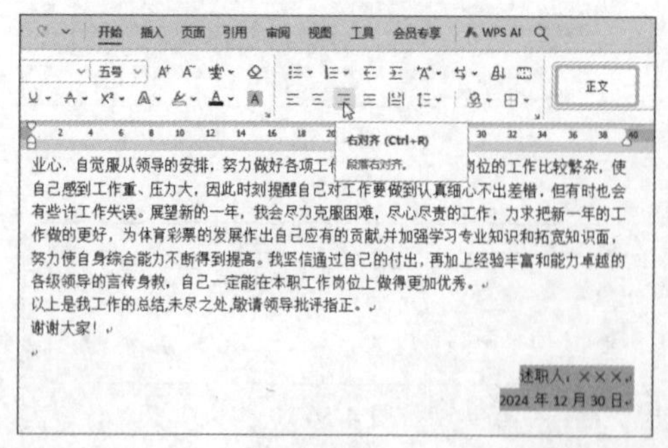

图 4-60

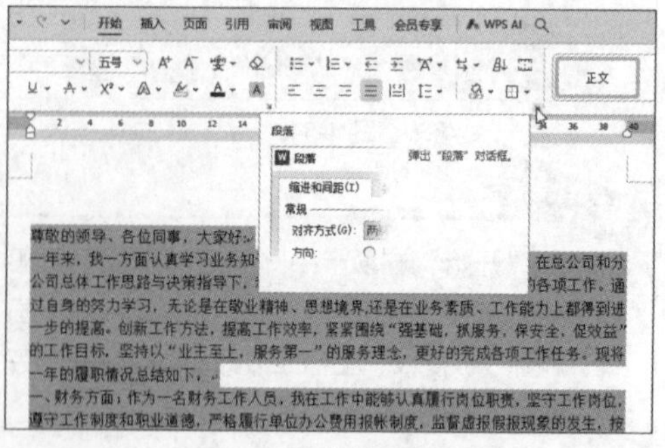

图 4-61

Step 05 打开“段落”对话框，单击“特殊格式”下拉按钮，在下拉列表中选择“首行缩进”选项。此时首行缩进默认的“度量值”为2。随后单击“行距”下拉按钮，在下拉列表中选择“1.5倍行距”选项，如图4-62所示。

Step 06 设置完成后单击“确定”按钮，关闭对话框，如图4-63所示。最后参照**Step 02**将文档落款的行距设置为1.5即可。

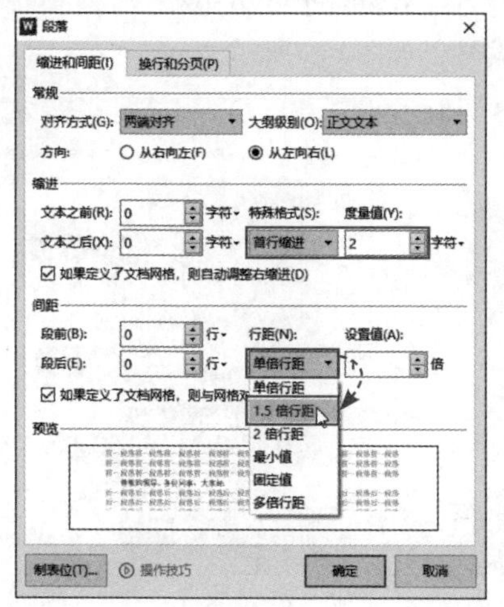

图 4-62

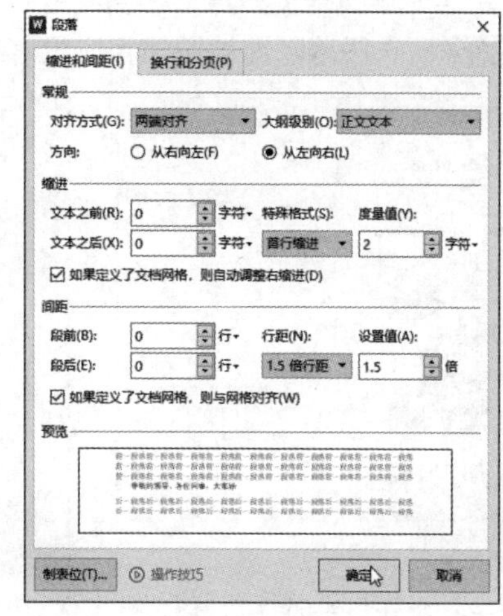

图 4-63

4.2.6 添加项目符号

在多级列表或复杂文档中，项目符号可以用来区分不同的层次结构。项目符号的种类繁多，常见的包括圆点、方块、箭头、菱形、星形等，用户可以根据文档的整体风格和读者的阅读习惯选择合适的符号。

Step 01 选中需要添加项目符号的段落，在“开始”选项卡中单击“项目符号”下拉按钮，在下拉列表中选择一款满意的项目符号样式，如图4-64所示。

Step 02 所选段落随即被添加相应的项目符号，如图4-65所示。

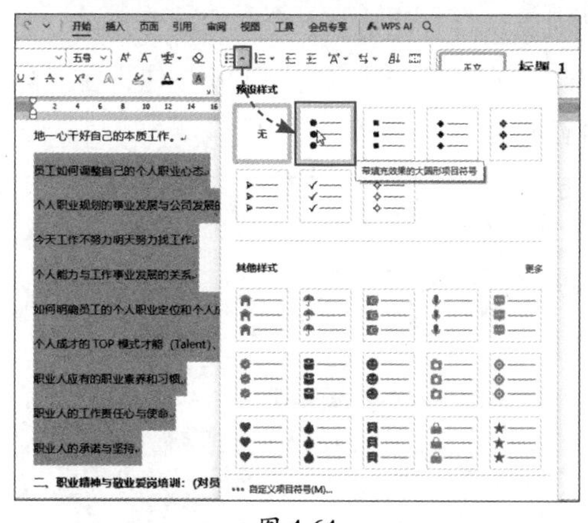

图 4-64

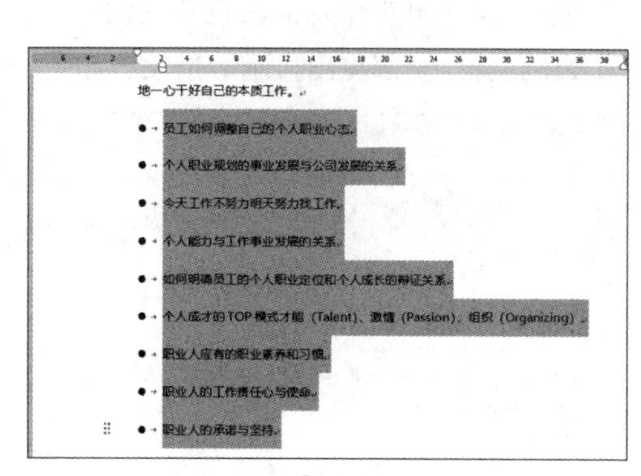

图 4-65

动手练 添加编号

编号可以使文档的条理更加清晰，结构更加明确，用户可以为指定段落添加数字、字母以及各种自定义的编号。

Step 01 选中需要添加编号的段落，在“开始”选项卡中单击“编号”下拉按钮，在下拉列表中选择一款满意的编号样式，如图4-66所示。

Step 02 所选段落随即被添加相应段落编号，如图4-67所示。

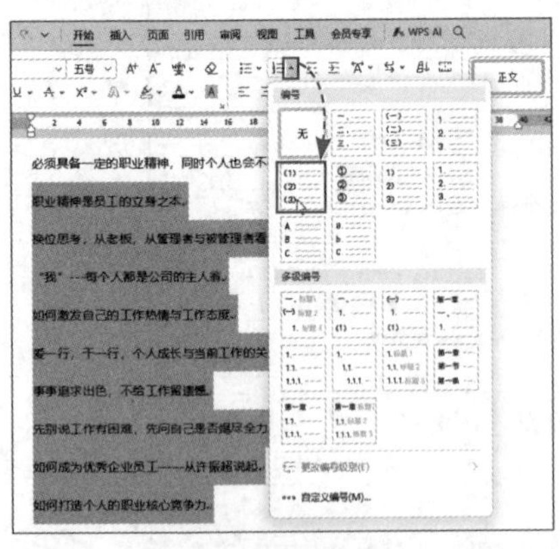

图 4-66

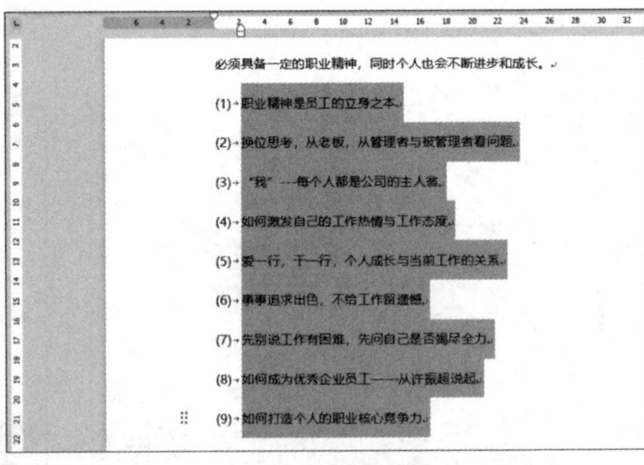

图 4-67

4.2.7 查找与替换文本内容

查找与替换功能能够快速定位并更正错误，确保内容的一致性和专业性，是文档处理中不可或缺的功能。

1. 查找文本内容

下面介绍如何在文档中查找指定内容。

Step 01 在“开始”选项卡中单击“查找替换”下拉按钮，在下拉列表中选择“查找”选项，如图4-68所示。

Step 02 打开“查找和替换”对话框，此时默认打开的是“查找”选项卡，在“查找内容”文本框中输入需要查找的内容，单击“突出显示查找内容”下拉按钮，在下拉列表中选择“全部突出显示”选项，如图4-69所示。

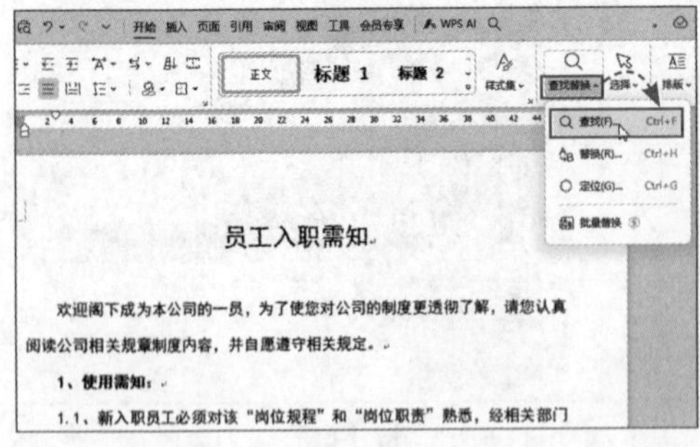

图 4-68

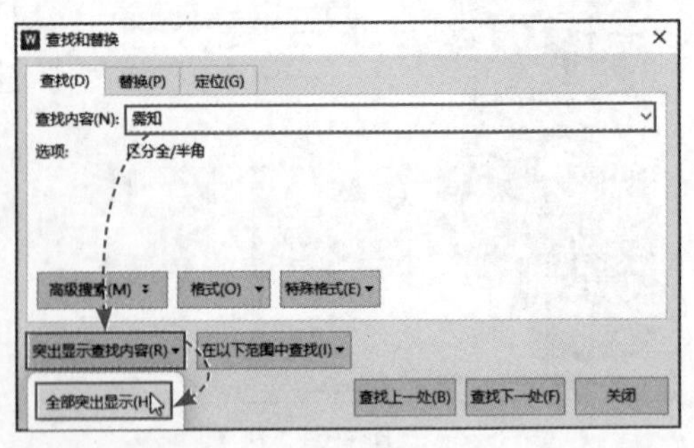

图 4-69

Step 03 查找到的内容随即以黄色底纹突出显示，如图4-70所示。

Step 04 在“查找和替换”对话框中再次单击“突出显示查找内容”下拉按钮，在下拉列表中选择“清除突出显示”选项，可以去除突出显示效果，如图4-71所示。

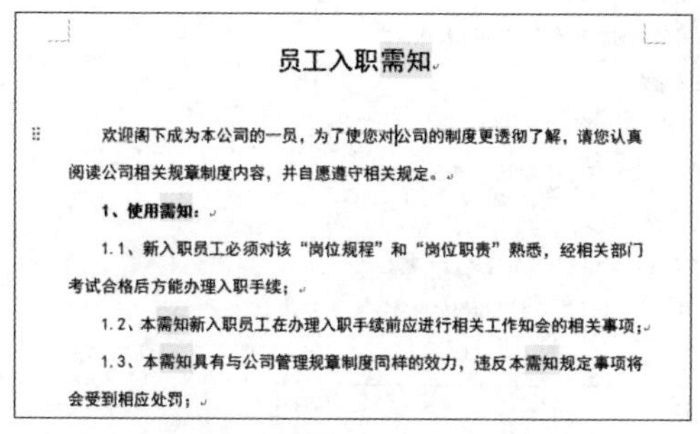

图 4-70

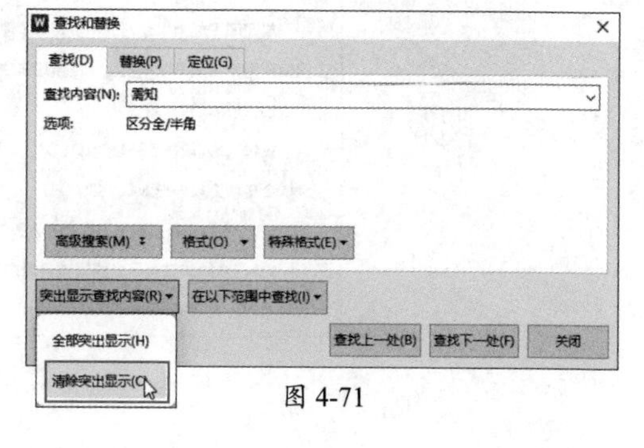

图 4-71

Step 05 除了将查找到的内容突出显示，也可以在“查找和替换”对话框中单击“查找下一处”按钮，如图4-72所示。

Step 06 此时便会在文档中进行逐一查找，并将查找到的内容选中，如图4-73所示。

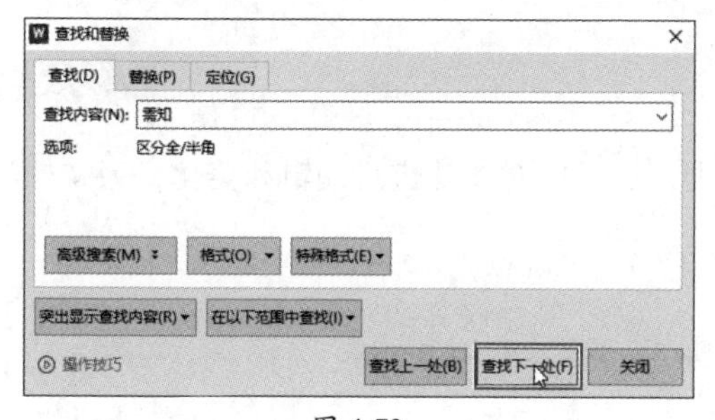

图 4-72

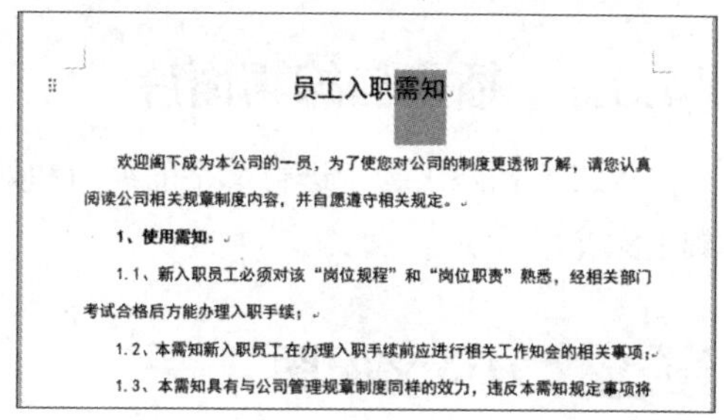

图 4-73

2. 替换文本内容

查找到的内容可以逐一或批量替换为其他指定的内容。具体操作方法如下。

Step 01 在“开始”选项中单击“查找和替换”下拉按钮，在下拉列表中选择“替换”选项，如图4-74所示。

Step 02 打开“查找和替换”对话框，输入查找的内容以及要替换为的内容，单击“全部替换”按钮，如图4-75所示。

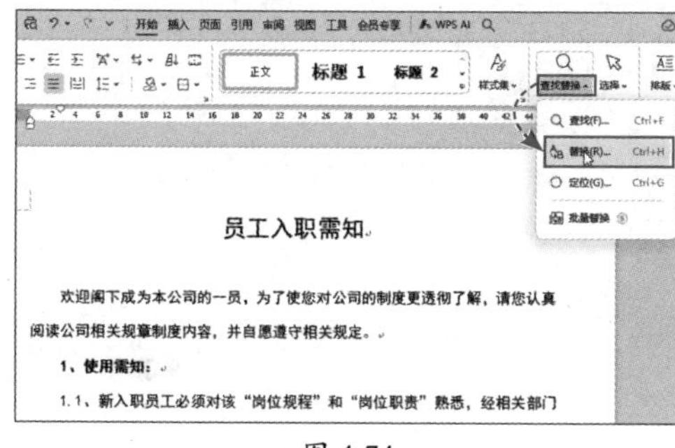

图 4-74

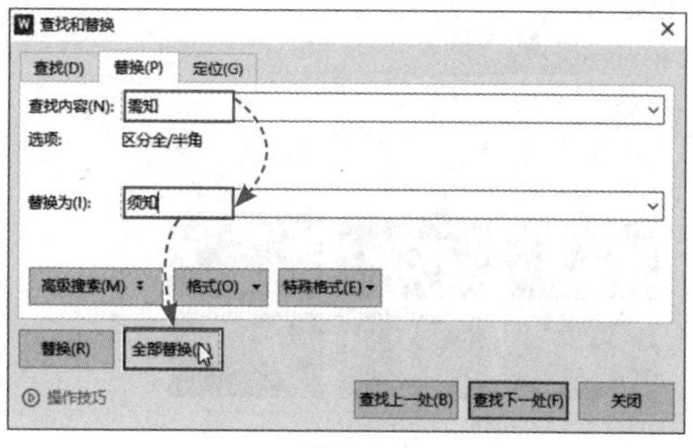

图 4-75

Step 03 文档中的目标内容随即批量完成替换，如图4-76所示。

员工入职须知

欢迎阁下成为本公司的一员，为了使您对公司的制度更透彻了解，请您认真阅读公司相关规章制度内容，并自愿遵守相关规定。

1、使用须知：

1.1、新入职员工必须对该“岗位规程”和“岗位职责”熟悉，经相关部门考试合格后方能办理入职手续；

1.2、本须知新入职员工在办理入职手续前应进行相关工作知会的相关事项；

1.3、本须知具有与公司管理规章制度同样的效力，违反本须知规定事项将会受到相应处罚；

图 4-76

4.3 设置图文混排文档

文档可以借助图片、形状和艺术字等实现图文并茂的效果，增强文档的感染力。

4.3.1 插入与编辑图片

WPS文档除了善于进行文字的编辑和处理，还可以对图片进行编辑和美化，为文档锦上添花。

动手练 为诗文配图

下面为一首诗词配以合适的图片，并对图片的大小及文字环绕方式进行设置，以增加内容的可读性。

Step 01 在需要插入图片的位置定位光标，打开“插入”选项卡，单击“图片”下拉按钮，在下拉列表中选择“本地图片”选项，如图4-77所示。

Step 02 打开“插入图片”对话框，选中需要使用的图片，单击“打开”按钮，如图4-78所示。

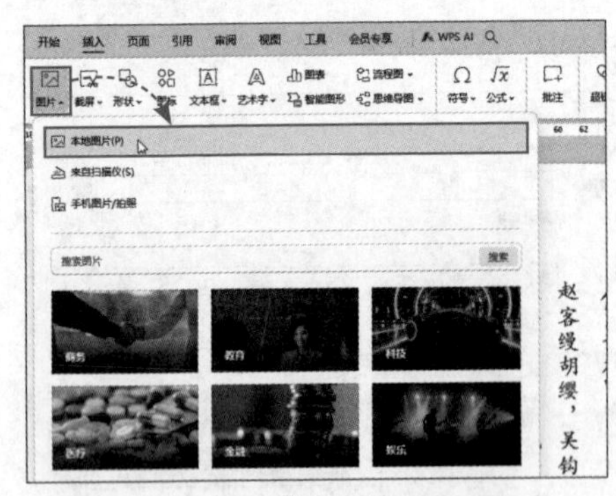

图 4-77

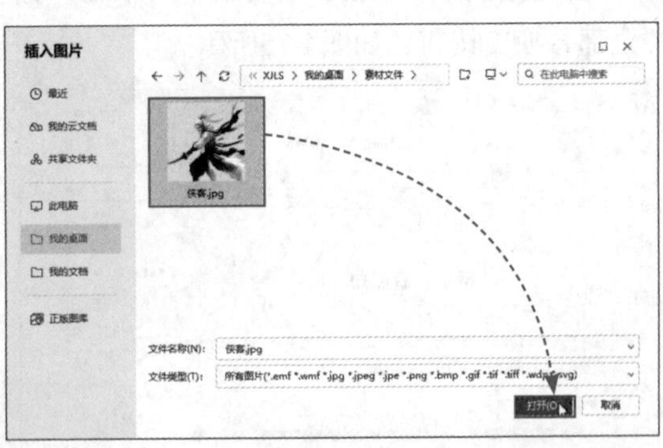

图 4-78

Step 03 所选图片随即被插入文档中，如图4-79所示。

Step 04 保持图片为选中状态，图片周围会显示8个圆形控制点，拖动四个边角处的任意一个控制点，调整好图片的大小，如图4-80所示。

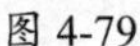

图 4-79

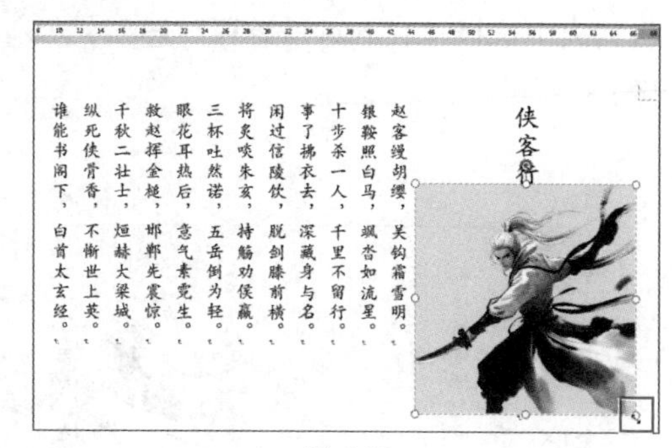

图 4-80

Step 05 单击图片右上角的“布局选项”按钮，在展开的列表中选择“上下型环绕”选项，如图4-81所示。

Step 06 将光标移动到图片上，按住鼠标进行拖曳，将图片移动到合适的位置即可，如图4-82所示。

图 4-81

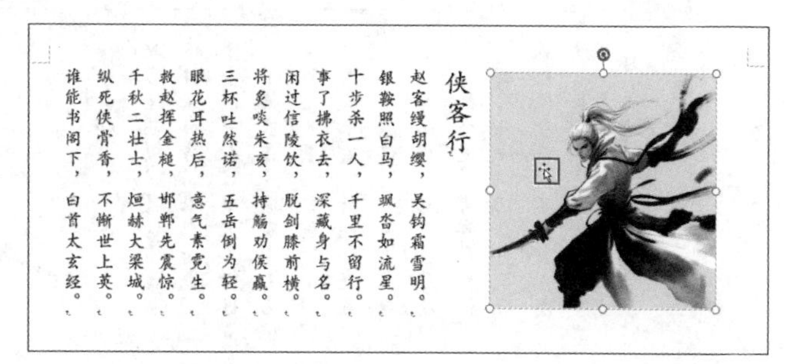

图 4-82

4.3.2 设置图片效果

在文档中插入图片后，还可对图片的效果与样式进行设置，增加图片的艺术效果。

Step 01 选中图片，打开“图片工具”选项卡，单击“设置透明色”按钮，随后将光标移动到图片上，如图4-83所示。

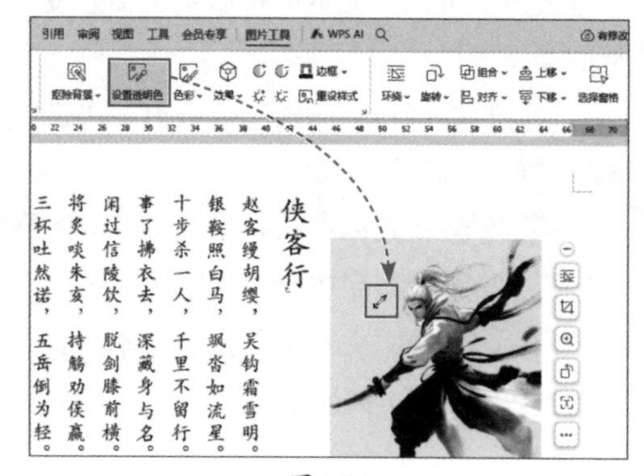

图 4-83

Step 02 在背景区域的任意位置单击，图片背景随即被删除，如图4-84所示。

Step 03 保持图片为选中状态，在“图片工具”选项卡中单击“效果”下拉按钮，在下拉列表中选择“阴影”选项，在其下级列表中选择“右上对角透视”选项，如图4-85所示。

图 4-84

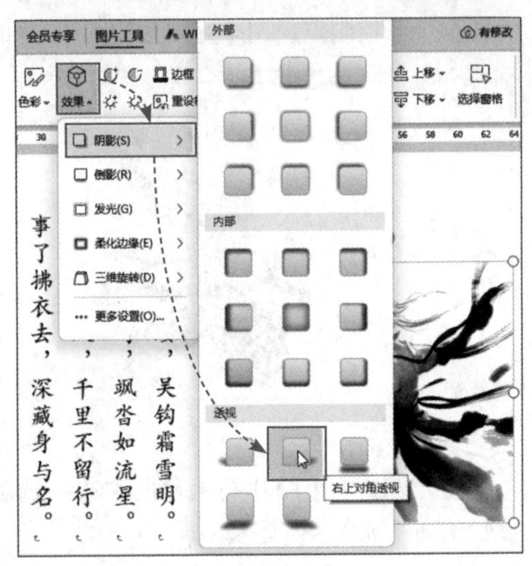

图 4-85

Step 04 图片随即被添加相应的阴影效果，增加图片的立体感，如图4-86所示。

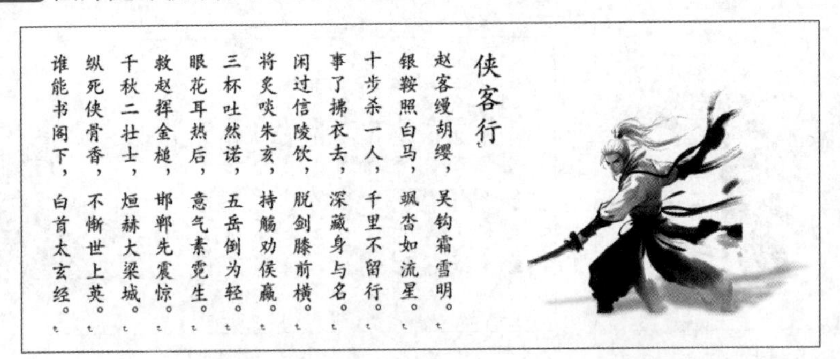

图 4-86

4.3.3 插入与编辑文本框

文本框可以让文本的排版更灵活多变，通过对文本框的编辑和美化，还能够提高文档的美观度。

Step 01 打开“插入”选项卡，单击“文本框”下拉按钮，在下拉列表中选择“横向”选项，如图4-87所示。

Step 02 将光标移动到文档中，按住鼠标并拖动绘制文本框，如图4-88所示。

Step 03 绘制完成后，可以直接在文本框中输入内容，如图4-89所示。

Step 04 选中文本框，在“文本工具”选项卡中，可以设置文本的字体、字号、字体颜色等，如图4-90所示。

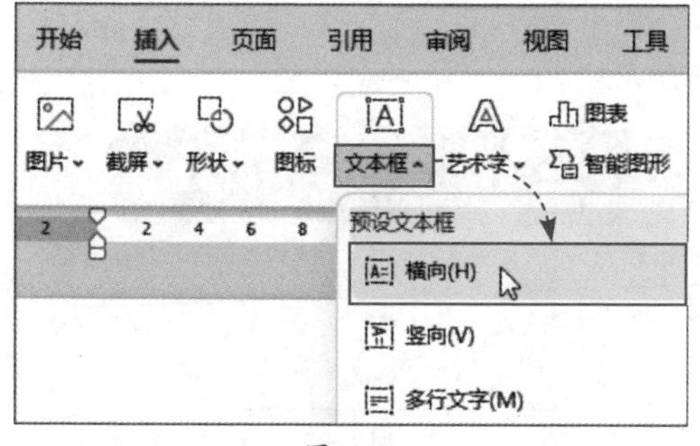

图 4-87

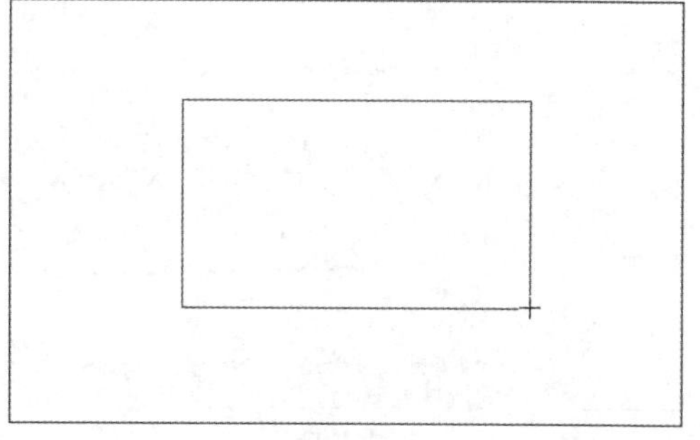

图 4-88

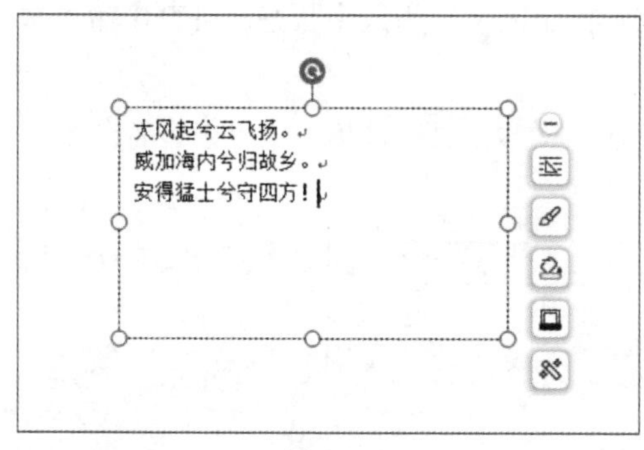

图 4-89

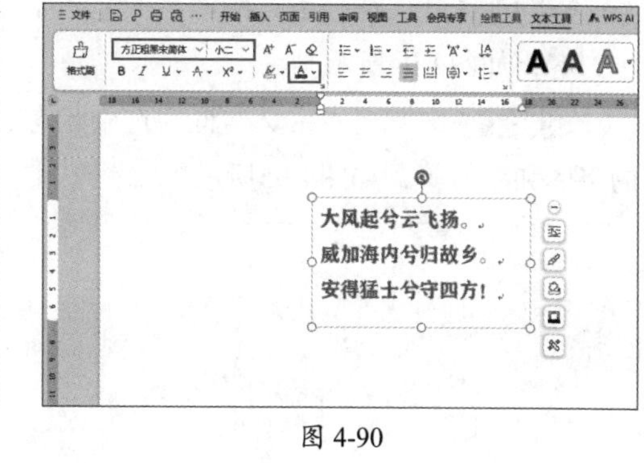

图 4-90

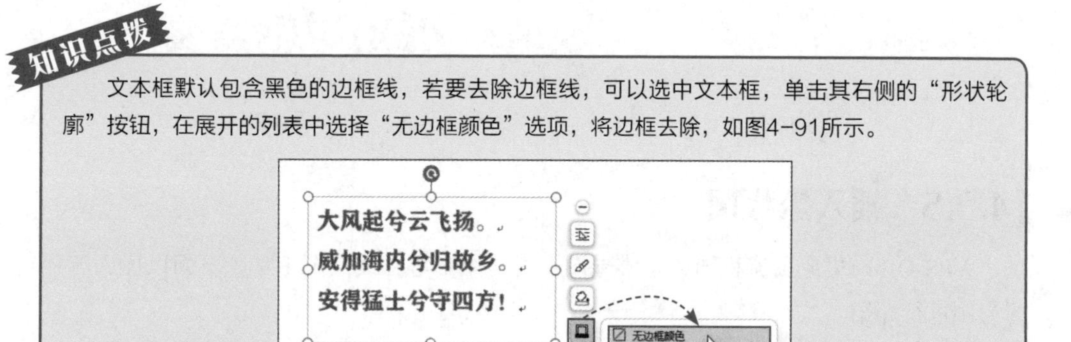

知识点拨

文本框默认包含黑色的边框线，若要去除边框线，可以选中文本框，单击其右侧的“形状轮廓”按钮，在展开的列表中选择“无边框颜色”选项，将边框去除，如图4−91所示。

图 4-91

4.3.4 插入与编辑艺术字

艺术字属于文本框的一种，可以快速为文本增加艺术特色，一般用于标题的制作。

Step 01 打开“插入”选项卡，单击“艺术字”下拉按钮，下拉列表中包含了不同类型的艺术字样式，选择一款满意的艺术字样式，如图4-92所示。

Step 02 文档中随即插入所选样式的艺术字文本框，如图4-93所示。

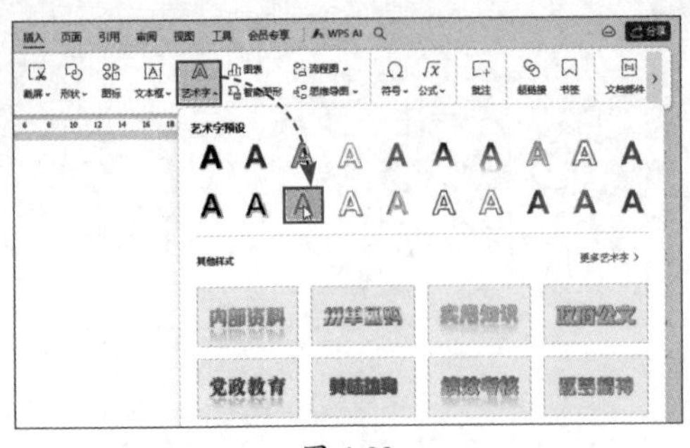

图 4-92

图 4-93

Step 03 默认情况下，刚插入的艺术字文本框中的文本为选中状态，可直接输入文本内容，如图4-94所示。

Step 04 保持艺术字文本框为选中状态，在“文本工具”选项卡中可以设置艺术字的字体和字号等，如图4-95所示。

图 4-94

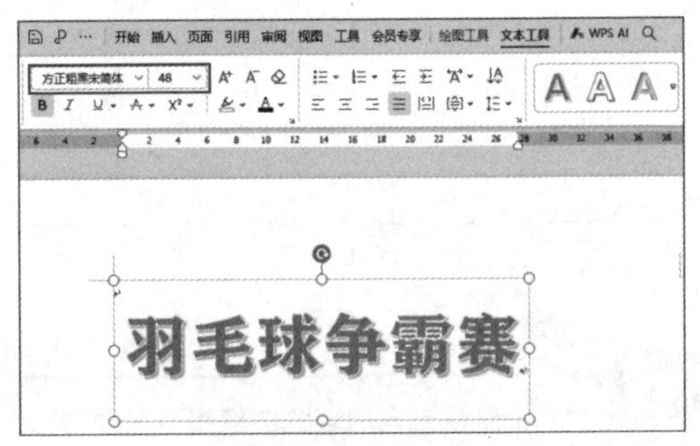

图 4-95

4.3.5 插入流程图

WPS Office集成了流程图、思维导图、智能图形等在线绘图工具。下面以插入流程图为例进行介绍。

Step 01 打开“插入”选项卡，单击“流程图”按钮，如图4-96所示。

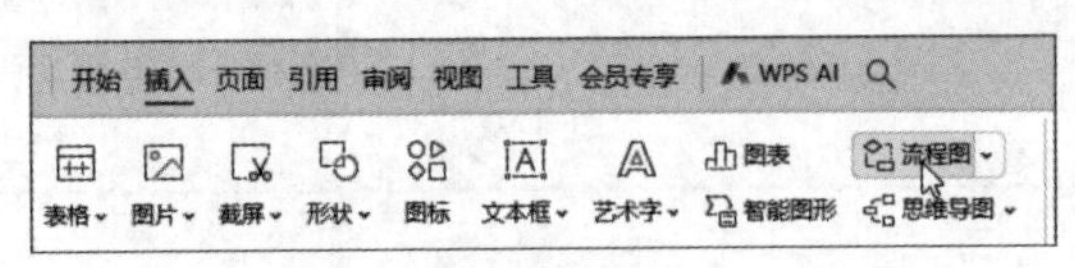

图 4-96

Step 02 打开“流程图”对话框，单击“新建空白图”按钮，如图4-97所示。

Step 03 当前窗口随即自动打开流程图编辑页面，如图4-98所示。

Step 04 通过流程图编辑页面左侧提供的图形，在画布中添加基础图形，并在图形中输入文本，流程图制作完成后单击“插入”按钮，如图4-99所示。

Step 05 制作好的流程图随即被插入文档中，拖动流程图四个边角处的任意一个圆形控制点，可以调整流程图的大小，如图4-100所示。

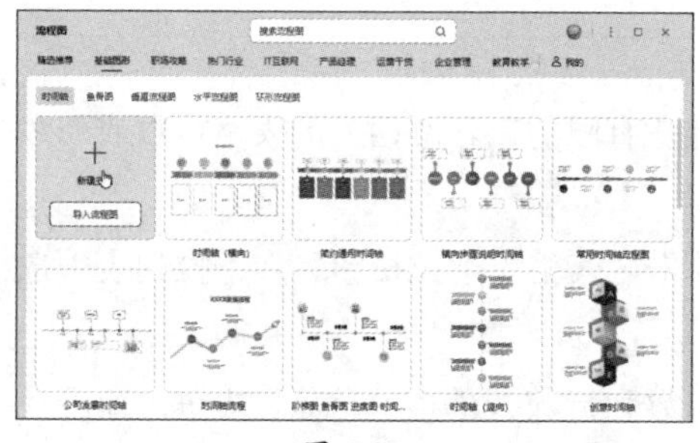

图 4-97

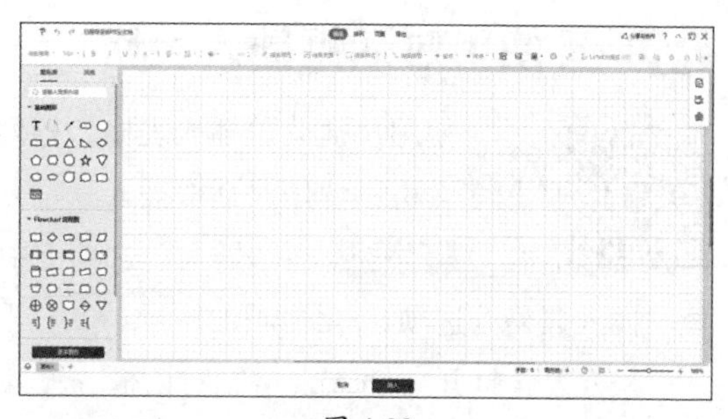

图 4-98

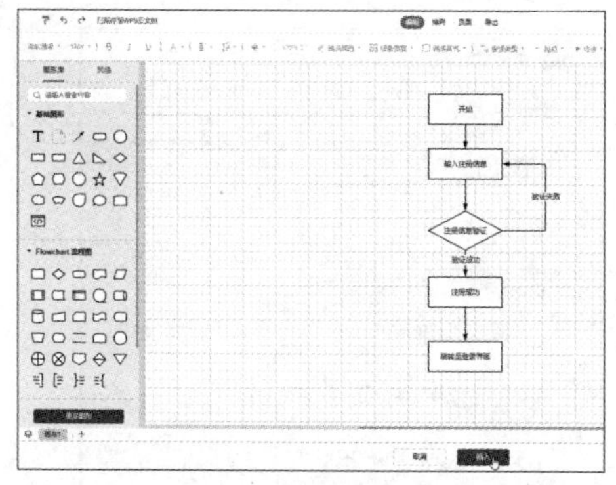

图 4-99

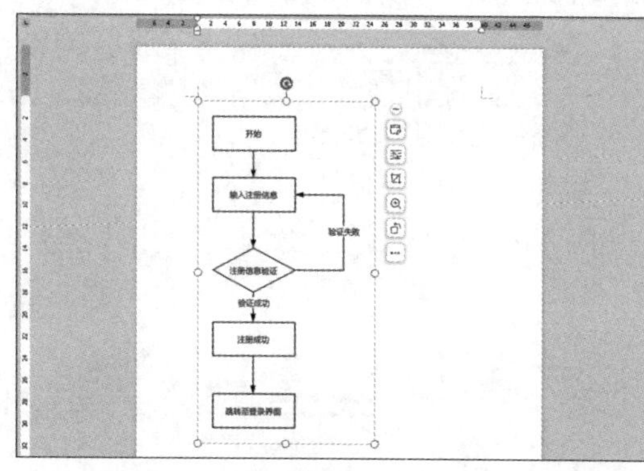

图 4-100

4.4 文档表格的制作

Word中经常会用到表格，例如制作简历、制作课程表、制作请假条、制作收据等。下面对表格的插入及编辑方法进行详细介绍。

4.4.1 快速插入表格

在WPS文字中插入表格的方法有很多种，用户可以根据需要进行选择。下面介绍如何快速插入表格。

Step 01 打开“插入”选项卡，单击“表格”下拉按钮，在下拉列表的顶端有一个矩形矩阵，将光标定位在该矩阵上，移动光标，如图4-101所示。

Step 02 文档中随即根据高亮显示的矩形数量快速插入相应行列数的表格，如图4-102所示。

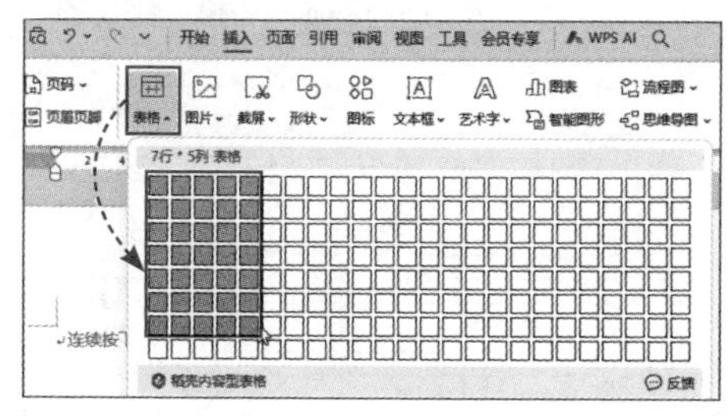

图 4-101

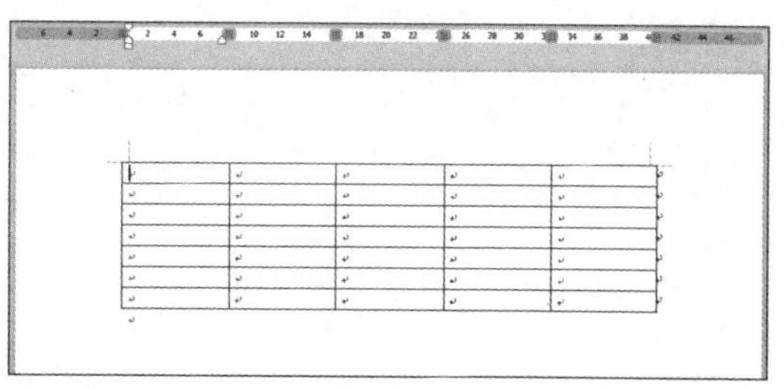

图 4-102

动手练 使用对话框插入表格

使用快捷菜单插入表格，行列数是有限的，若要插入的表格行数或列数较多，可以使用对话框插入。

Step 01 在“插入”选项卡中单击“表格”下拉按钮，在下拉列表中选择“插入表格”选项，如图4-103所示。

Step 02 打开“插入表格”对话框，输入列数和行数，单击“确定”按钮，即可在文档中插入相应行列数的表格，如图4-104所示。

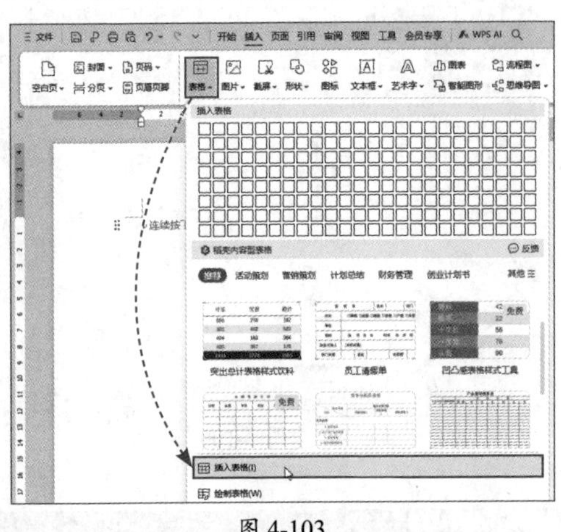

图 4-103

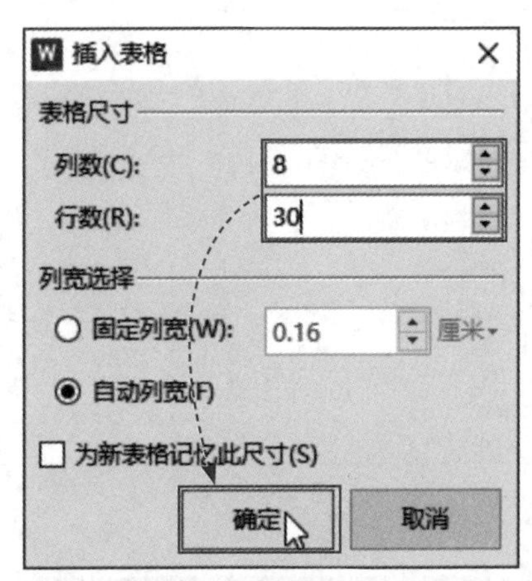

图 4-104

4.4.2 调整表格结构

插入表格后需要根据表格中的内容对表格结构进行调整，例如调整行高和列宽、插入或删除行列、合并单元格等。

1. 快速调整行高和列宽

使用鼠标拖曳的方法可以快速调整指定行或列的高度或宽度。下面以调整列宽为例进行介绍。

Step 01 将光标移动到最左侧列的右侧边线上，此时光标变成⇹形状，如图4-105所示。

Step 02 按住鼠标进行拖动，便可调整列宽，调整到满意的宽度时松开鼠标即可，如图4-106所示。

图 4-105

图 4-106

知识点拨

调整行高的方法与调整列宽相同，只需将光标移动到行边线上，光标变成≑形状时，按住鼠标进行拖动即可。

2. 精确调整行高和列宽

打开“表格工具”选项卡，分别在“表格行高”和“表格列宽”微调框中输入具体数值，便可精确调整光标所在单元格的整行高度和整列宽度，如图4-107所示。

插入
页面
引用
审阅
视图
工具
会员专享
表格工具
表格样式
WPS AI
合并单元格
拆分表格
拆分单元格
自动调整
1.00厘米
4.00厘米
宋体 (正文)
五号

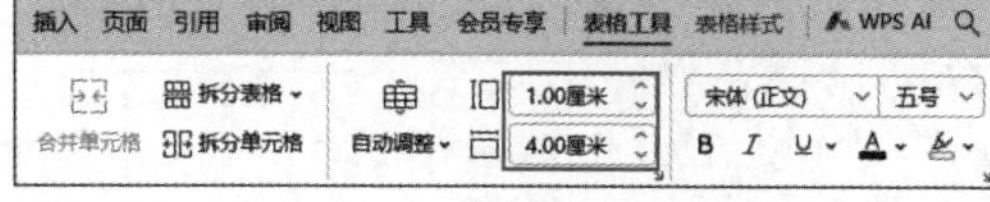

图 4-107

3. 插入行和列

插入表格后可以根据需要继续增加表格的行或列，也可删除多余的行和列。

Step 01 将光标定位于目标单元格中，打开“表格工具”选项卡，单击“插入”下拉按钮，下拉列表中提供多种插入选项，此处选择“在上方插入行”选项，如图4-108所示。

Step 02 目标单元格所在行的上方随即被插入一个空白行，如图4-109所示。

在此定位光标
会议主题
会议时间
会议地点
会议主持
序号
职位
姓名
签到
备注

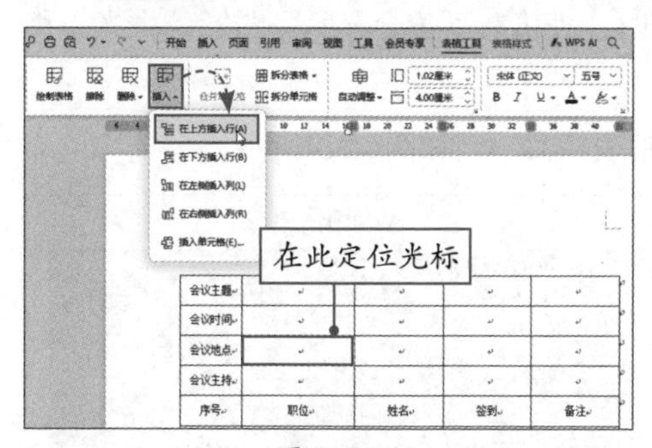

图 4-108

会议签到表
会议主题
会议时间
会议地点
会议主持
序号
职位
姓名
签到
备注
1
2

图 4-109

Step 03 重新在单元格中定位光标，在“表格工具”选项卡中单击“插入”下拉按钮，在下拉列表中选择“在右侧插入列”选项，如图4-110所示。

Step 04 目标单元格所在列的右侧随即被插入一个空白列，如图4-111所示。

会议签到表
在此定位光标
会议主题
会议时间
会议地点
会议主持

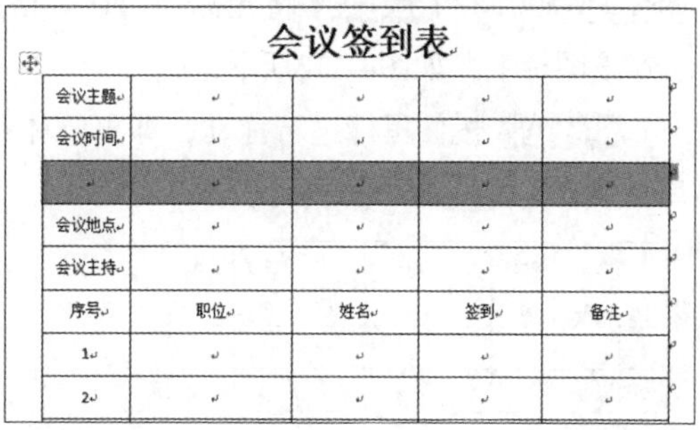

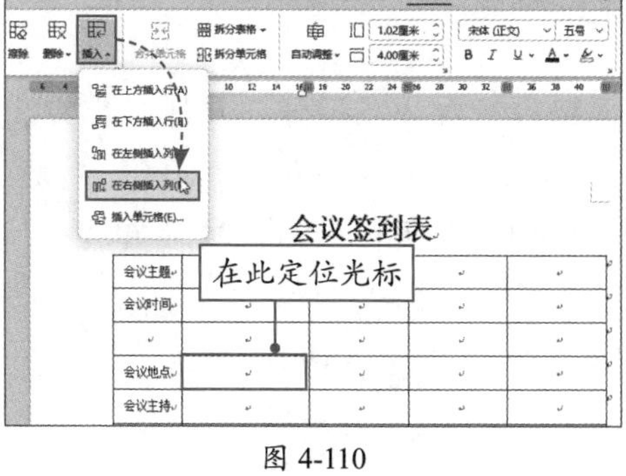

图 4-110

会议签到表
会议主题
会议时间
会议地点
会议主持
序号
职位
姓名
签到
备注
1
2
3
4
5
6

图 4-111

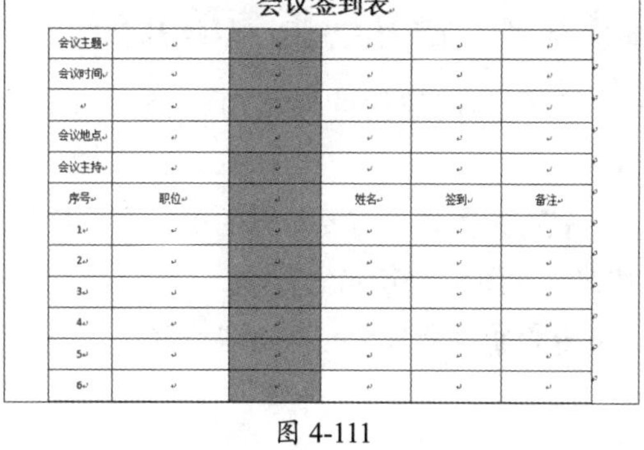

4. 删除行和列

若要删除指定行或列，可将光标定位于该行或该列中的任意单元格中，打开“表格工具”选项卡，单击“删除”下拉按钮，在下拉列表中选择“行”或“列”选项即可将光标所在的整行或整列删除，如图4-112所示。

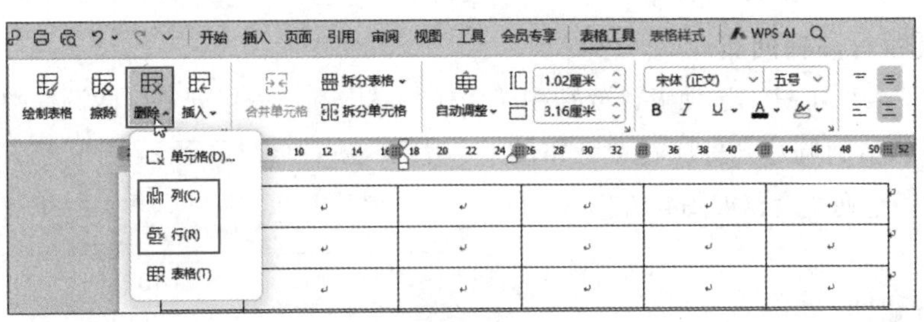

图 4-112

动手练 整体调整表格大小

创建表格后可以快速调整表格的大小，以适应页面尺寸。下面介绍具体操作方法。

Step 01 将光标停留在表格上时，表格右下角会显示⤡图标，将光标移动到该图标上，如图4-113所示。

Step 02 按住鼠标进行拖动，即可整体调整表格大小，如图4-114所示。

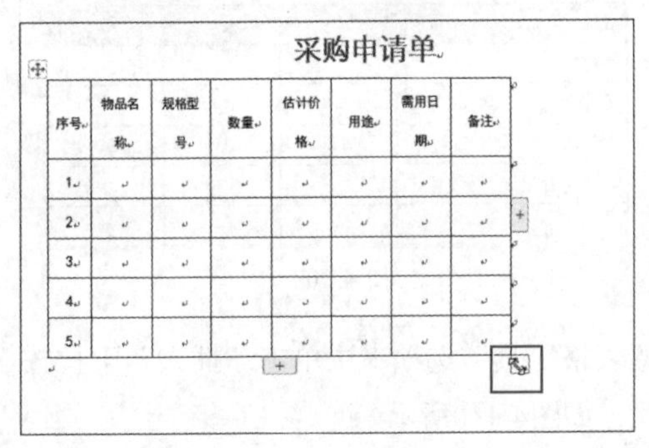

图 4-113

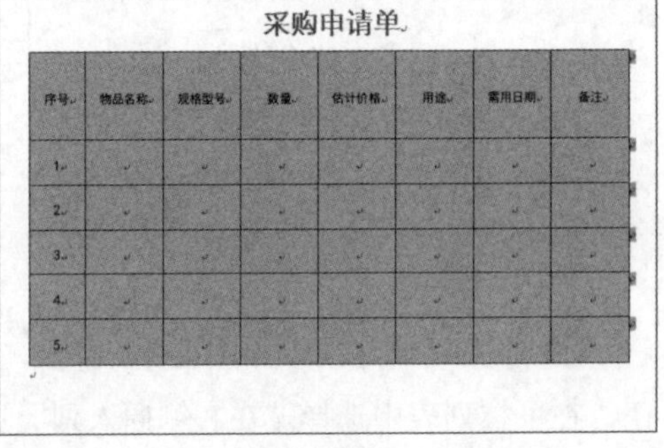

图 4-114

4.4.3 合并与拆分单元格

制作不同结构的表格时，经常需要对单元格进行合并或拆分。具体操作方法如下。

Step 01 选中需要合并的单元格，打开“表格工具”选项卡，单击“合并单元格”按钮，如图4-115所示。

Step 02 所选单元格随即被合并成一个大的单元格，如图4-116所示。

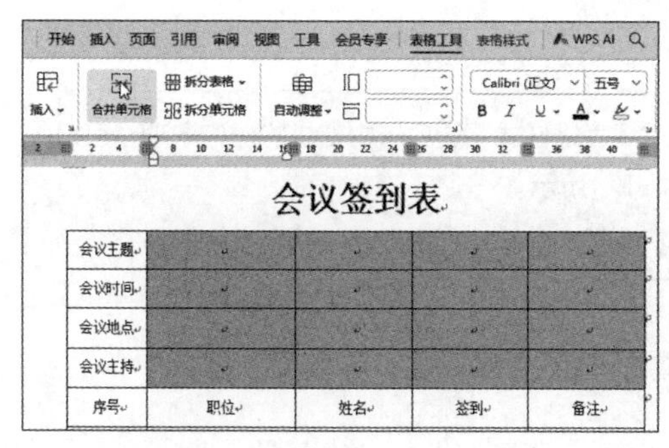

图 4-115

会议签到表				
会议主题				
会议时间				
会议地点				
会议主持				
序号	职位	姓名	签到	备注
1				
2				
3				

图 4-116

Step 03 将光标置于需要拆分的单元格中，在“表格工具”选项卡中单击“拆分单元格”按钮，如图4-117所示。

Step 04 打开“拆分单元格”对话框，设置好需要拆分为的列数和行数，单击“确定”按钮，光标所在单元格随即被拆分成指定行列数，如图4-118所示。

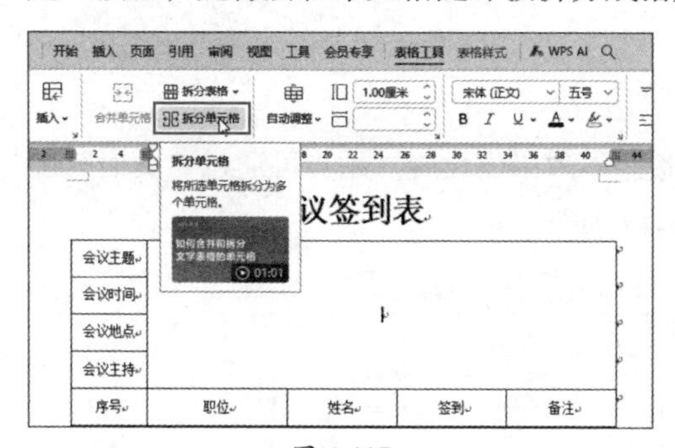

图 4-117

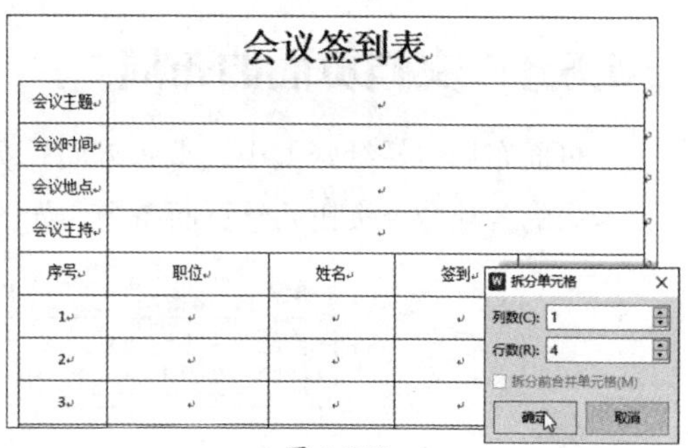

图 4-118

4.4.4 为表格添加底纹

为了突出表格表头，一般会为表头单元格添加底纹。用户可以使用颜色列表中提供的颜色为表头设置纯色底纹。

Step 01 选中表格中的表头单元格区域，打开“表格样式”选项卡，单击“底纹”下拉按钮，在下拉列表中选择一种合适的颜色，如图4-119所示。

Step 02 所选单元格区域随即被填充相应颜色的底纹，如图4-120所示。

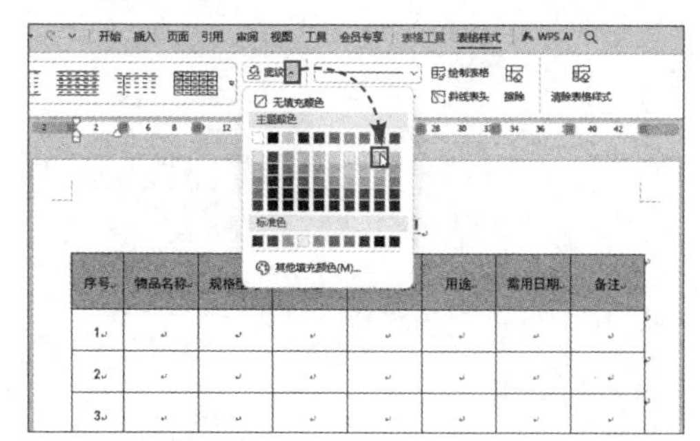

图 4-119

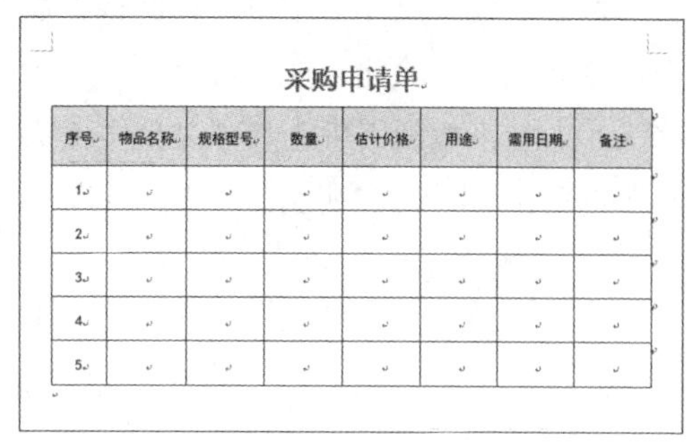

采购申请单							
序号	物品名称	规格型号	数量	估计价格	用途	需用日期	备注
1							
2							
3							
4							
5							

图 4-120

知识点拨

在表格中选中需要设置样式的单元格区域，通过“表格样式”选项卡中提供的操作选项，可以对表格边框的线型、粗细、颜色等进行设置，如图4-121所示。

图 4-121

4.5 对文档进行排版

简洁大方的排版不仅能提高内容的易读性，还会给人带来专业的阅读体验。下面通过设置文档页面布局，添加页眉页脚、水印、背景等提升文档的整体质量。

4.5.1 文档页面的布局

页面布局包括纸张大小、纸张方向、页边距等效果的设置。用户可通过“页面”选项卡中的各项命令按钮调整页面布局，如图4-122所示。

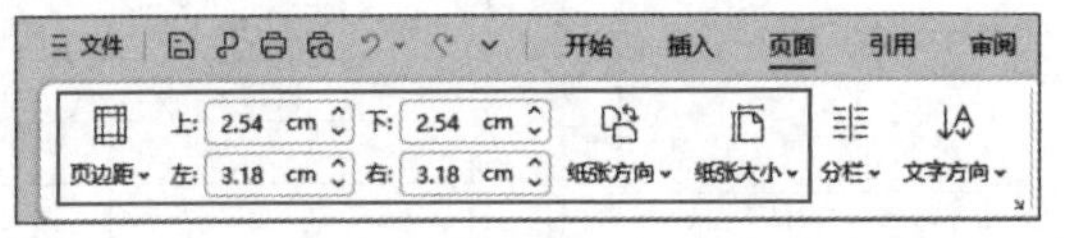

图 4-122

动手练 调整纸张大小和方向

默认创建的文档，纸张大小为A4，纸张方向为纵向，用户可根据需要对其进行调整。

Step 01 打开“页面”选项卡，单击“纸张大小”下拉按钮，下拉列表中包含了很多内置的纸张尺寸，用户可在此选择需要的纸张大小。除此之外也可以自定义纸张大小，在下拉列表中选择“其他页面大小”选项，如图4-123所示。

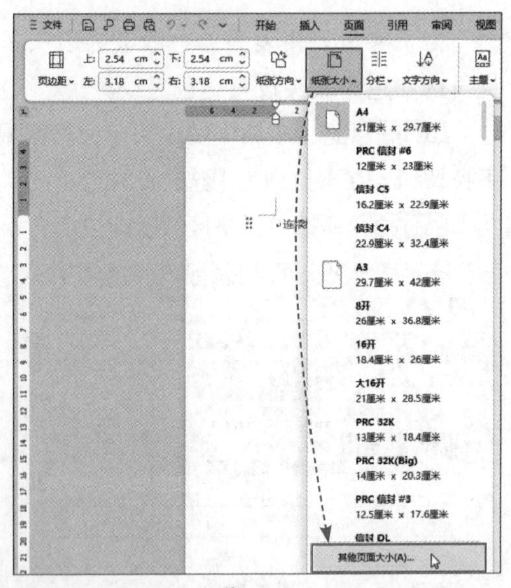

图 4-123

Step 02 打开“页面设置”对话框，在“纸张”选项卡中输入“宽度”和“高度”值，单击“确定”按钮，即可将纸张大小设置为自定义的尺寸，如图4-124所示。

Step 03 在“页面”选项卡中单击“纸张方向”下拉按钮，在下拉列表中选择“横向”选项，可将页面设置为横向显示，如图4-125所示。

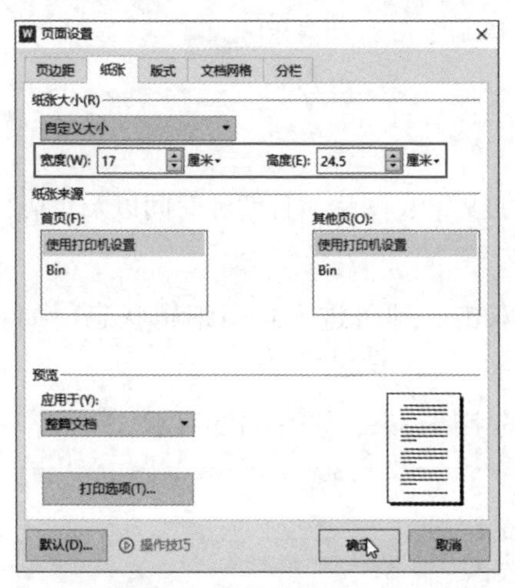

图 4-124

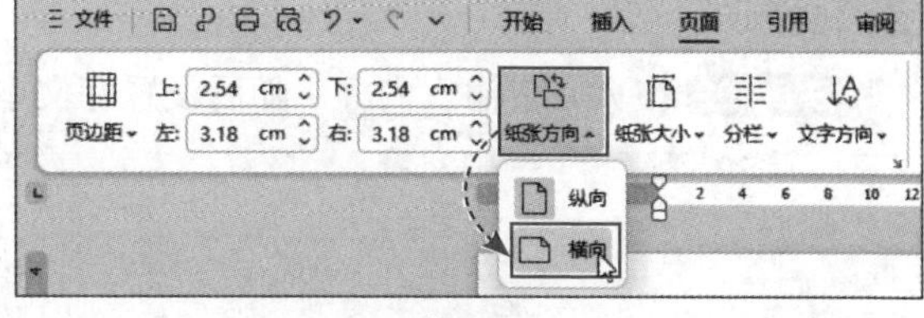

图 4-125

动手练 设置页边距

页边距控制文档中的内容和边线的距离，页边距分为上、下、左、右四个方向，页边距越大，内容距离边线越远；反之，内容距离边线越近。

Step 01 打开“页面”选项卡，单击“页边距”下拉按钮，下拉列表中包含系统内置的页边距，此处选择“适中”选项，文档页边距随即得到相应调整，如图4-126所示。

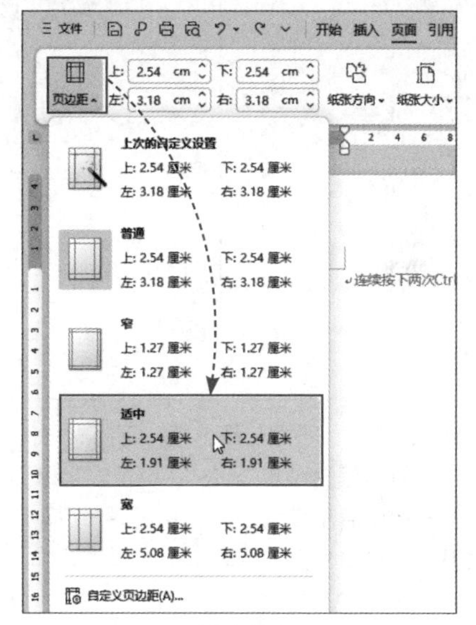

图 4-126

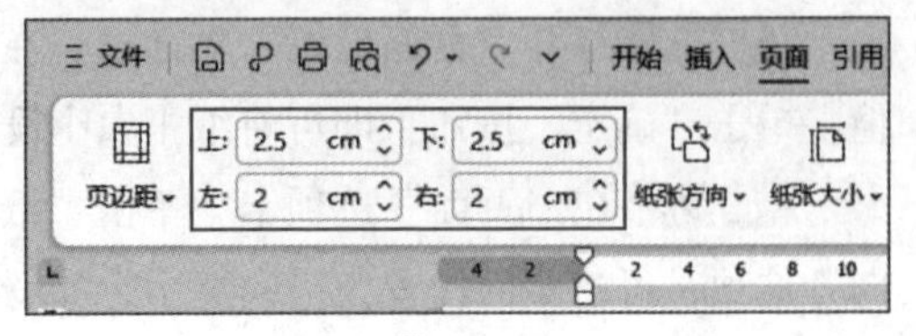

图 4-127

Step 02 除了使用内置的页面距，也可直接在“页面”选项卡中的“上”“下”“左”“右”微调框中输入具体数值，以达到自定义页边距的目的，如图4-127所示。

4.5.2 页眉和页脚的添加

在文档的页眉和页脚中，可以根据需要为其添加文字、图片、日期和时间以及页码等内容。

Step 01 将光标移动到文档顶部空白位置，双击，即可进入页眉编辑状态，如图4-128所示。

Step 02 在页眉中输入内容，随后设置好文本的字体效果，如图4-129所示。

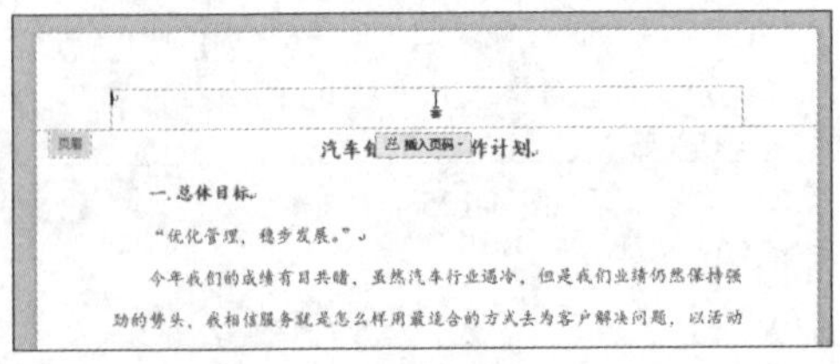
图 4-128

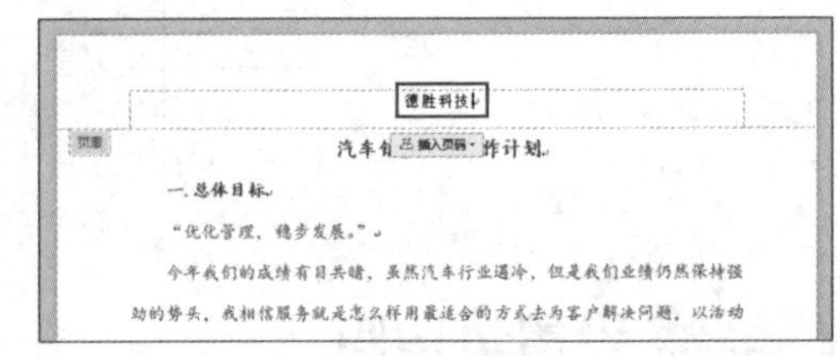
图 4-129

Step 03 将光标移动到文档页脚中，单击页脚线上方的“插入页码”下拉按钮，在下拉列表中选择“居中”选项，单击“确定”按钮，如图4-130所示。

Step 04 文档中所有页面随即被添加页码，如图4-131所示。

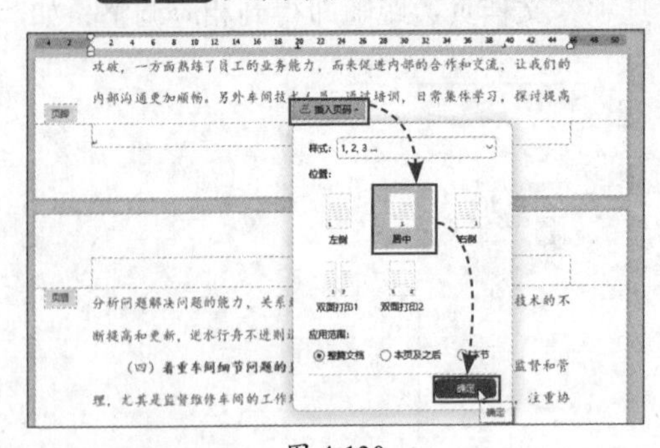
图 4-130

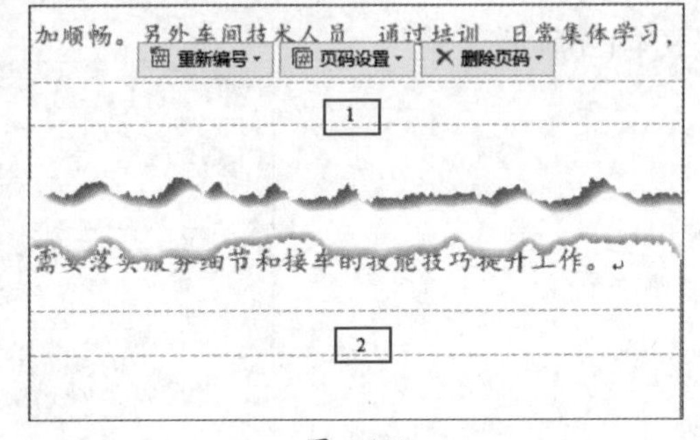

图 4-131

知识点拨

在“页眉页脚”选项卡中勾选“首页不同”复选框，可为文档首页设置有别于其他页面的页眉和页脚。勾选“奇偶页不同”复选框则可为奇数页和偶数页分别设置不同的页眉和页脚。若要退出页眉页脚编辑模式，单击“关闭”按钮，如图4-132所示。

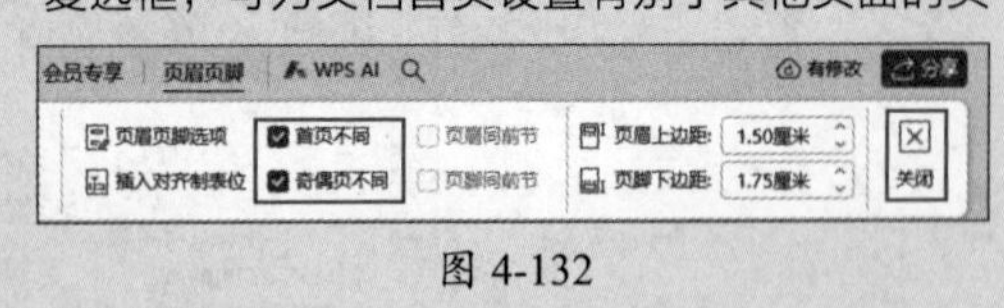

图 4-132

4.5.3 水印的添加

为了保护版权、明确文档的内容或性质，有时需要为文档添加水印。WPS文档中包含了一些内置水印，用户可以从中选择一款合适的水印。

Step 01 打开“页面”选项卡，单击“水印”下拉按钮，在下拉列表中选择需要的水印，如图4-133所示。

Step 02 文档中随即被添加相应水印，如图4-134所示。

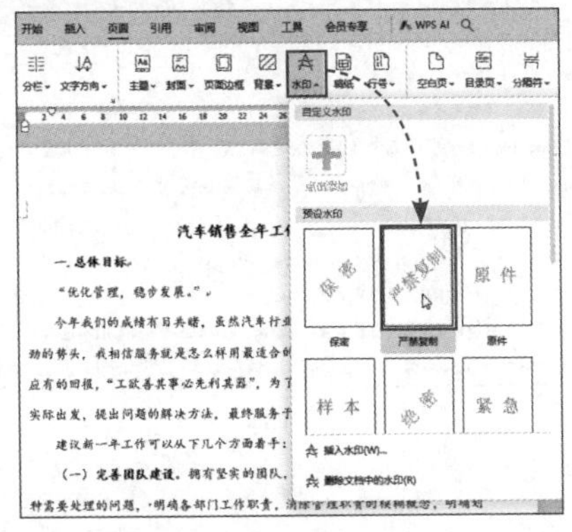

图 4-133

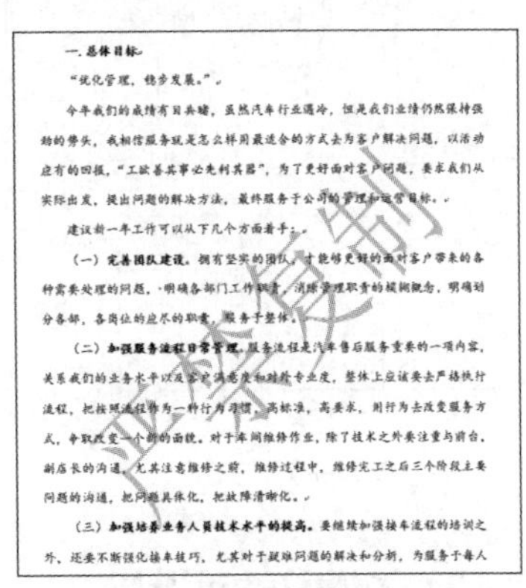

图 4-134

动手练 自定义水印

若想获得更有创意的水印效果，或添加图片水印，可自定义水印。具体操作方法如下。

Step 01 在“页面”选项卡中单击“水印”下拉按钮，在下拉列表中的“自定义水印”组中选择“点击添加”选项（或在列表底部选择“插入水印”选项），如图4-135所示。

Step 02 打开“水印”对话框，在该对话框中可以设置“图片水印”和“文字水印”。此处勾选“文字水印”复选框，随后输入水印内容，并设置字体、字号、颜色、版式等，设置完成后单击“确定”按钮，如图4-136所示。

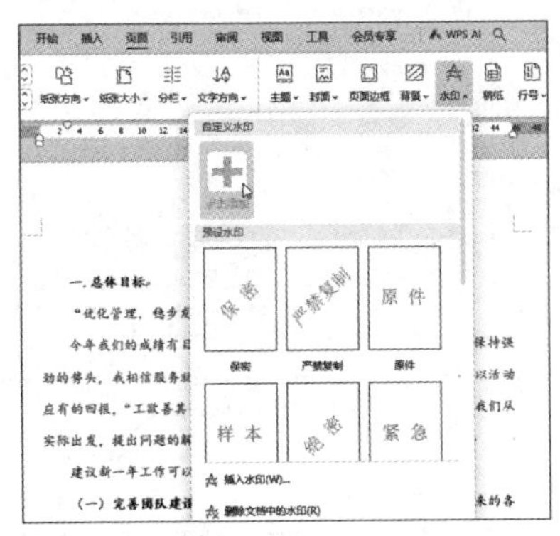

图 4-135

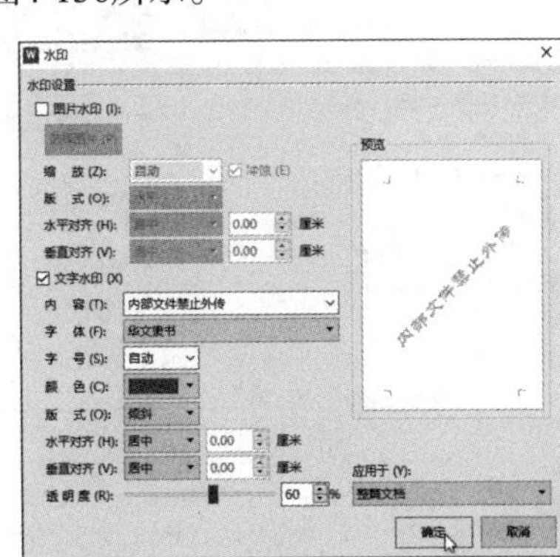

图 4-136

Step 03 再次单击“水印”下拉按钮，此时下拉列表中已经出现刚刚自定义的文字水印，如图4-137所示。

Step 04 单击该水印，文档中随即被添加自定义水印，效果如图4-138所示。

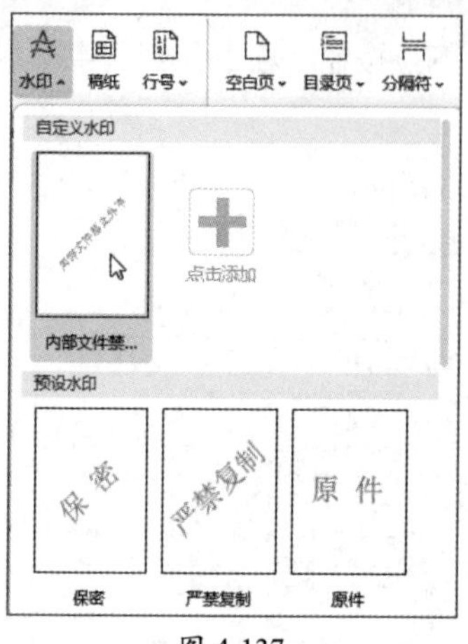

图 4-137

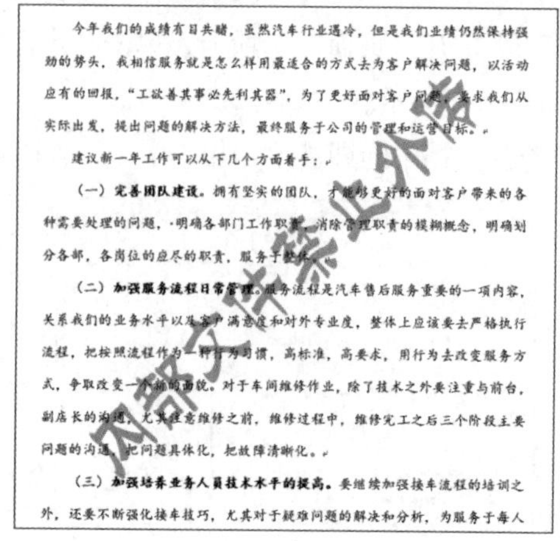

今年我们的成绩有目共睹，虽然汽车行业遇冷，但是我们业绩仍然保持强劲的势头，我相信服务就是怎么样用最适合的方式去为客户解决问题，以活动应有的回报，“工欲善其事必先利其器”，为了更好面对客户问题，要求我们从实际出发，提出问题的解决方法，最终服务于公司的管理和运营目标。

建议新一年工作可以从下几个方面着手：

（一）**完善团队建设。**拥有坚实的团队，才能够更好的面对客户带来的各种需要处理的问题，明确各部门工作职责，消除管理职责的模糊概念，明确划分各部，各岗位的应尽的职责，服务于整体。

（二）**加强服务流程日常管理。**服务流程是汽车售后服务重要的一项内容，关系我们的业务水平以及客户满意度和对外专业度，整体上应该要去严格执行流程，把按照流程作为一种行为习惯，高标准，高要求，用行为去改变服务方式，争取改变一个标的面貌。对于车间维修作业，除了技术之外要注重与前台，副店长的沟通，尤其注意维修之前，维修过程中，维修完工之后三个阶段主要问题的沟通，把问题具体化，把故障清晰化。

（三）**加强培养业务人员技术水平的提高。**要继续加强接车流程的培训之外，还要不断强化接车技巧，尤其对于疑难问题的解决和分析，为服务于每人

图 4-138

4.5.4 为文档添加背景

为文档添加背景可以增强视觉效果，提升文档的整体美观性和可读性，使其更加吸引读者注意并传达专业感。下面介绍如何为文档设置纯色背景。

Step 01 打开“页面”选项卡，单击“背景”下拉按钮，在下拉列表中选择一种合适的颜色，如图4-139所示。

Step 02 文档中所有页面随即被填充相同颜色，如图4-140所示。

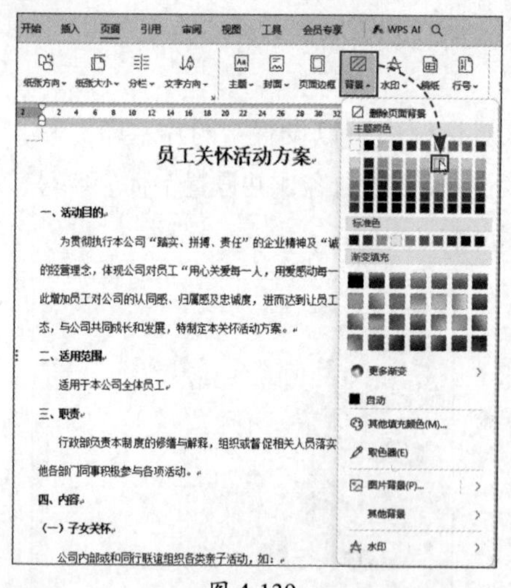

图 4-139

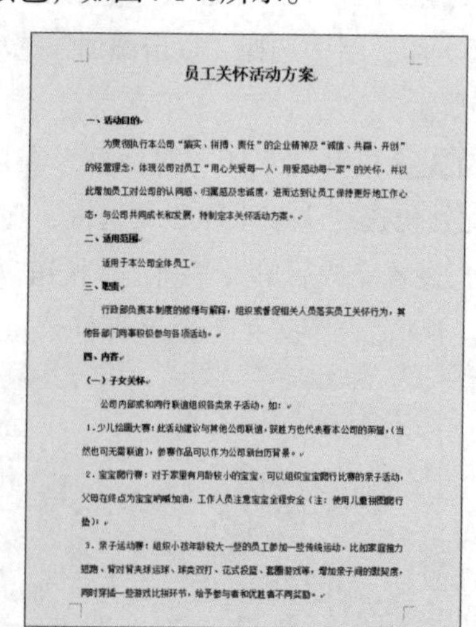

图 4-140

知识点拨

在“背景”下拉列表中可以通过其他操作选项设置渐变填充、图片背景、纹理或图案填充效果等。

4.5.5 样式的应用

文档中的样式主要起到统一格式、提升可读性和维护效率的作用。通过应用预设的样式（如标题、段落、列表、表格等），可以确保文档内容的排版一致，使得信息更加清晰易读。同时，样式也便于后续的编辑和修改，减少重复劳动，提高文档的整体质量和一致性。

动手练 目录的创建和提取

制作论文、标书、小说等长篇文档时，为了方便浏览、查阅以及定位内容，可以为文档中的目录应用样式。

Step 01 先将文档正文中的所有标题设置为加粗显示，随后选中第一个标题，打开“开始”选项卡，单击“选择”下拉按钮，在下拉列表中选择“选择格式相似的文本”选项，如图4-141所示。正文中所有标题随即被全部选中。

Step 02 保持正文中所有标题为选中状态，单击“样式”下拉按钮，在下拉列表中选择“标题2”预设样式，如图4-142所示。选中的标题随即应用标题样式。

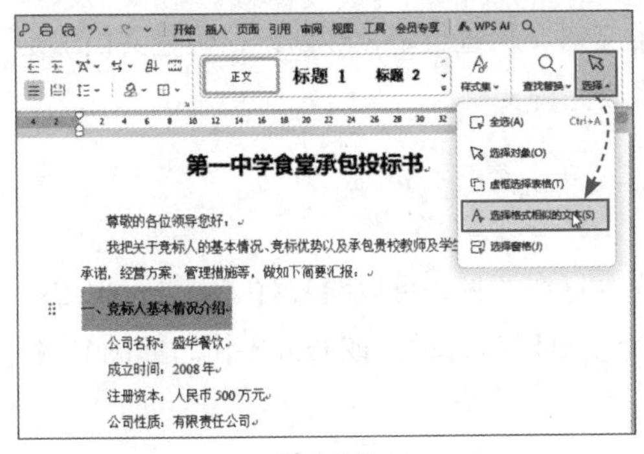

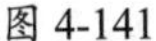
图 4-141

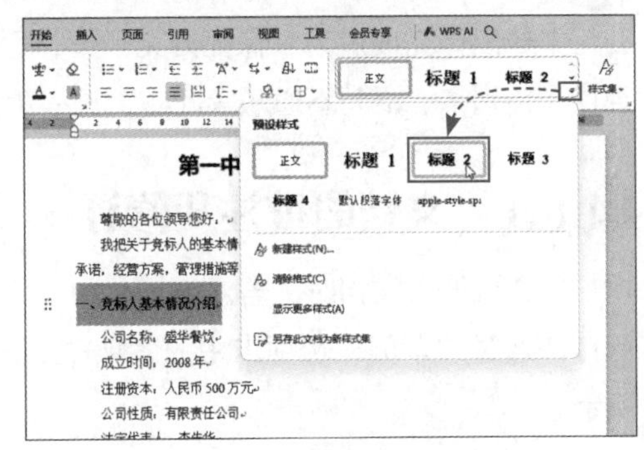

图 4-142

Step 03 打开“视图”选项卡，单击“导航窗格”按钮，文档左侧随即自动打开“导航”窗格，此时该窗格中会显示所有标题，如图4-143所示。

Step 04 单击任意一个标题即可快速定位到文档中的相应位置，如图4-144所示。

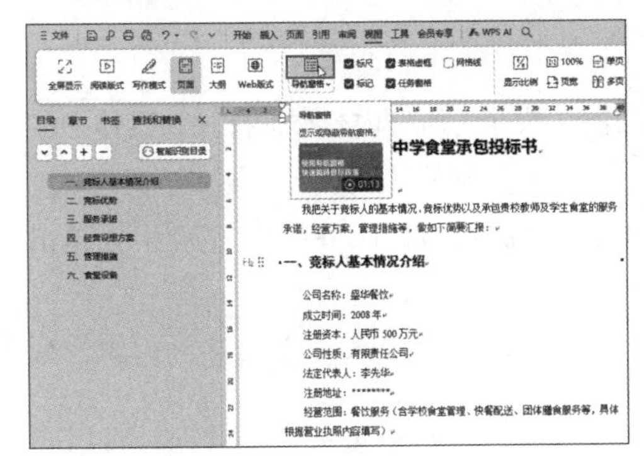

图 4-143

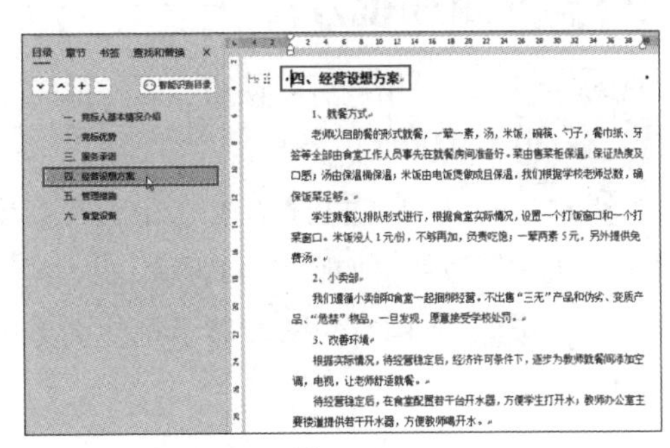

图 4-144

Step 05 将光标定位在文档的第一个字之前，打开“引用”选项卡，单击“目录”下拉按钮，在下拉列表中选择“自动目录”选项，如图4-145所示。

Step 06 文档最顶部随即自动显示提取出的目录，如图4-146所示。

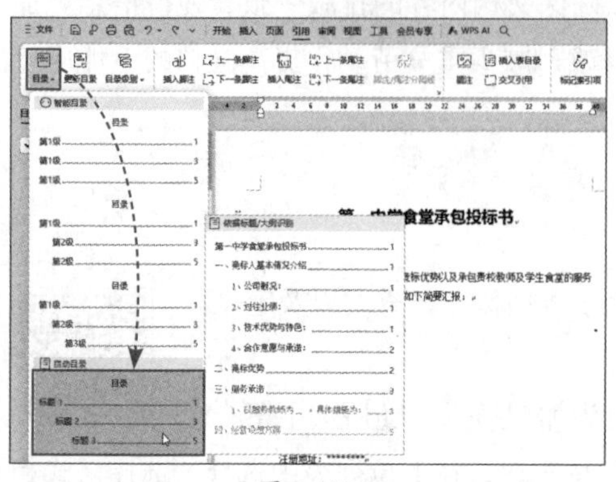

图 4-145

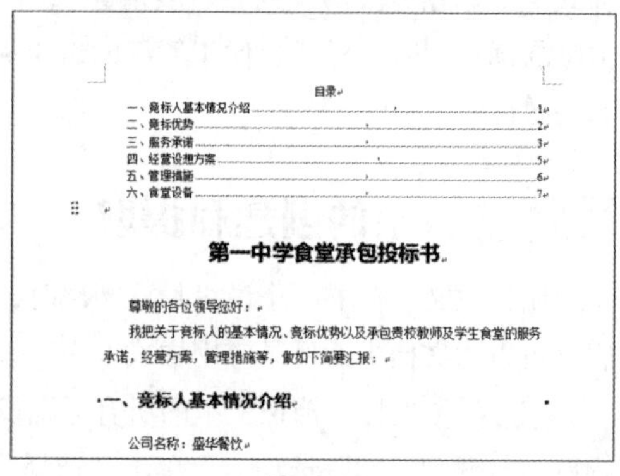
目录
一、竞标人基本情况介绍……1
二、竞标优势……2
三、服务承诺……3
四、经营设想方案……5
五、管理措施……6
六、食堂设备……7

第一中学食堂承包投标书

尊敬的各位领导您好：

我把关于竞标人的基本情况、竞标优势以及承包贵校教师及学生食堂的服务承诺，经营方案，管理措施等，做如下简要汇报：

一、竞标人基本情况介绍

公司名称：盛华餐饮

图 4-146

4.6 文档的高级操作

文档制作完成后为了保证万无一失，通常会对文档进行审核和修订，检查文档中是否存在错别字、语句不通顺等问题，进一步修改完善文档。

4.6.1 文档的批注和修订

当查看他人文档时，若对文档中的某些内容存在意见，可以随时对文档进行批注或修订。通过“审阅”选项卡中的各项命令按钮，可以执行批注或修订操作，如图4-147所示。

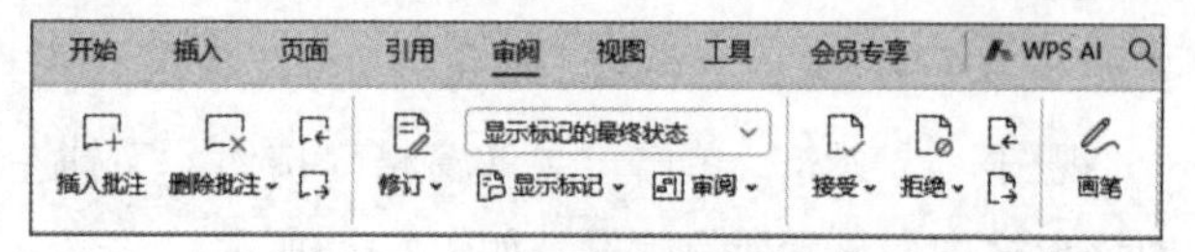

图 4-147

动手练 添加批注

用户可以使用“插入批注”功能，快速为所选内容添加批注。具体操作方法如下。

Step 01 在文档中选择需要批注的内容，打开“审阅”选项卡，单击“插入批注”按钮，如图4-148所示。

Step 02 文档右侧随即显示批注文本框，在文本框中可以输入要批注的内容，如图4-149所示。

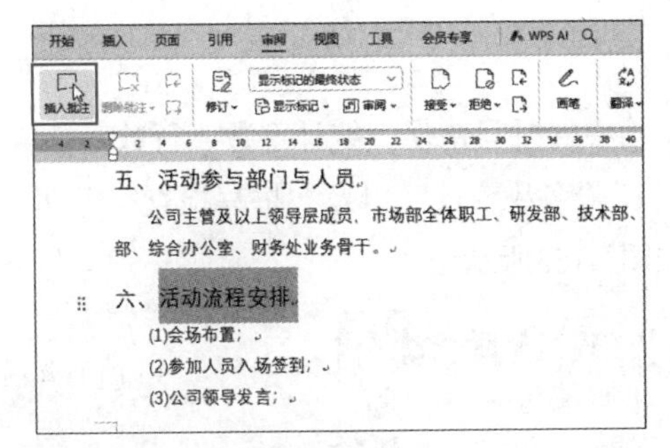

图 4-148

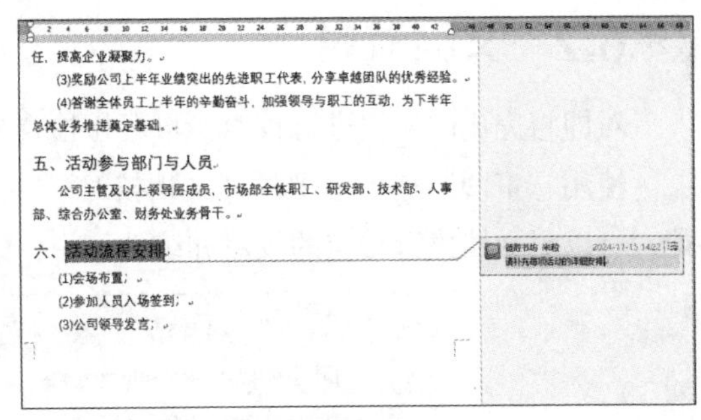

图 4-149

知识点拨

若要删除批注，需要先在批注中定位光标，随后在“审阅”选项卡中单击“删除批注”下拉按钮，用户可以通过下拉列表中提供的选项删除当前批注，或删除文档中的所有批注，如图4-150所示。

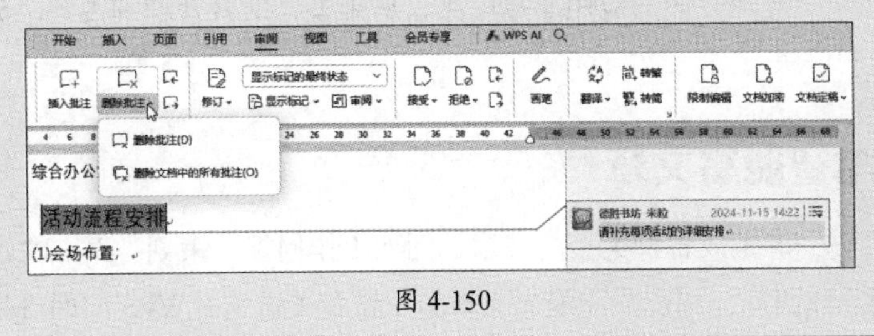

图 4-150

动手练 修订文档内容

查阅他人文档时，若发现文档中有需要修改的地方，可使用“修订”功能进行修改，这样可以让原作者明确哪些地方进行了改动。

Step 01 在“审阅”选项卡中单击“修订”按钮，使其呈现选中状态，进入文档修订模式，如图4-151所示。

Step 02 在文档中对某些内容进行修改，会显示出修订痕迹，例如将指定内容删除，然后修改为其他内容。文档右侧会显示被删除的内容，新输入的内容则会显示为红色字体，如图4-152所示。

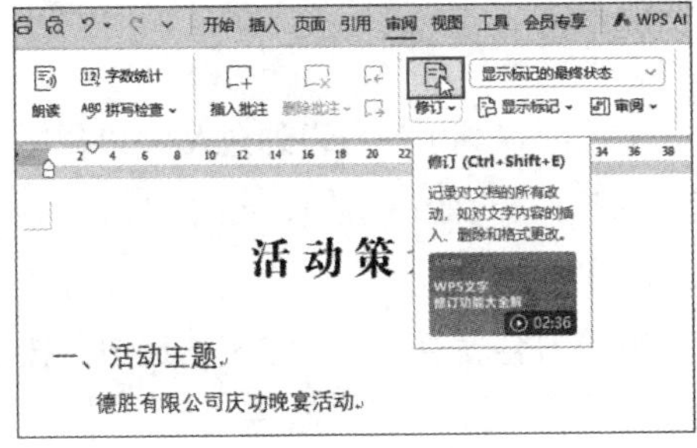

图 4-151

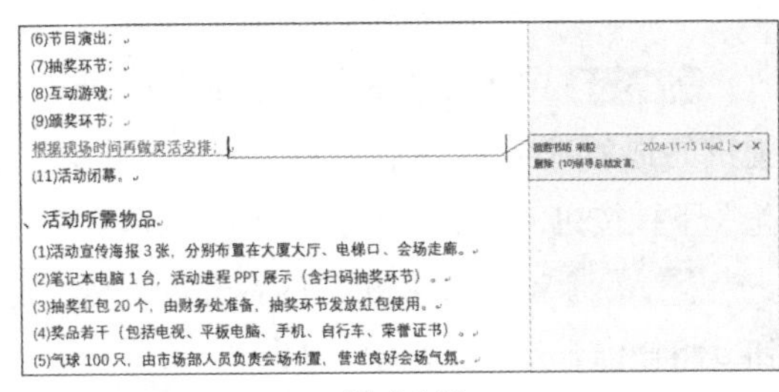

图 4-152

4.6.2 文档校对

对即将完成的文档进行校对，可轻松检查文档中的拼写错误、统计字数、行数等。

使用“审阅”选项卡中的“文档校对”“比较”“字数统计”以及“拼写检查”等功能，可以对文档执行相应的校对和统计工作，如图4-153所示。

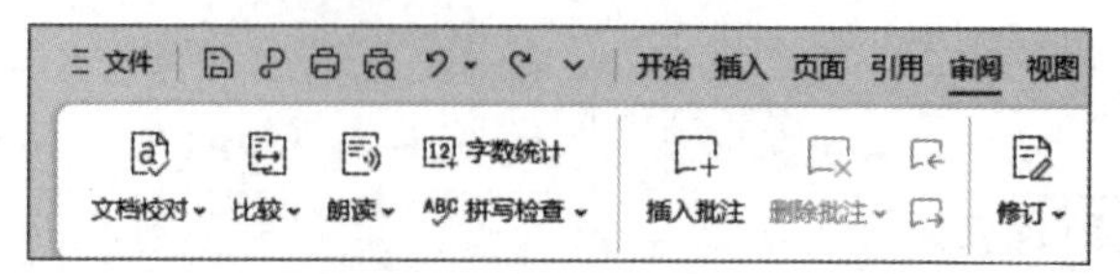

图 4-153

4.7 WPS AI让文字处理更轻松

WPS AI在文字处理方面的应用非常广泛，从排版、语言处理到内容生成，都为用户提供了智能化的解决方案。

4.7.1 AI智能写文章

WPS AI能够一键生成各种类型的文章，例如工作周报、策划方案、文章大纲以及各类公文、通知、证明等。用户只需输入文章的主题和关键词，WPS AI即可生成相应的文章内容。

Step 01 在WPS文档中按两次Ctrl键，唤起WPS AI功能，如图4-154所示。

Step 02 在AI窗口中输入关键词，单击▶按钮进行发送，如图4-155所示。

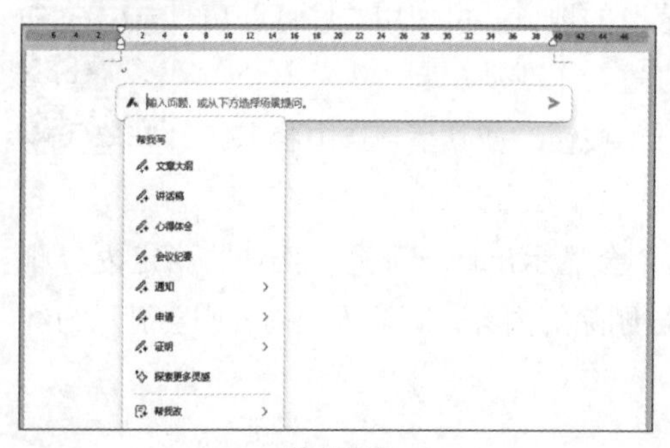

图 4-154

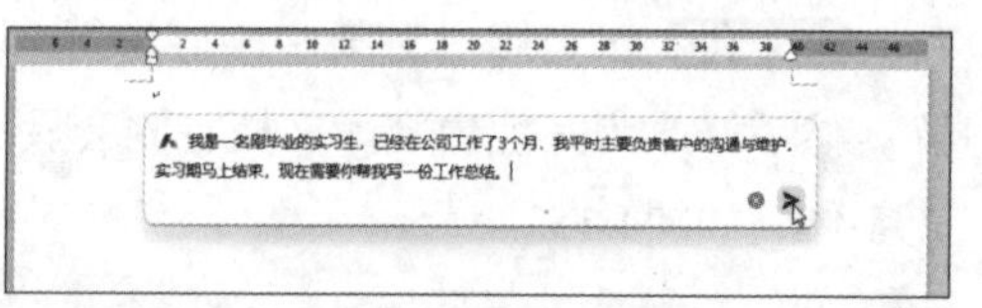

图 4-155

Step 03 WPS AI会根据发送的关键词自动生成文档内容。用户可以通过AI菜单栏中提供的选项对生成的内容进行更换、续写、扩写、缩写、改变风格等，此处单击“调整”下拉按钮，在下拉列表中选择“扩写”选项，如图4-156所示。

Step 04 WPS AI随机对内容进行扩写，若对生成的内容满意，可以单击“保留”按钮，将该内容插入文档中，如图4-157所示。

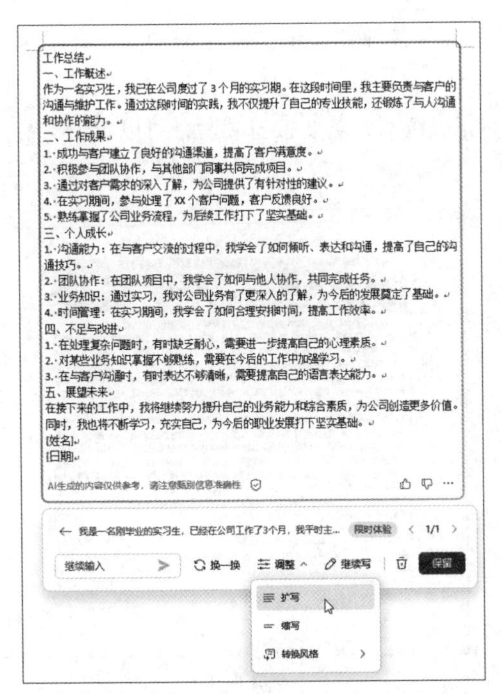

图 4-156

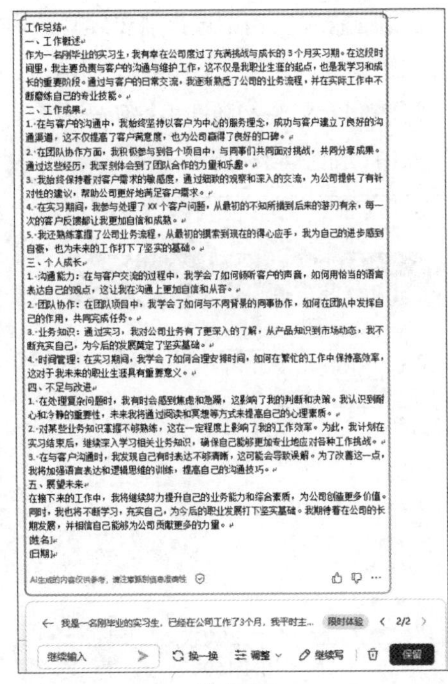

图 4-157

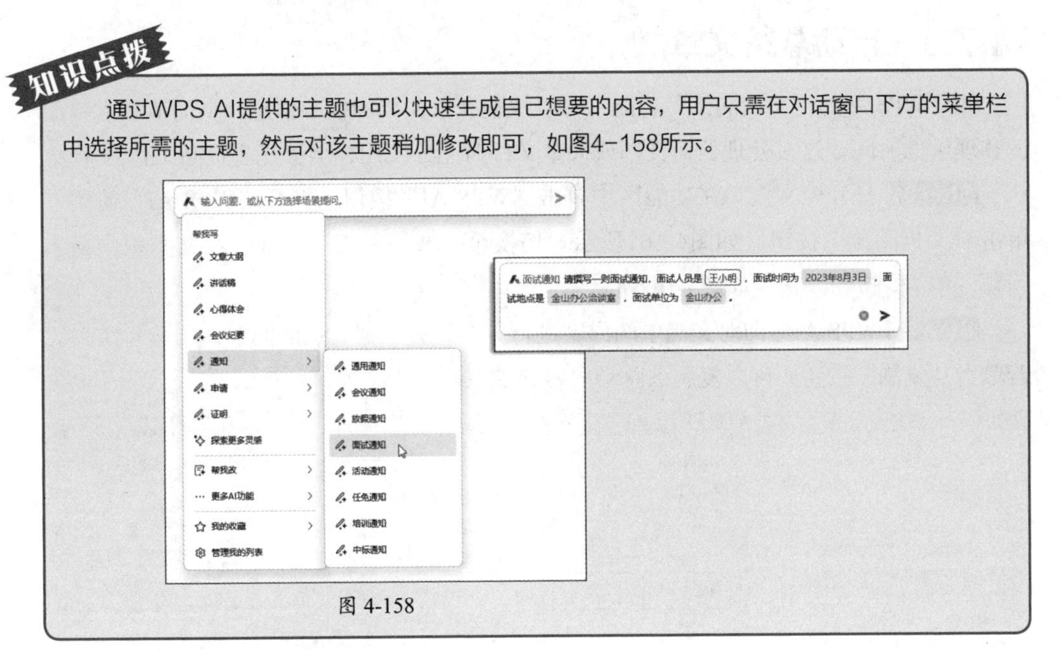

知识点拨

通过WPS AI提供的主题也可以快速生成自己想要的内容，用户只需在对话窗口下方的菜单栏中选择所需的主题，然后对该主题稍加修改即可，如图4-158所示。

图 4-158

4.7.2 智能续写

WPS AI的续写功能可以极大地提高写作效率。无论是论文、作文，还是其他类型的文档，用户只需输入部分内容，AI便能根据已有的文字进行智能续写，大大减少用户手动输入的工作量。下面续写一份以“阅读——塑造人类生活的无形力量”为主题的文章。

Step 01 在文档中选择需要续写的内容，连续按两次Ctrl键唤起AI功能，在菜单中选择“继续写”选项，如图4-159所示。

Step 02 WPS AI随即根据所选内容自动完成续写，若要接着续写，可以单击“继续写”按钮，如图4-160所示。

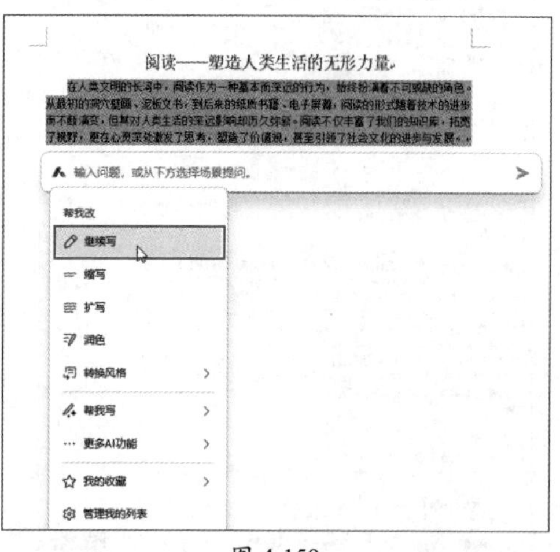

图 4-159

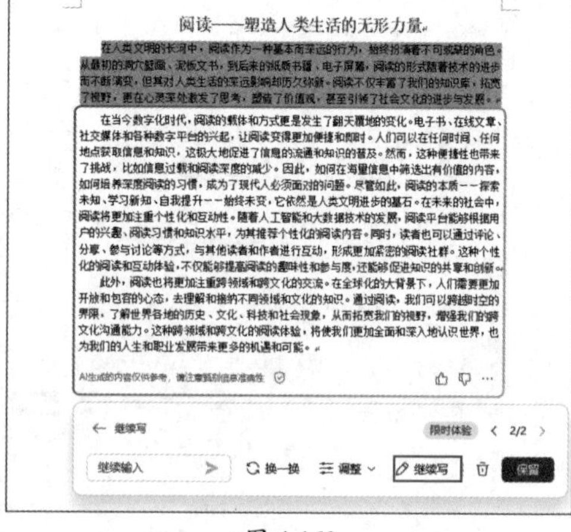

图 4-160

4.7.3 自动总结文章

使用WPS AI的“文档阅读”功能，可以快速获取文档的核心信息，从而节省大量阅读和理解的时间。这在处理长篇文档或大量文件时尤为实用，能够显著提高工作效率。

Step 01 打开该文档。在功能区中单击“WPS AI”按钮，打开“WPS AI”窗格，单击“文档阅读”按钮，如图4-161所示。切换至“文档阅读”界面，在文本框中输入问题，单击▶按钮发送，如图4-162所示。

Step 02 WPS AI随即对文档中的内容进行分析，并根据发送的问题返回分析结果。若单击“复制”按钮，可以复制该总结内容，如图4-163所示。

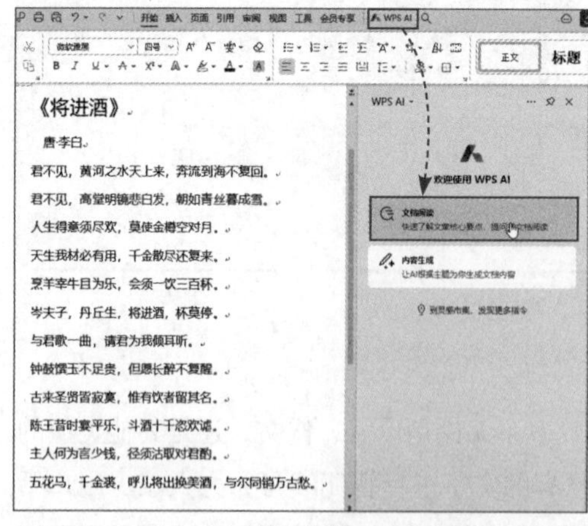

图 4-161

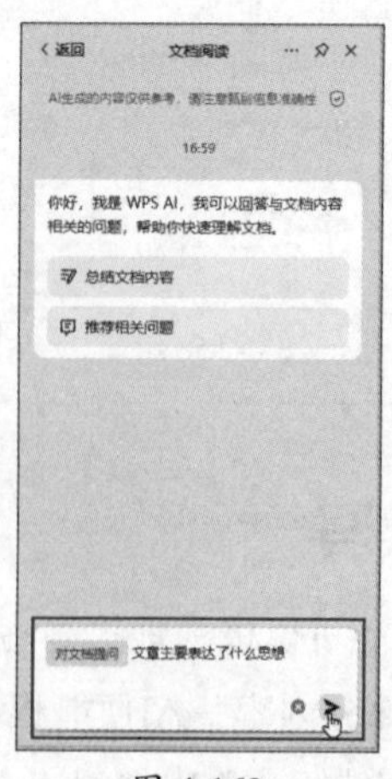

图 4-162

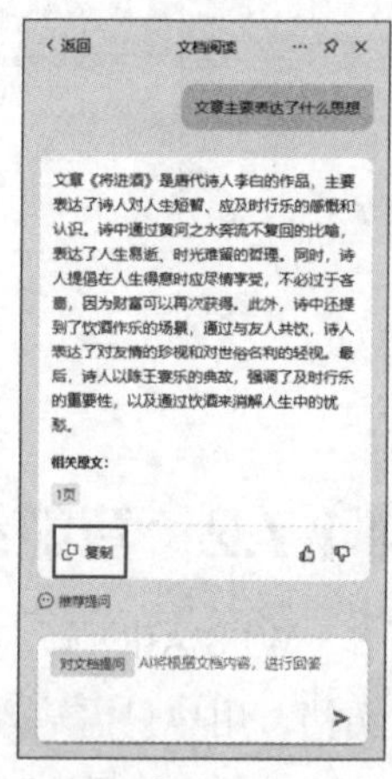

图 4-163

知识拓展：制作公司财务部门通知函

通过本章内容的学习，相信用户已经对WPS文档的基本操作有了一定的了解。下面综合利用所学知识，制作一份财务部门通知函。要求格式规范，排版简洁大方，可适当对文档页面进行美化。

Step 01 启动WPS Office，在首页顶部标签栏中单击˅按钮，在下拉列表中选择“文字”选项，如图4-164所示。

Step 02 WPS Office中随即新建空白文档，保存文档，设置文件名称为“通知函”，文件格式设置为“docx”格式。切换到“页面”选项卡，设置上、下页边距为“4cm”，左、右页边距保持默认，如图4-165所示。

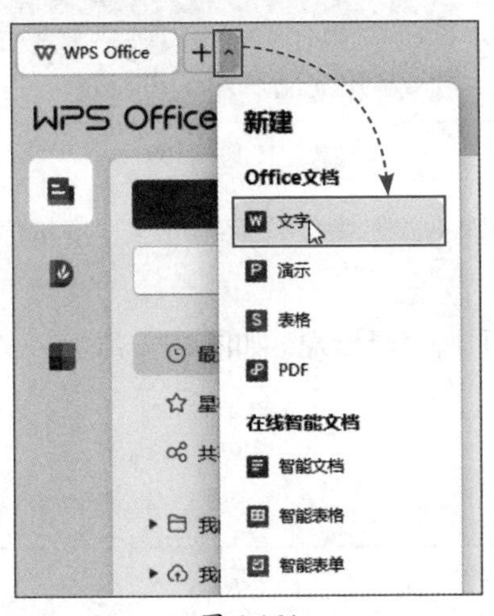

图 4-164

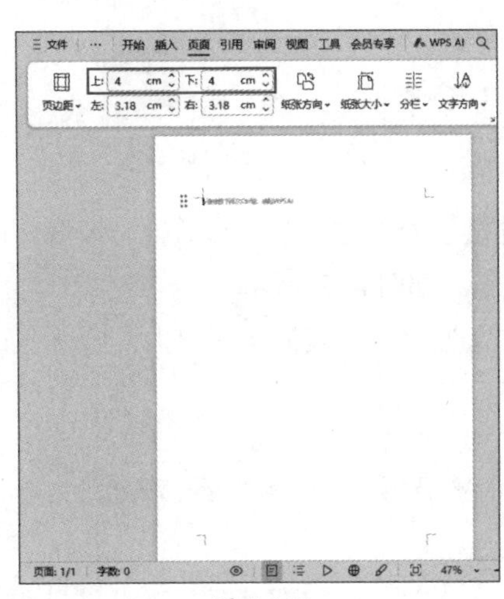

图 4-165

Step 03 在文档中输入通知的具体内容，如图4-166所示。

Step 04 选中标题，在“开始”选项卡中设置字体为“黑体”、字号为“小初”，设置对齐方式为“居中对齐”，如图4-167所示。

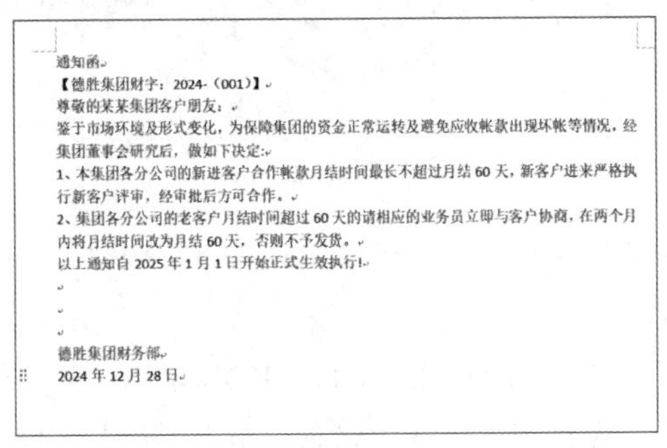

通知函

【德胜集团财字：2024-（001）】

尊敬的某某集团客户朋友：

鉴于市场环境及形式变化，为保障集团的资金正常运转及避免应收帐款出现坏帐等情况，经集团董事会研究后，做如下决定：

1、本集团各分公司的新进客户合作帐款月结时间最长不超过月结60天，新客户进来严格执行新客户评审，经审批后方可合作。

2、集团各分公司的老客户月结时间超过60天的请相应的业务员立即与客户协商，在两个月内将月结时间改为月结60天，否则不予发货。

以上通知自2025年1月1日开始正式生效执行！

德胜集团财务部

2024年12月28日

图 4-166

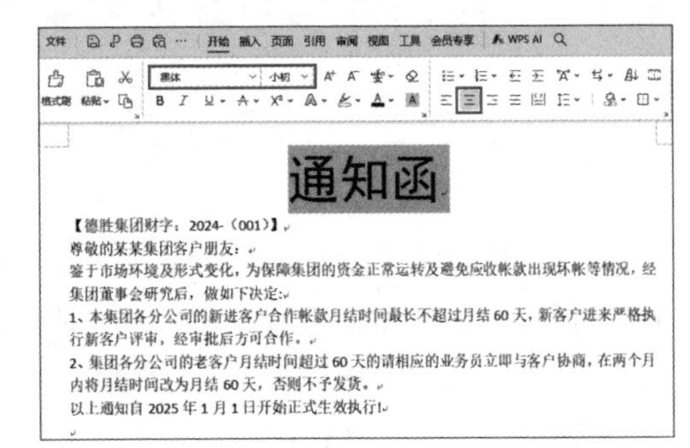

通知函

【德胜集团财字：2024-（001）】

尊敬的某某集团客户朋友：

鉴于市场环境及形式变化，为保障集团的资金正常运转及避免应收帐款出现坏帐等情况，经集团董事会研究后，做如下决定：

1、本集团各分公司的新进客户合作帐款月结时间最长不超过月结60天，新客户进来严格执行新客户评审，经审批后方可合作。

2、集团各分公司的老客户月结时间超过60天的请相应的业务员立即与客户协商，在两个月内将月结时间改为月结60天，否则不予发货。

以上通知自2025年1月1日开始正式生效执行！

图 4-167

Step 05 随后参照**Step 04**设置文档中其他内容的字体为“黑体”、字号为“四号”，并设置好对齐方式，如图4-168所示。

Step 06 选中正文内容，在“开始”选项卡中单击“段落”对话框启动器按钮，如图4-169所示。

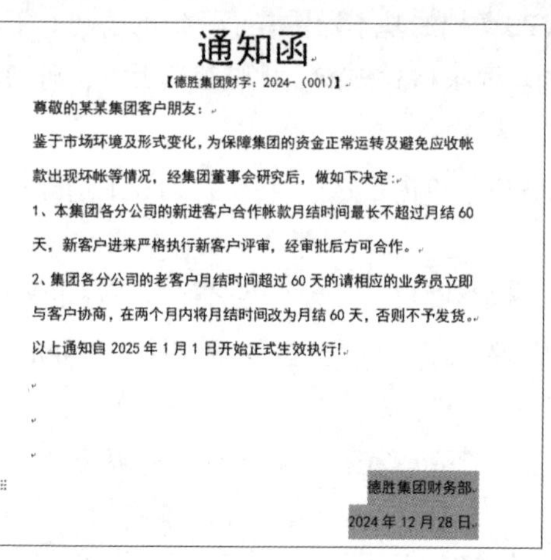

通知函

【德胜集团财字：2024-（001）】

尊敬的某某集团客户朋友：

鉴于市场环境及形式变化，为保障集团的资金正常运转及避免应收帐款出现坏帐等情况，经集团董事会研究后，做如下决定：

1、本集团各分公司的新进客户合作帐款月结时间最长不超过月结 60 天，新客户进来严格执行新客户评审，经审批后方可合作。

2、集团各分公司的老客户月结时间超过 60 天的请相应的业务员立即与客户协商，在两个月内将月结时间改为月结 60 天，否则不予发货。

以上通知自 2025 年 1 月 1 日开始正式生效执行!

德胜集团财务部

2024 年 12 月 28 日

图 4-168

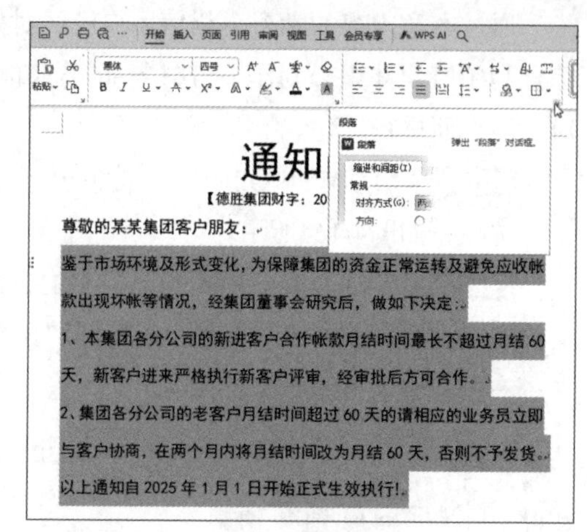

图 4-169

Step 07 打开“段落”对话框，设置“特殊格式”为“首行缩进”、“度量值”为默认的2字符，如图4-170所示。

Step 08 在文档页眉位置双击，启动页眉页脚编辑模式，如图4-171所示。

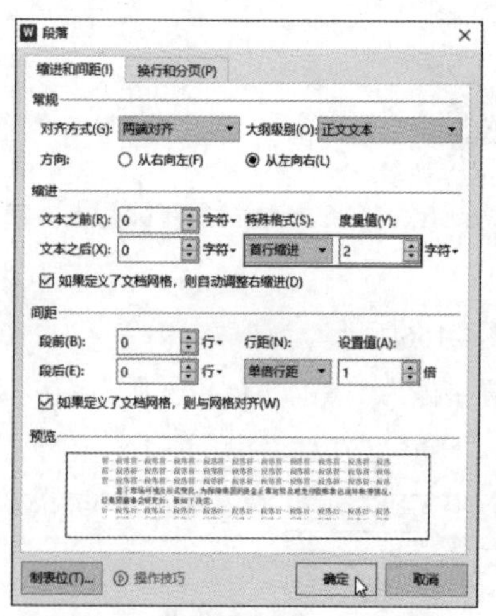

图 4-170

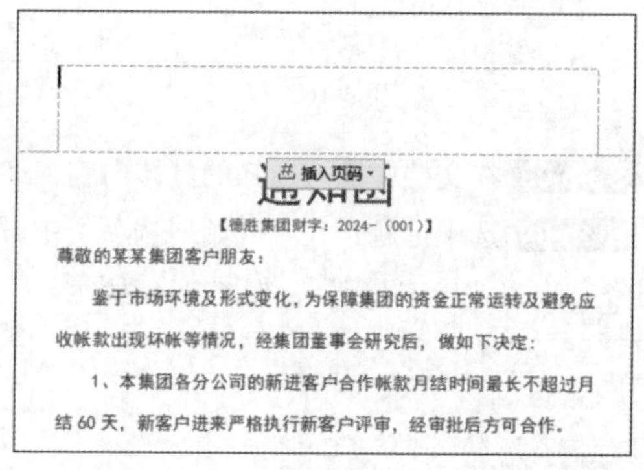

图 4-171

Step 09 将光标置于页眉中，在“页眉页脚”选项卡中单击“图片”下拉按钮，在下拉列表中选择“本地图片”选项，如图4-172所示。

Step 10 打开“插入图片”对话框，选择需要使用的图片，如图4-173所示。

Step 11 所选图片随即被插入页眉页脚中，保持图片为选中状态，单击图片右上角的“页面布局”按钮，在展开的菜单中选择“衬于文字下方”选项，如图4-174所示。

Step 12 随后单击图片右上角的“旋转”按钮，在展开的菜单中选择“水平翻转”选项，如图4-175所示。

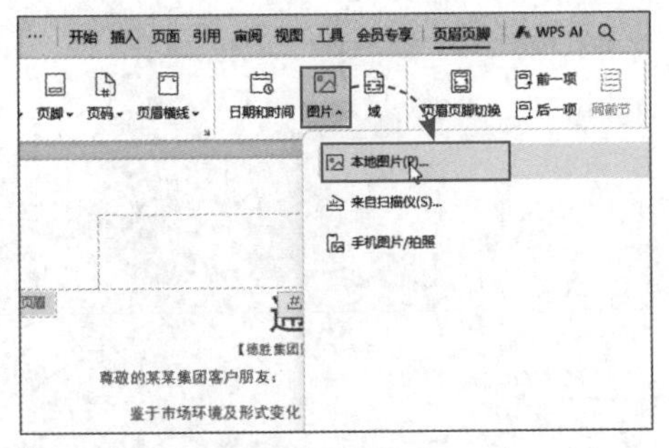

图 4-172

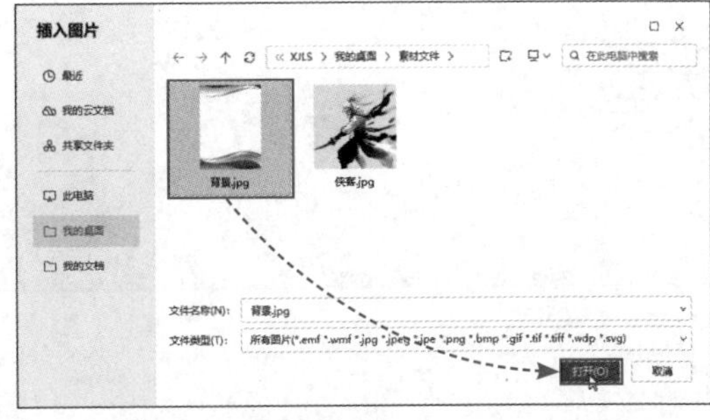

图 4-173

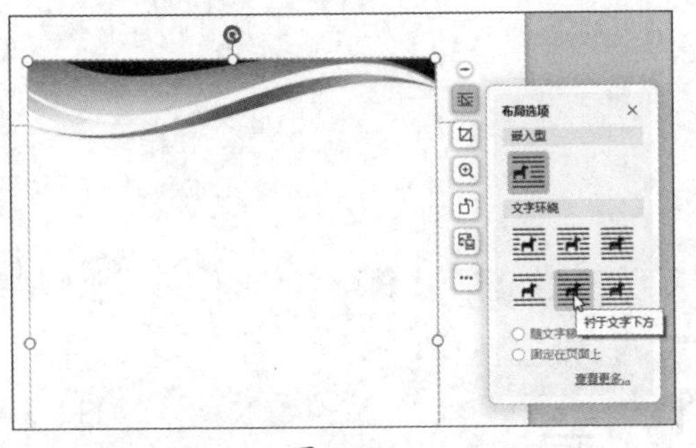

图 4-174

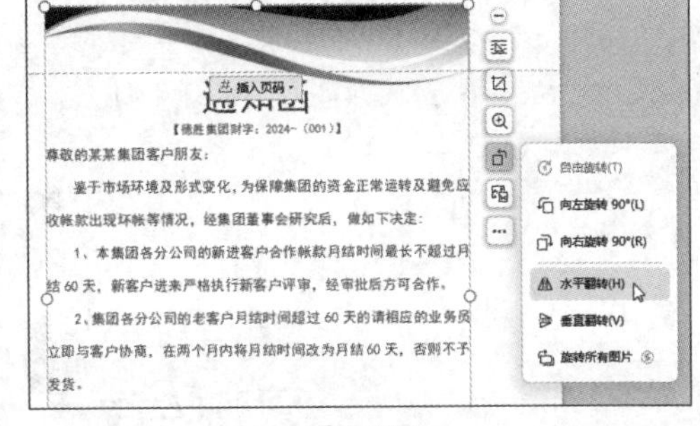

图 4-175

Step 13 调整好图片的大小和位置，使其与页面中的文字相协调。图片设置完成后，在“页眉页脚”选项卡中单击“关闭”按钮，退出页眉页脚编辑模式，如图4-176所示。

Step 14 至此完成财务部门通知函的制作，最终效果如图4-177所示。

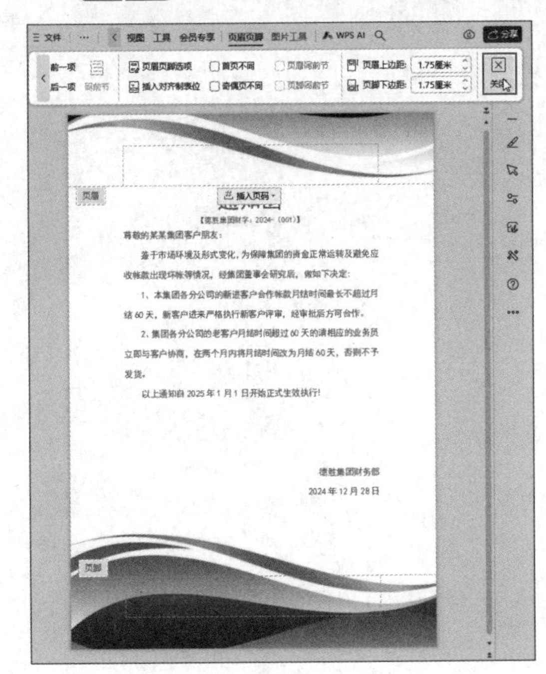

图 4-176

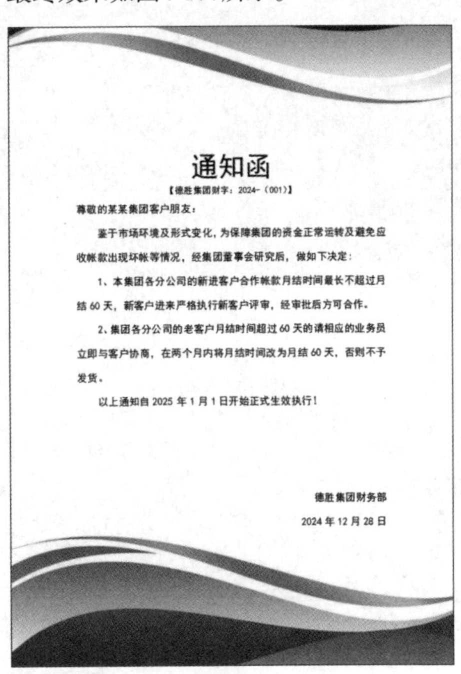

通知函

【德胜集团财字：2024-（001）】

尊敬的某某集团客户朋友：

鉴于市场环境及形式变化，为保障集团的资金正常运转及避免应收帐款出现坏帐等情况，经集团董事会研究后，做如下决定：

1、本集团各分公司的新进客户合作帐款月结时间最长不超过月结 60 天，新客户进来严格执行新客户评审，经审批后方可合作。

2、集团各分公司的老客户月结时间超过 60 天的请相应的业务员立即与客户协商，在两个月内将月结时间改为月结 60 天，否则不予发货。

以上通知自 2025 年 1 月 1 日开始正式生效执行！

德胜集团财务部

2024 年 12 月 28 日

图 4-177

第5章 WPS表格的应用

WPS表格是WPS Office套件中的一个组件，是一款功能强大、易用性强的电子表格软件。它类似于微软的Excel，允许用户创建、编辑、分析和共享数据，是数据处理和分析的常用工具，广泛应用于企业办公、教育领域及个人日常数据处理等场景。

5.1 WPS表格基础操作

WPS表格的基础操作包括新建工作簿，工作表的创建、移动、复制、隐藏、打印，等等，这些操作能够满足用户日常数据处理和分析的基本需求。

5.1.1 新建与保存工作簿

创建与保存工作簿是最基础的操作。在WPS Office中创建与保存工作簿的方法与文字文档的创建方法基本相同。

Step 01 启动WPS Office，在首页单击“新建”按钮，在展开的菜单中选择“表格”选项，如图5-1所示。

Step 02 打开“新建表格”页面，单击“空白表格”按钮，如图5-2所示。

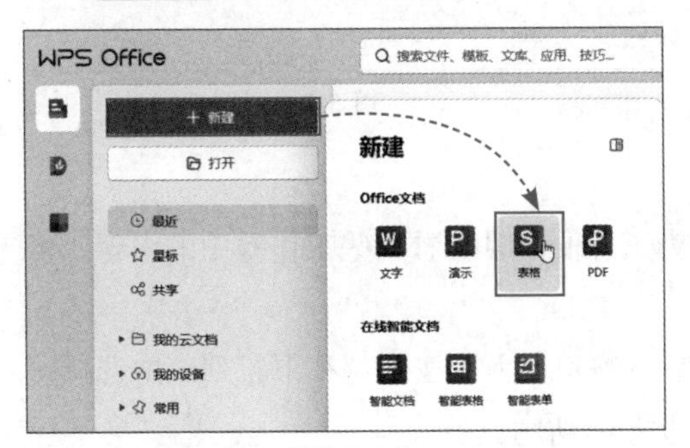

图 5-1

图 5-2

Step 03 WPS Office随即新建一个空白工作簿。单击“保存”按钮，如图5-3所示。

Step 04 打开“另存为”对话框，选择好文件存储位置，输入文件名，并设置好文件类型，单击“保存”按钮，即可保存工作簿，如图5-4所示。

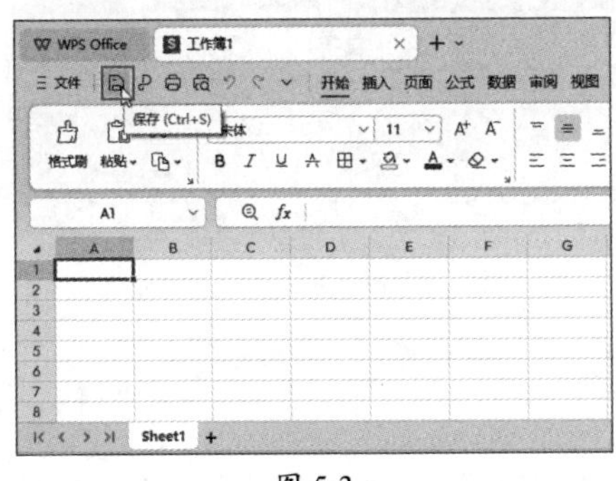

图 5-3

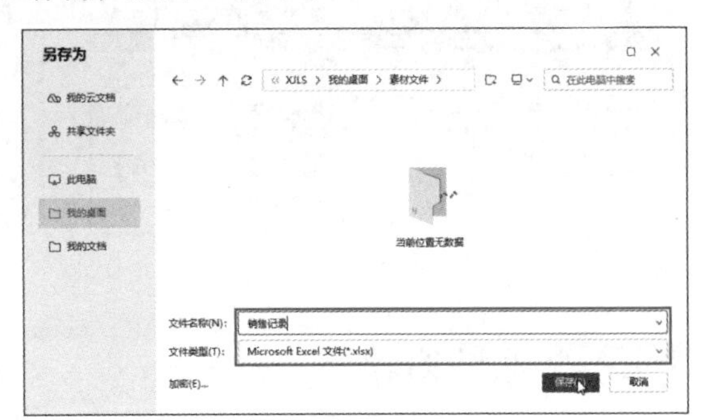

图 5-4

5.1.2 调整工作簿窗口

调整工作簿窗口有利于数据的查看和编辑，窗口的调整包括新建窗口、重排窗口、切换窗口等。下面介绍具体操作方法。

1. 新建窗口

用户可以通过新建窗口的方法同时查看或编辑同一工作簿的不同区域。下面介绍如何在WPS表格中新建窗口。

Step 01 打开“视图”选项卡，单击“新建窗口”按钮，如图5-5所示。

Step 02 WPS Office中随即会创建一个与当前工作簿完全相同的窗口，如图5-6所示。

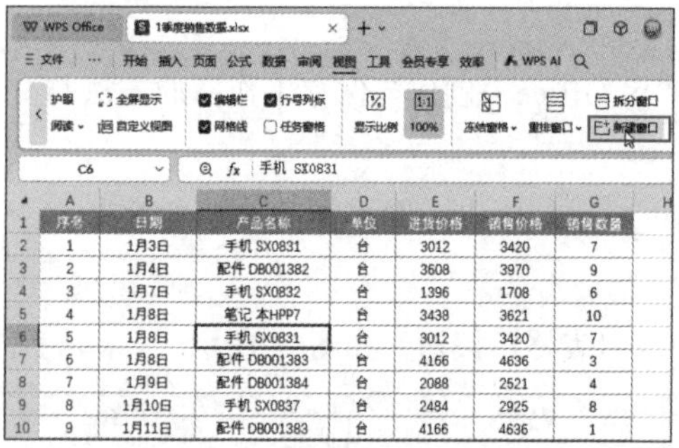

图 5-5

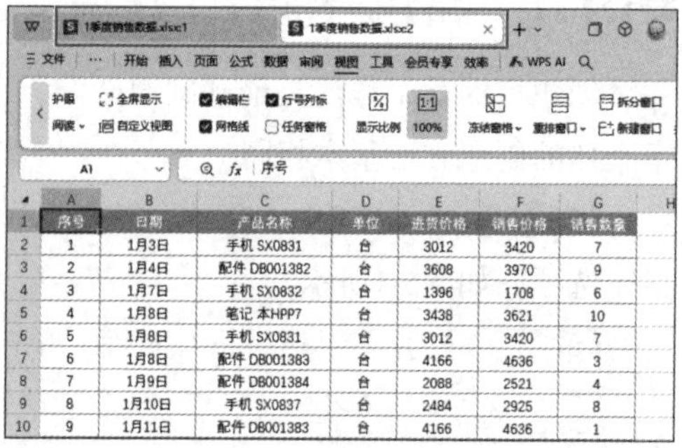

图 5-6

2. 重排窗口

当WPS Office中打开了多个工作簿时，为了方便同时查看这些工作簿中的内容，可以重排窗口。

Step 01 打开“视图”选项卡，单击“重排窗口”下拉按钮，在下拉列表中选择一种排列方式，此处选择“垂直平铺”选项，如图5-7所示。

Step 02 当前窗口中打开的所有工作簿即可按照所选方式进行排列，如图5-8所示。

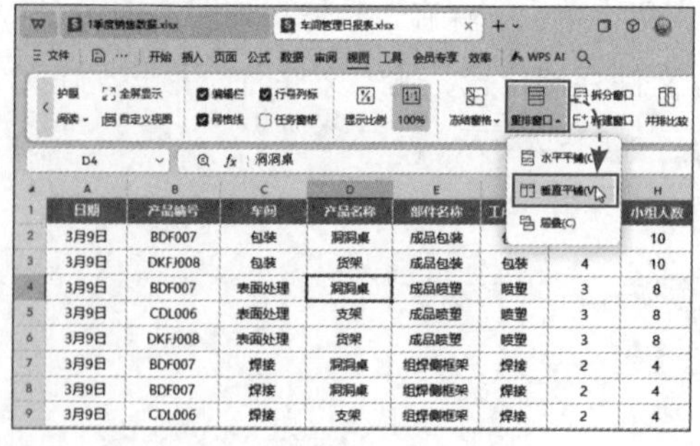

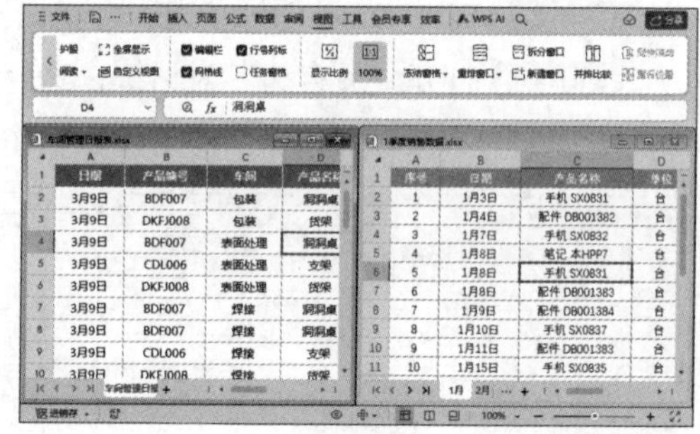

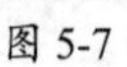

图 5-7

图 5-8

动手练 冻结窗格

冻结窗格允许用户固定工作表中的特定行或列，使其在滚动工作表时保持可见。冻结窗格功能的使用非常灵活，用户可以根据需要选择冻结特定的行、列，或者同时冻结行和列。

Step 01 选中C2单元格，打开“视图”选项卡，单击“冻结窗格”下拉按钮，在下拉列表中选择“冻结至第1行B列”选项，如图5-9所示。

Step 02 工作表的第1行和A、B列随即被冻结，查看下方和右侧数据时，第1行和A、B列始终被固定，如图5-10所示。

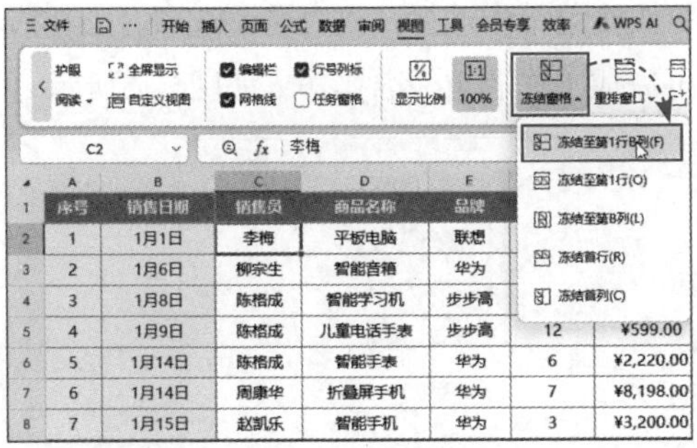

图 5-9

	A	B	E	F	G	H
1	序号	销售日期	品牌	销售数量	销售价	销售金额
8	7	1月15日	华为	3	¥3,200.00	¥9,600.00
9	8	1月16日	联想	11	¥599.00	¥6,589.00
10	9	1月18日	华为	2	¥2,879.00	¥5,758.00
11	10	1月22日	华为	5	¥3,380.00	¥16,900.00
12	11	1月24日	华为	10	¥2,100.00	¥21,000.00
13	12	1月27日	华为	3	¥6,680.00	¥20,040.00
14	13	2月1日	小米	13	¥1,999.00	¥25,987.00
15	14	2月3日	联想	4	¥2,200.00	¥8,800.00
16	15	2月6日	步步高	13	¥3,999.00	¥51,987.00
17	16	2月10日	华为	9	¥390.00	¥3,510.00

图 5-10

知识点拨

在“冻结窗格”下拉列表中选择“冻结首行”或“冻结首列”选项，还可以将工作表的首行或首列冻结。若想取消冻结，则可以在“冻结窗格”中选择“取消冻结窗格”选项，如图5-11所示。

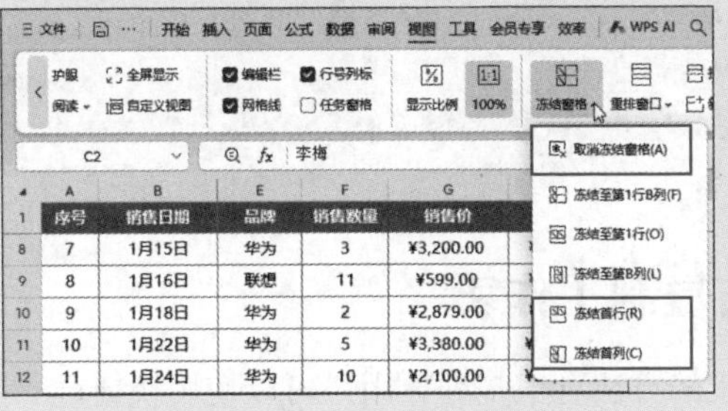

图 5-11

5.1.3 创建与删除工作表

WPS表格中默认包含1张工作表，用户可以根据需要创建更多工作表，也可将多余的工作表删除。

Step 01 单击Sheet1工作表标签右侧的“新建工作表”按钮，如图5-12所示。

Step 02 工作簿中随即新建一张空白工作表，如图5-13所示。

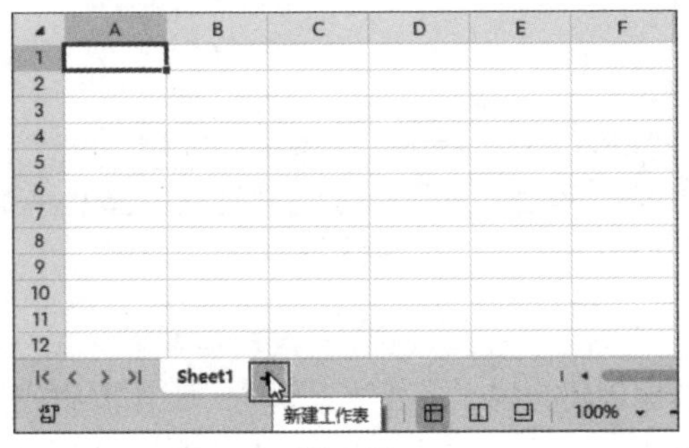

图 5-12

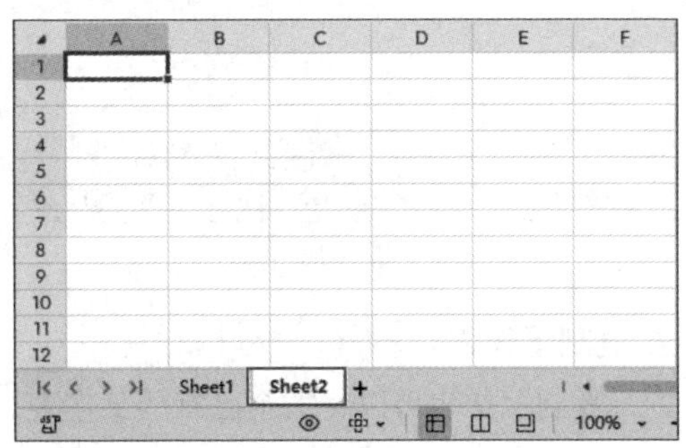

图 5-13

Step 03 右击Sheet2工作表标签，在弹出的快捷菜单中选择“删除”选项，即可删除工作表，如图5-14所示。

Step 04 右击Sheet1工作表标签，在弹出的快捷菜单中选择“重命名”选项，工作表标签随即变为可编辑状态，手动输入名称，即可完成工作表重命名操作，如图5-15所示。

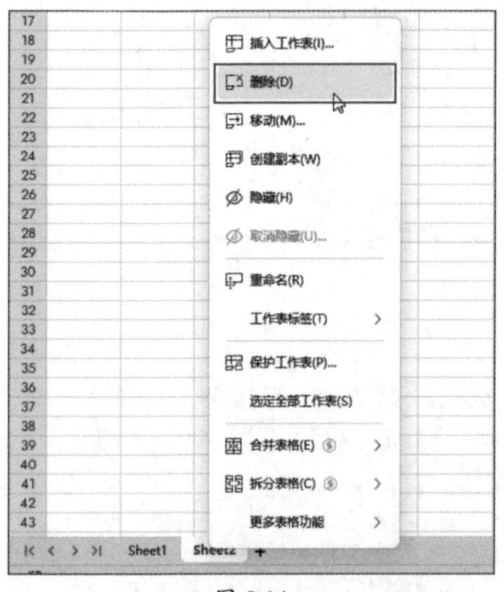

图 5-14

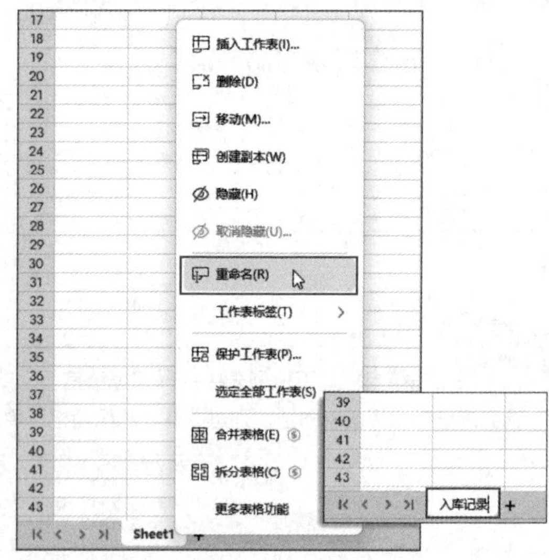

图 5-15

5.1.4 移动与复制工作表

移动与复制工作表的方法有很多种，用户可以使用快捷键、鼠标拖曳或使用命令按钮进行操作。

1. 移动工作表

当工作簿中包含多张工作表时，可以根据需要移动工作表，调整其排列顺序。

Step 01 将光标放在需要移动的工作表标签上，按住鼠标向目标位置拖动，当目标位置出现黑色的三角形图标时松开鼠标，如图5-16所示。

Step 02 所选工作表随即被移动到目标位置，如图5-17所示。

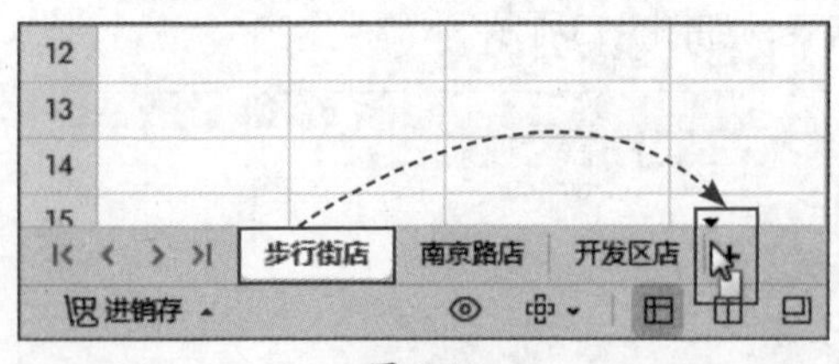

图 5-16

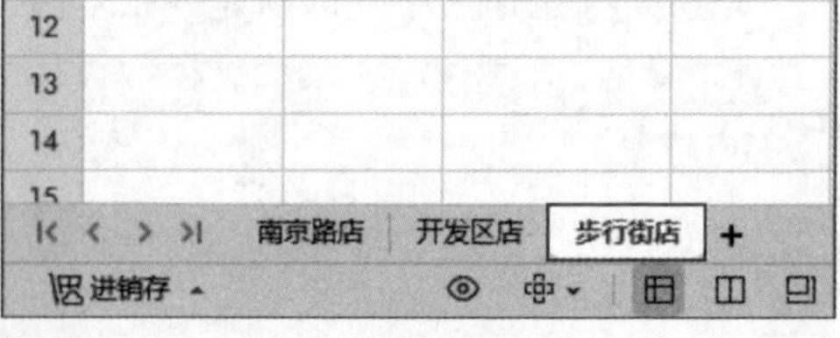

图 5-17

2. 复制工作表

复制工作表可以将一个已有的工作表完整地创建为副本，并放置到同一工作簿中或其他工作簿的指定位置，从而节省重复设置和录入数据的时间，提高工作效率。

Step 01 右击需要复制的工作表标签，在弹出的快捷菜单中选择“创建副本”选项，如图5-18所示。

Step 02 所选工作表随即在当前工作簿中被复制出一个副本，如图5-19所示。

图 5-18

	A	B	C	D	E
1	商品名称	销售数量	销售金额		
2	毛衣	88	¥9,504.00		
3	羽绒服	62	¥16,678.00		
4	加绒裤	73	¥8,760.00		
5	上衣	150	¥14,850.00		
6	衬衫	137	¥8,494.00		
7	长裤	263	¥17,095.00		
8	棒球帽	19	¥342.00		
9	马丁靴	59	¥3,481.00		
10					
11					
12					
13					
14					
15					

南京路店 | 南京路店 (2) | 开发区店 | 步行街店 | +

图 5-19

5.1.5 隐藏与显示工作表

工作簿中的工作表较多时，可以将一些不常用的工作表暂时隐藏，需要使用时再将其显示。

1. 隐藏工作表

Step 01 右击需要隐藏的工作表标签，在弹出的快捷菜单中选择“隐藏”选项，如图5-20所示。

Step 02 当前工作表随即被隐藏，如图5-21所示。

6	5	2月6E	台	4166
7	6	2月8E	台	4166
8	7	2月8E	台	4166
9	8	2月8E	台	2399
10	9	2月9E	台	3608
11	10	2月9E	台	2484
12	11	2月10	台	3930
13	12	2月10	台	4561
14	13	2月12	台	3438
15	14	2月12	台	4007
16	15	2月12	台	2941
17	16	2月13	台	3438
18	17	2月21	台	2399
19	18	2月23	台	2399

隐藏(H)
取消隐藏(U)...
重命名(R)
工作表标签(T)
保护工作表(P)...
选定全部工作表(S)
合并表格(E)
拆分表格(C)
更多表格功能

1月 | 2月 | 3月 | +

图 5-20

6	5	3月6日	笔记本 HPP11	台	4890
7	6	3月7日	配件 DB001383	台	4166
8	7	3月7日	配件 DB001383	台	4166
9	8	3月9日	配件 DB001383	台	4166
10	9	3月9日	笔记本 HPP10	台	2941
11	10	3月10日	手机 SX0837	台	2484
12	11	3月11日	配件 DB001383	台	4166
13	12	3月17日	手机 SX0837	台	2484
14	13	3月20日	笔记本 HPP8	台	4007
15	14	3月25日	手机 SX0836	台	3930
16	15	3月26日	台式机 AD90	台	2399
17	16	3月27日	手机 SX0831	台	3012
18	17	3月27日	台式机 AD90	台	2399
19	18	3月29日	笔记本 HPP7	台	3438

1月 | 3月 | +

图 5-21

2. 取消工作表的隐藏

Step 01 若要取消工作表的隐藏，可以右击任意一个工作表标签，在弹出的快捷菜单中选择“取消隐藏”选项，如图5-22所示。

Step 02 打开“取消隐藏”对话框，选择需要显示的工作表，单击“确定”按钮，如图5-23所示。被隐藏的工作表随即会被重新显示。

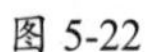

图 5-22

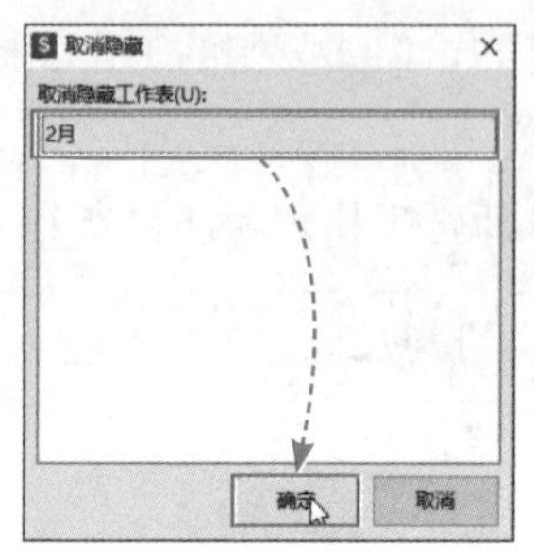

图 5-23

5.1.6 打印工作表

为了保证报表的打印效果，需要进行一些打印设置。通过“页面”选项卡中的各项命令按钮，可以对页边距、纸张方向、纸张大小、打印区域、缩放打印、页面背景等进行设置，如图5-24所示。

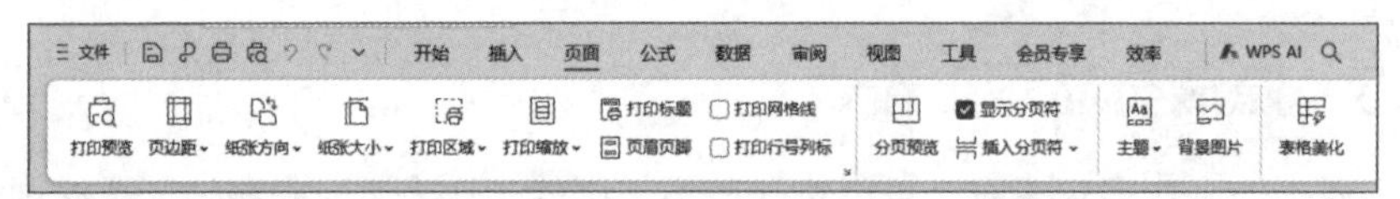

图 5-24

动手练 缩放打印并为每页打印标题

下面使用缩放打印将超出一页的列缩放到一页内，并为每一页都打印标题。

Step 01 打开“页面”选项卡，单击“打印缩放”下拉按钮，在下拉列表中选择“将所有列打印在一页”选项，如图5-25所示。

Step 02 单击“打印标题”按钮，打开“页面设置”对话框，将光标定位于“顶端标题行”文本框中，在工作表中引用第1行（表头所在行），单击“确定”按钮，如图5-26所示。

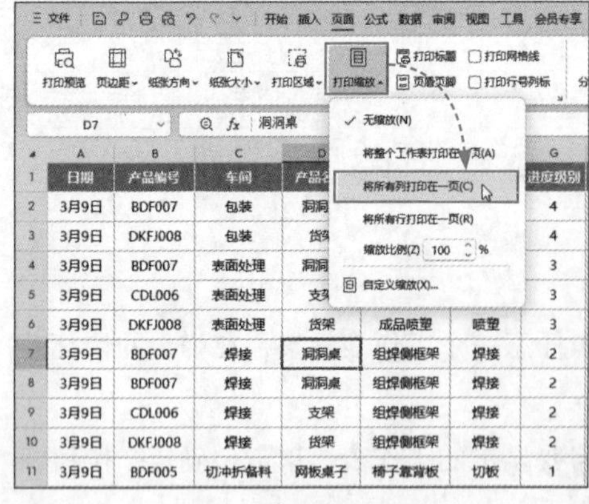

图 5-25

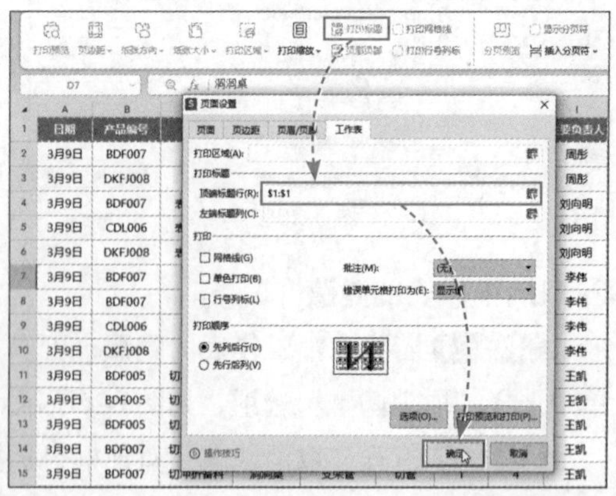

图 5-26

Step 03 返回工作表，在“页面”选项卡中单击“打印预览”按钮，如图5-27所示。

Step 04 进入打印预览模式，此时可以看到所有列已经被缩放到一页，并且每页都会显示表头，如图5-28所示。

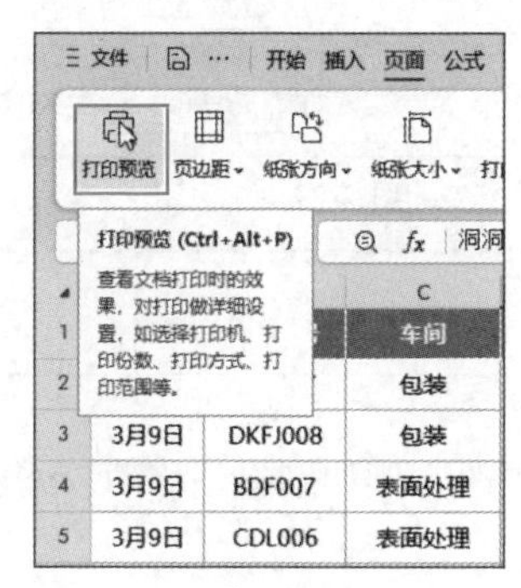

图 5-27

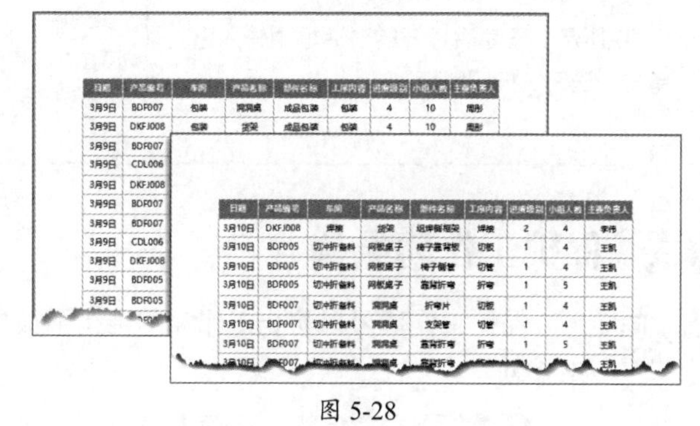

图 5-28

5.1.7 用密码保护工作表

为了保证数据的安全性，需要对工作簿和工作表进行保护。下面介绍具体操作方法。

Step 01 打开“审阅”选项卡，单击“保护工作表”按钮，如图5-29所示。

Step 02 打开“保护工作表”对话框，输入密码，在下方列表中勾选在保护状态下允许操作的项目，此处保持默认选项，单击“确定”按钮，如图5-30所示。在随后打开的对话框中重复输入密码。

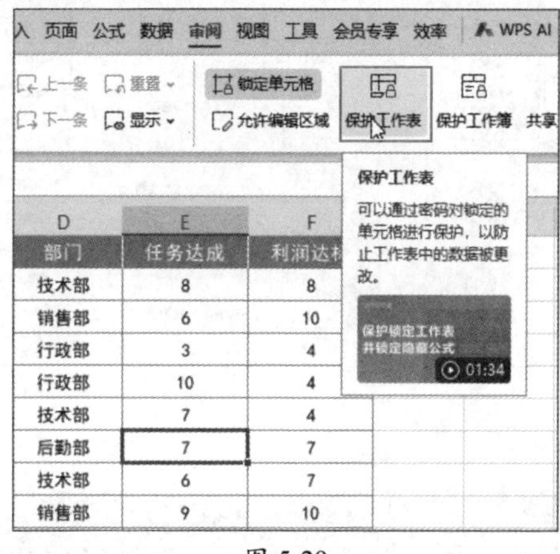

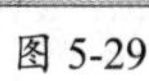

图 5-29

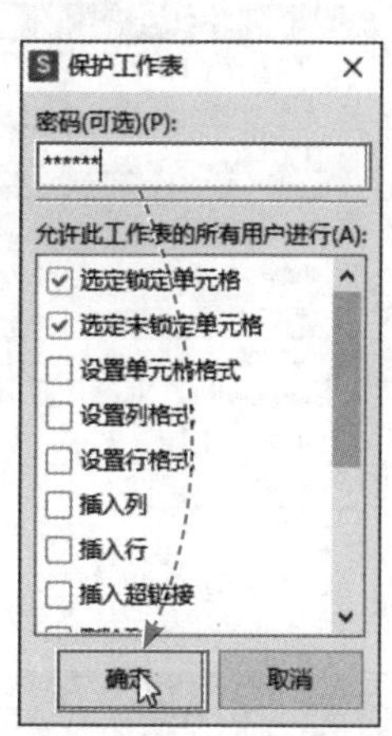

图 5-30

Step 03 完成保护工作表操作后，将无法在工作表中执行不被允许的操作，如图5-31所示。

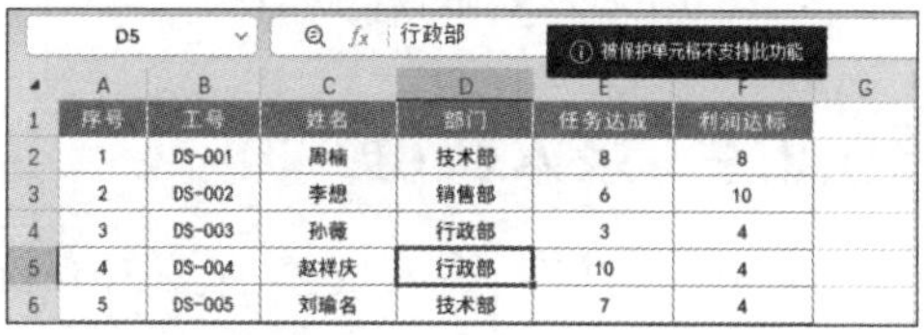

	A	B	C	D	E	F
1	序号	工号	姓名	部门	任务达成	利润达标
2	1	DS-001	周楠	技术部	8	8
3	2	DS-002	李想	销售部	6	10
4	3	DS-003	孙薇	行政部	3	4
5	4	DS-004	赵祥庆	行政部	10	4
6	5	DS-005	刘瑜名	技术部	7	4

图 5-31

知识点拨

若要取消对工作表的保护，可以在“审阅”选项卡中单击“撤销工作表保护”按钮，如图5-32所示。在随后打开的对话框中输入密码，单击“确定”按钮即可。

图 5-32

动手练 保护工作簿结构

保护工作簿可以防止工作簿的结构不被更改，例如删除、移动、添加工作表等。

Step 01 在“审阅”选项卡中单击“保护工作簿”按钮。打开“保护工作簿”对话框，输入密码，单击“确定”按钮，如图5-33所示。随后在打开的对话框中再次输入密码，对密码进行确认。

Step 02 右击工作表标签，此时在弹出的快捷菜单中可以看到，插入工作表、删除、移动、创建副本、隐藏、重命名等选项已经变为不可操作状态，如图5-34所示。

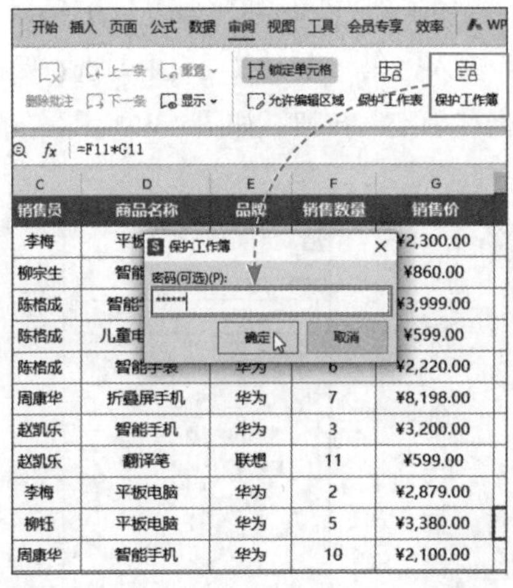

图 5-33

图 5-34

5.2 数据录入与表格美化

在表格中录入数据有很多技巧。要想高效地输入数据还需要掌握一些数据录入技巧。

5.2.1 录入数据

选中单元格，输入内容后按Enter键即可确认输入。用户可以通过键盘上的“↑”“↓”“←”“→”键快速切换到下一个需要输入内容的单元格，如图5-35所示。

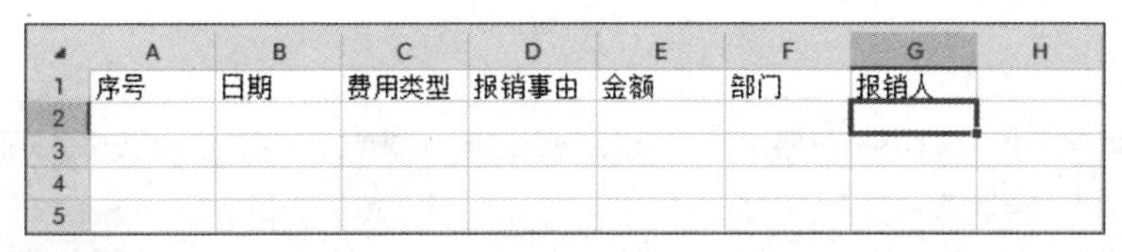

图 5-35

动手练 输入以0开头的数字

默认情况下，在WPS表格中输入以0开头的数字时，数字前面的0会被去除。若想数字前面的0正常显示，可以手动点击切换。

Step 01 在单元格中输入以0开头的数字，此处输入“01”，如图5-36所示。

Step 02 按Enter键确认录入，此时数字前面的0消失，单元格旁边会显示图标，单击该图标，如图5-37所示。

Step 03 数字前面的0随即重新显示，如图5-38所示。

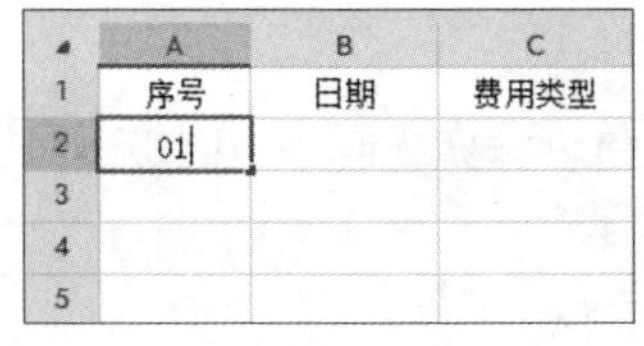

图 5-36

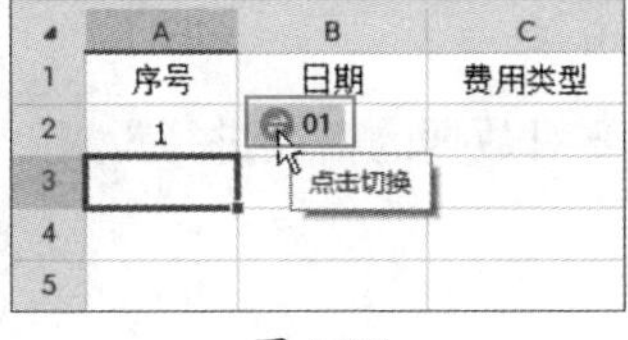

图 5-37

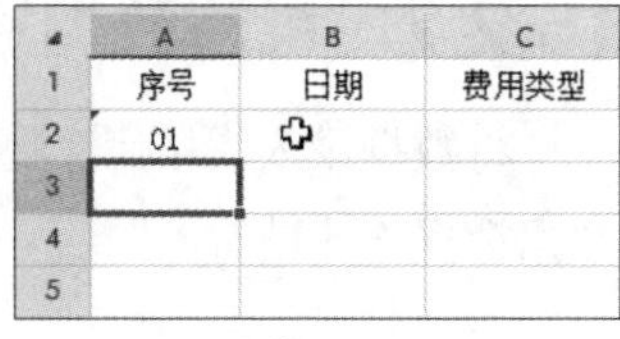

图 5-38

动手练 填充数据

使用填充柄可以快速输入连续的或具有一定规律的数列，也可以填充公式或者其他格式。

在A2单元格中输入“01”，随后选中A2单元格，将光标移动到该单元格右下角，光标变成黑色十字形状时（称为填充柄）按住Ctrl键，如图5-39所示，同时按住鼠标向下拖动，如图5-40所示。释放鼠标后，单元格中会自动填充有序的数字，如图5-41所示。

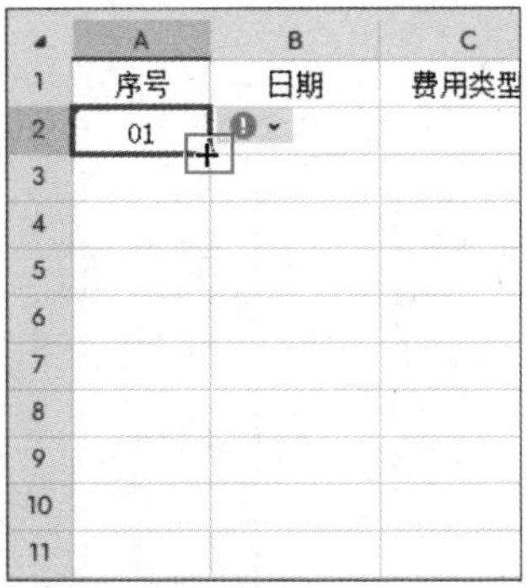

图 5-39

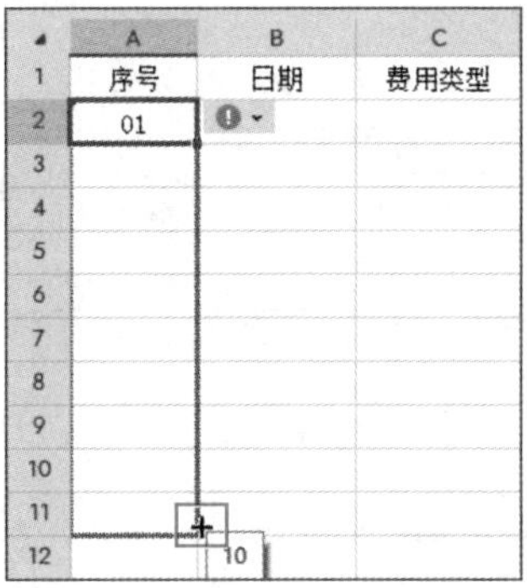

图 5-40

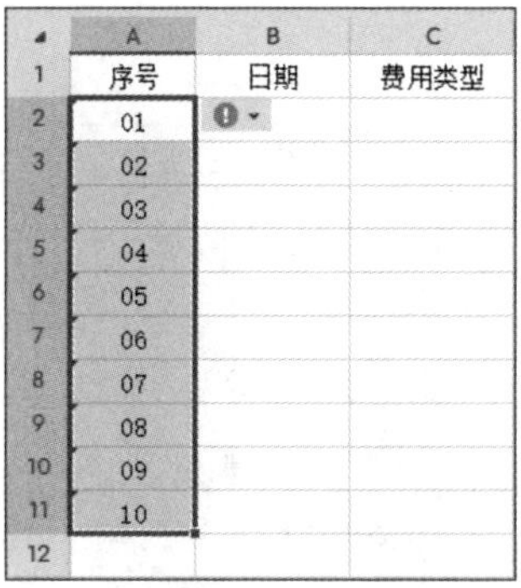

图 5-41

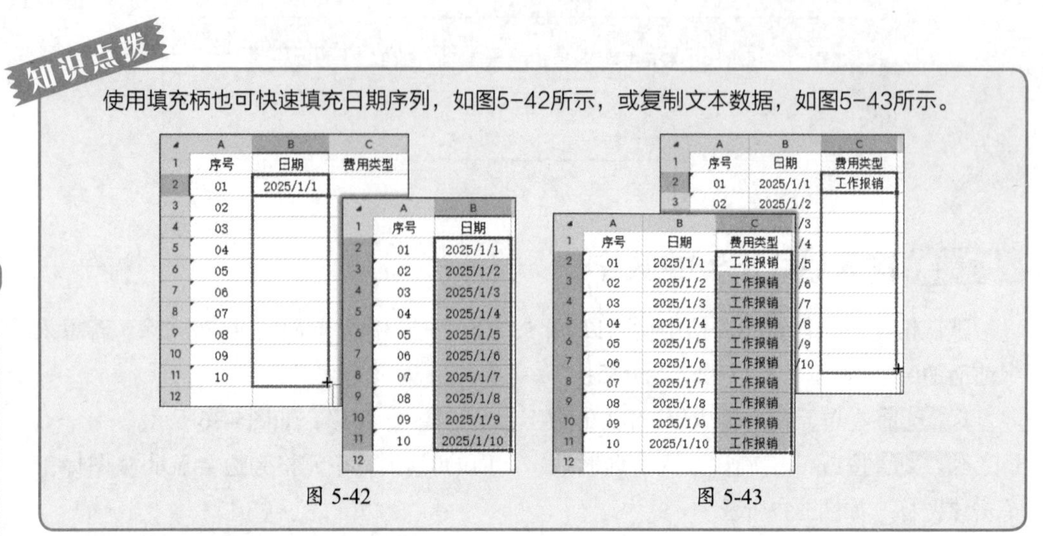

使用填充柄也可快速填充日期序列，如图5-42所示，或复制文本数据，如图5-43所示。

	A	B	C
1	序号	日期	费用类型
2	01	2025/1/1	
3	02		
4	03		
5	04		
6	05		
7	06		
8	07		
9	08		
10	09		
11	10		
12			

	A	B
1	序号	日期
2	01	2025/1/1
3	02	2025/1/2
4	03	2025/1/3
5	04	2025/1/4
6	05	2025/1/5
7	06	2025/1/6
8	07	2025/1/7
9	08	2025/1/8
10	09	2025/1/9
11	10	2025/1/10
12		

图 5-42

	A	B	C
1	序号	日期	费用类型
2	01	2025/1/1	工作报销
3	02	2025/1/2	

	A	B	C
1	序号	日期	费用类型
2	01	2025/1/1	工作报销
3	02	2025/1/2	工作报销
4	03	2025/1/3	工作报销
5	04	2025/1/4	工作报销
6	05	2025/1/5	工作报销
7	06	2025/1/6	工作报销
8	07	2025/1/7	工作报销
9	08	2025/1/8	工作报销
10	09	2025/1/9	工作报销
11	10	2025/1/10	工作报销
12			

图 5-43

5.2.2 设置数据格式

将数据录入表格后，还需要对数据的格式进行设置，以便更容易读取。不同类型的数据设置方法稍有不同。

1. 设置日期格式

WPS表格中常用的日期格式包括长日期（如2025年1月15日）和短日期（如2024/1/15）两种。用户可根据需要更改日期的格式。

Step 01 选中需要设置格式的日期所在单元格区域，按Ctrl+1组合键，如图5-44所示。

Step 02 打开“单元格格式”对话框。在“数字”选项卡的“分类”列表框中选择“日期”选项，在右侧“类型”列表中选择需要的日期类型，单击“确定”按钮，如图5-45所示。

Step 03 所选单元格区域内的日期随即被设置为所选格式，如图5-46所示。

	A	B
1	序号	日期
2	01	2025/1/1
3	02	2025/1/2
4	03	2025/1/3
5	04	2025/1/4
6	05	2025/1/5
7	06	2025/1/6
8	07	2025/1/7
9	08	2025/1/8
10	09	2025/1/9
11	10	2025/1/10

图 5-44

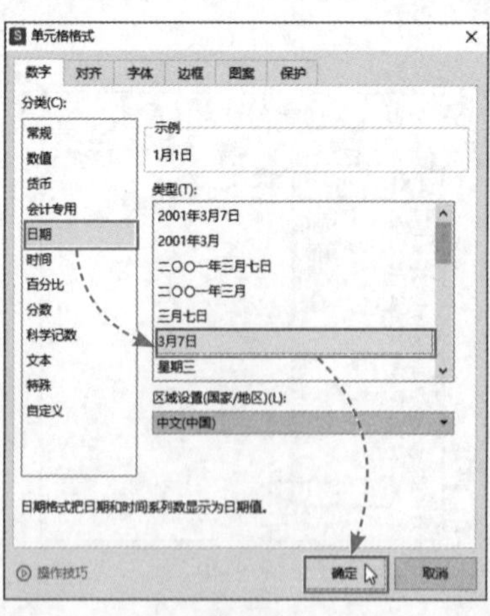

图 5-45

	A	B
1	序号	日期
2	01	1月1日
3	02	1月2日
4	03	1月3日
5	04	1月4日
6	05	1月5日
7	06	1月6日
8	07	1月7日
9	08	1月8日
10	09	1月9日
11	10	1月10日

图 5-46

2. 为数字设置统一的小数位数

设置统一的小数位数能够让表格看起来更专业，也让数值更易读。下面介绍具体操作方法。

Step 01 选中要设置格式的数值所在单元格区域，如图5-47所示。

Step 02 按Ctrl+1组合键，打开“单元格格式”对话框。在“数字”选项卡的“分类”列表框中选择“数值”选项，调整“小数位数”为2，单击“确定”按钮，如图5-48所示。

Step 03 所选区域中的数字随即被设置为两位小数，如图5-49所示。

	C	D	E
1	费用类型	报销事由	金额
2	工作报销	出差	6742
3	工作报销	办公	5875
4	工作报销	租赁	7880
5	工作报销	广告	7005
6	工作报销	招待	4472
7	工作报销	出差	5548
8	工作报销	办公	7908
9	工作报销	租赁	1992
10	工作报销	广告	5308
11	工作报销	招待	1672
12			

图 5-47

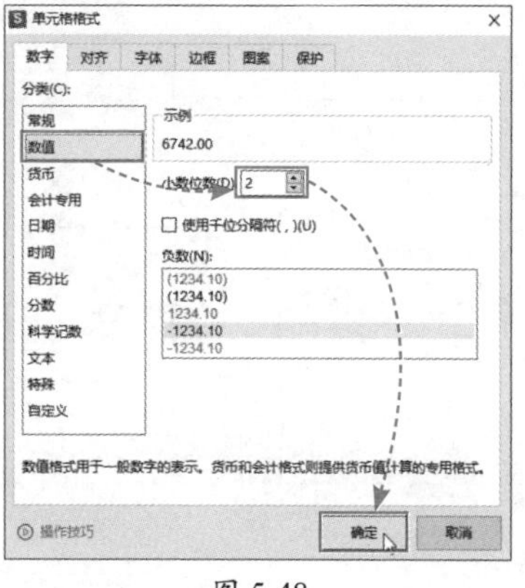

图 5-48

	C	D	E
1	费用类型	报销事由	金额
2	工作报销	出差	6742.00
3	工作报销	办公	5875.00
4	工作报销	租赁	7880.00
5	工作报销	广告	7005.00
6	工作报销	招待	4472.00
7	工作报销	出差	5548.00
8	工作报销	办公	7908.00
9	工作报销	租赁	1992.00
10	工作报销	广告	5308.00
11	工作报销	招待	1672.00
12			

图 5-49

动手练 将数字转换成货币格式

用来表示金额的数值可转换成带千位分隔符的货币格式，让数据看起来更规范。

Step 01 选择需要转换成货币格式的数值所在单元格，按Ctrl+1组合键，打开“单元格格式”对话框，在“数字”选项卡的“分类”列表中选择“会计专用”选项，根据需要设置“小数位数”和“货币符号”，此处使用默认选项，单击“确定”按钮，如图5-50所示。

Step 02 所选区域中的数值随即被转换为货币格式，如图5-51所示。

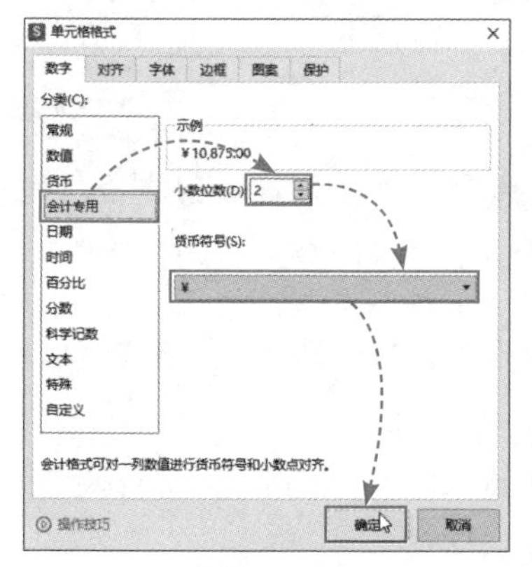

图 5-50

	A	B	C	D
1	序号	日期	事项	金额
2	A20200001	8月3日	收入事项1	10875
3	A20200002	8月4日	收入事项2	1000
			…项3	1000
			…项4	260
			…项5	2000
			…项6	3300

	A	B	C	D
1	序号	日期	事项	金额
2	A20200001	8月3日	收入事项1	¥ 10,875.00
3	A20200002	8月4日	收入事项2	¥ 1,000.00
4	A20200003	8月12日	收入事项3	¥ 1,000.00
5	A20200004	8月26日	收入事项4	¥ 260.00
6	A20200005	9月5日	收入事项5	¥ 2,000.00
7	A20200006	9月5日	收入事项6	¥ 3,300.00
8				

图 5-51

5.2.3 查找与替换数据

查找与替换数据一般用于查找指定内容，然后做统一替换，也可以按照单元格格式、字体格式等进行查找。

按Ctrl+F组合键可以打开“查找”对话框，在“查找内容”文本框中输入内容，单击“查找全部”按钮，可以将工作表中的指定内容全部查找出来，如图5-52所示。

按Ctrl+H组合键则可以打开“替换”对话框，分别在“查找内容”和“替换为”文本框中输入内容，单击“全部替换”按钮，可以对工作表中的内容进行批量替换，如图5-53所示。

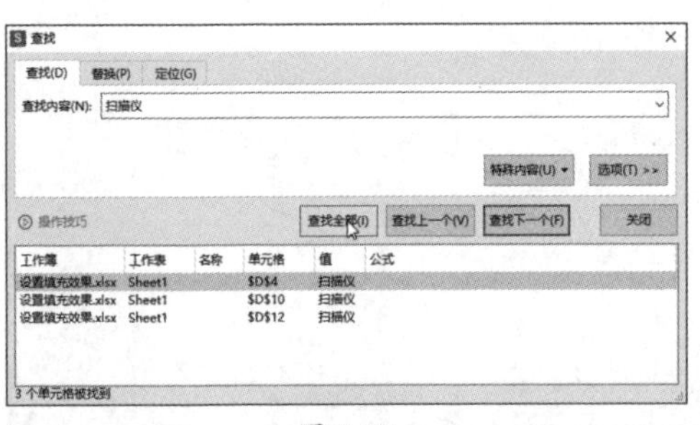

图 5-52

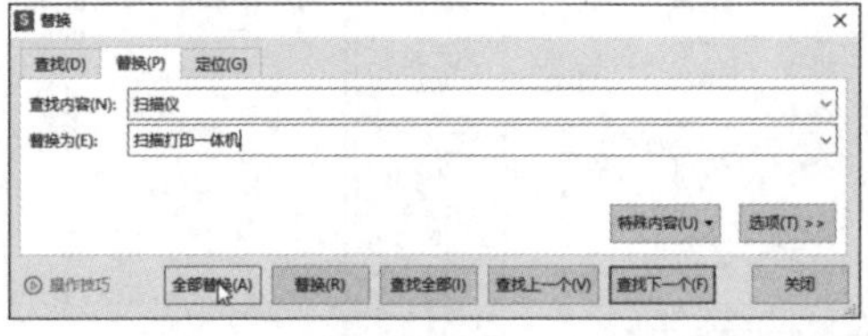

图 5-53

动手练 按格式查找替换

按格式查找替换，能够高效且准确地定位并处理文档中具有特定格式的内容，无须逐一手动查找，从而节省时间和人力，同时减少人为错误的可能性。

Step 01 打开要替换其中内容的工作表。按Ctrl+H组合键，打开“替换”对话框，单击“选项”按钮，如图5-54所示。

Step 02 展开对话框中的所有选项，单击“查找内容”右侧的“格式”下拉按钮，在下拉列表中选择“从单元格选择格式”组中的“字体颜色”选项，如图5-55所示。

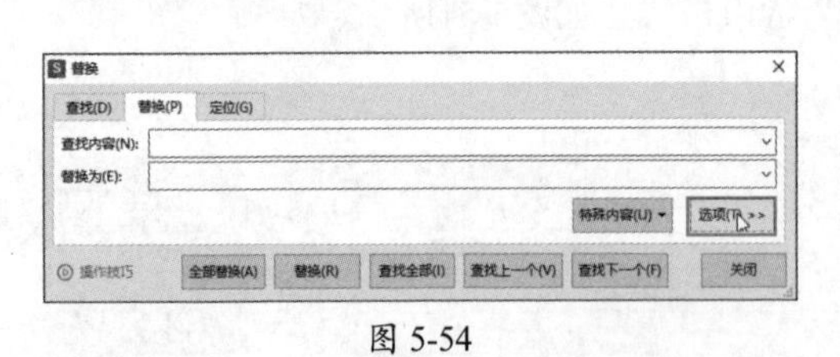

图 5-54

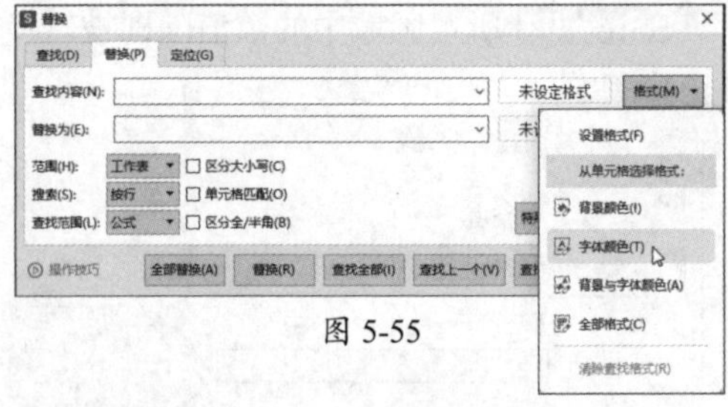

图 5-55

Step 03 将光标移动到工作表中，此时光标变为形状，在需要查找其格式的单元格上单击，如图5-56所示。

Step 04 格式选取成功后，在“替换为”文本框中输入内容，单击“全部替换”按钮，如图5-57所示。

	A	B	C	D	E
1	序号	销售日期	销售员	商品名称	销售数量
2	1	9月1日	李梅	平板电脑	15
3	2	9月6日	柳宗生	智能音箱	14
4	3	9月8日	陈格成	智能学习机	9
5	4	9月9日	陈格成	儿童电话手表	12
6	5	9月14日	陈格成	智能手表	6
7	6	9月14日	周康华	折叠屏手机	7
8	7	9月15日	赵凯乐	智能手机	3
9	8	9月16日	赵凯乐	翻译笔	11

图 5-56

替换

查找(D) 替换(P) 定位(G)

查找内容(N):

替换为(E): 儿童电子产品

范围(H): 工作表 □区分大小写(C)

搜索(S): 按行 □单元格匹配(O)

查找范围(L): 公式 □区分全/半角(B)

全部替换(A) 替换(R) 查找全部(I) 查找上一个(V) 查找下一个(F) 关闭

图 5-57

Step 05 替换成功后会弹出警告对话框，显示已经完成了多少处替换，单击“确定”按钮，关闭对话框，如图5-58所示。

Step 06 在工作表中可以查看替换完成的效果，如图5-59所示。

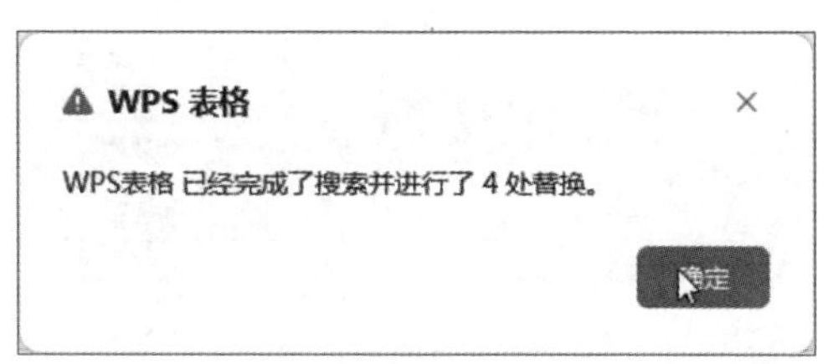

图 5-58

	A	B	C	D	E
1	序号	销售日期	销售员	商品名称	销售数量
2	1	9月1日	李梅	平板电脑	15
3	2	9月6日	柳宗生	智能音箱	14
4	3	9月8日	陈格成	儿童电子产品	9
5	4	9月9日	陈格成	儿童电子产品	12
6	5	9月14日	陈格成	儿童电子产品	6
7	6	9月14日	周康华	折叠屏手机	7
8	7	9月15日	赵凯乐	智能手机	3
9	8	9月16日	赵凯乐	儿童电子产品	11

图 5-59

5.2.4 调整表格结构

在制作表格的过程中，经常需要对表格的结构进行调整，此时会用到插入或删除行/列、调整行高列宽等操作。这些操作可以通过右键菜单中的选项或使用快捷键来完成，如图5-60所示。

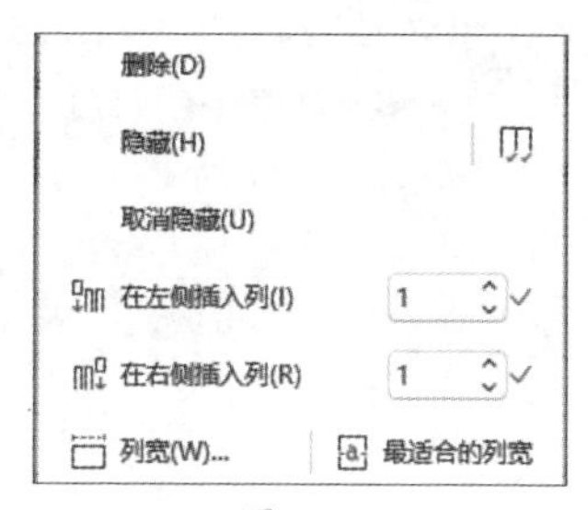

图 5-60

动手练 插入或删除行/列

在WPS表格中插入或删除行/列的方法有很多种，下面介绍比较常用的操作方法。

Step 01 在C列的列标上单击，将C列选中。随后右击选中的列，在弹出的快捷菜单中包含“在左侧插入列”和“在右侧插入列”选项，用户可以根据需要进行选择。此处选择“在左侧插入列”选项，并设置其微调框中的数值为2，如图5-61所示。

Step 02 所选列的左侧随即被插入两组空白列，如图5-62所示。

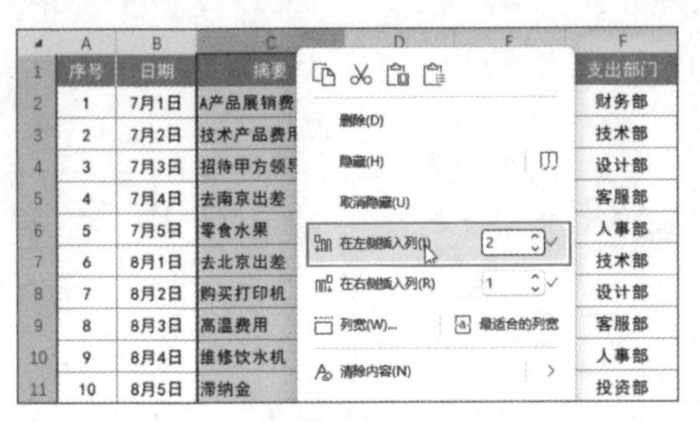

图 5-61

图 5-62

Step 03 插入行的方法和插入列基本相同。先选中一行，随后右击所选行，根据需要，在弹出的快捷菜单中选择“在上方插入行”或“在下方插入行”选项，并设置好要插入的行数，如图5-63所示。

Step 04 所选行的相应位置即可被插入相应数量的空行，如图5-64所示。

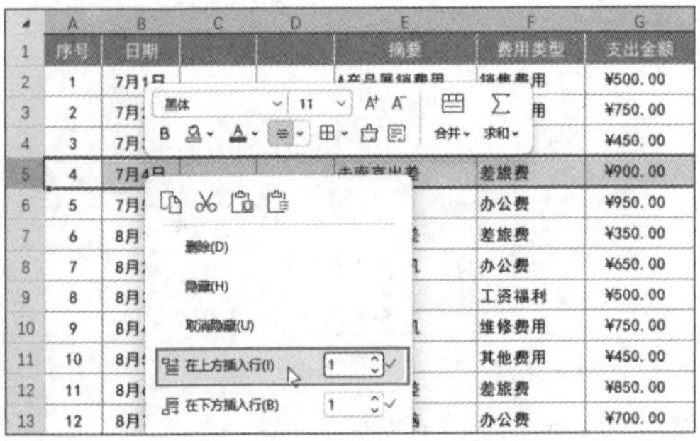

图 5-63

图 5-64

知识点拨

若要删除指定的行或列，将其选中并在选中的区域上右击，在弹出的快捷菜单中选择“删除”选项，如图5-65所示。

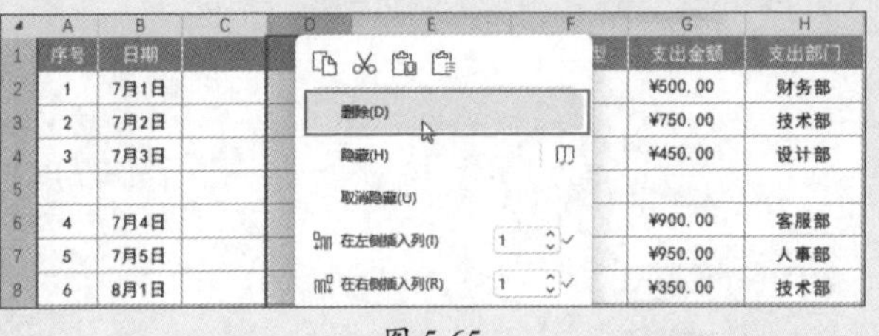

图 5-65

动手练 调整行高列宽

合适的行高和列宽能够让表格看起来更协调，更美观大方。用户可以使用鼠标拖曳的方法快速调整行高/列宽，或使用命令按钮精确调整行高/列宽。

Step 01 将光标移动到A列列标的右侧边线上，此时光标会变成⊞形状，如图5-66所示。

Step 02 拖动鼠标调整列的宽度，若要增加宽度需要向右拖动，若要缩小宽度则向左拖动，如图5-67所示。松开鼠标后，A列的宽度即可得到调整，如图5-68所示。

	A	B	C
1	序号	采购商品	品牌型号
2	1	平板电脑	苹果
3	2	U型枕	AiSleep
4	3	智能手机	HUAWEI
5	4	蓝牙音响	小米
6	5	双肩背包	瑞士军刀
7	6	VR眼镜	华为

图 5-66

列宽: 7.75 (1.77 厘米)

	A	B	C
1	序号	采购商品	品牌型号
2	1	平板电脑	苹果
3	2	U型枕	AiSleep
4	3	智能手机	HUAWEI
5	4	蓝牙音响	小米
6	5	双肩背包	瑞士军刀
7	6	VR眼镜	华为

图 5-67

	A	B	C
1	序号	采购商品	品牌型号
2	1	平板电脑	苹果
3	2	U型枕	AiSleep
4	3	智能手机	HUAWEI
5	4	蓝牙音响	小米
6	5	双肩背包	瑞士军刀
7	6	VR眼镜	华为

图 5-68

Step 03 选择第2～16行，将光标移动到第16行的行号下方边线上，光标变成[+]形状时按住鼠标向下方拖动，如图5-69所示。

Step 04 松开鼠标后，选中的所有行的行高即可得到批量调整，如图5-70所示。

	A	B	C	D	E	F
1	序号	采购商品	品牌型号	预采购数量	产品单价	预算金额
2	1	平板电脑	苹果	1	3,500.00	3,500.00
3	2	U型枕	AiSleep	15	30.00	450.00
4	3	智能手机	HUAWEI	2	4,500.00	9,000.00
5	4	蓝牙音响	小米	3	2,000.00	6,000.00
6	5	双肩背包	瑞士军刀	5	180.00	900.00
7	6	VR眼镜	华为	1	1,900.00	1,900.00
8	7	零食礼包	恰恰	20	89.00	1,780.00
9	8	保温杯	富光	5	59.00	295.00
10	9	笔记本	晨光	20	20.00	400.00
11	10	加湿器	Midea	10	80.00	800.00
12	11	茶具套装	陶瓷7件套	3	120.00	360.00
13	12	智能台灯	小米	2	350.00	700.00
14	13	雨伞	蕉下	5	99.00	495.00
15	14	充电宝	华为	6	80.00	480.00
16	15	空气净化器	Midea	1	2,000.00	2,000.00

行高: 21.75 (0.77 厘米)

图 5-69

	A	B	C	D	E	F
1	序号	采购商品	品牌型号	预采购数量	产品单价	预算金额
2	1	平板电脑	苹果	1	3,500.00	3,500.00
3	2	U型枕	AiSleep	15	30.00	450.00
4	3	智能手机	HUAWEI	2	4,500.00	9,000.00
5	4	蓝牙音响	小米	3	2,000.00	6,000.00
6	5	双肩背包	瑞士军刀	5	180.00	900.00
7	6	VR眼镜	华为	1	1,900.00	1,900.00
8	7	零食礼包	恰恰	20	89.00	1,780.00
9	8	保温杯	富光	5	59.00	295.00
10	9	笔记本	晨光	20	20.00	400.00
11	10	加湿器	Midea	10	80.00	800.00
12	11	茶具套装	陶瓷7件套	3	120.00	360.00
13	12	智能台灯	小米	2	350.00	700.00
14	13	雨伞	蕉下	5	99.00	495.00
15	14	充电宝	华为	6	80.00	480.00
16	15	空气净化器	Midea	1	2,000.00	2,000.00

图 5-70

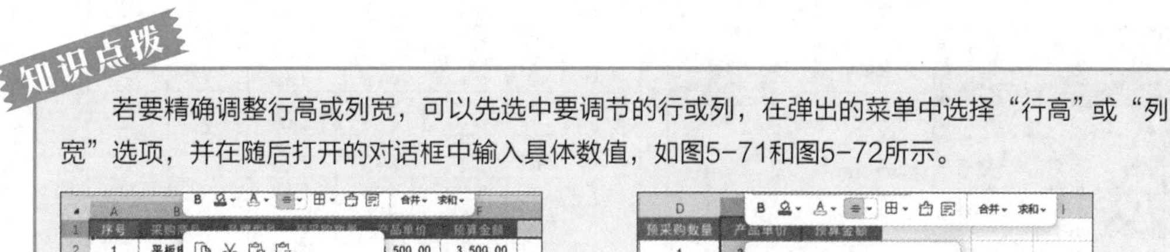

知识点拨

若要精确调整行高或列宽，可以先选中要调节的行或列，在弹出的菜单中选择“行高”或“列宽”选项，并在随后打开的对话框中输入具体数值，如图5-71和图5-72所示。

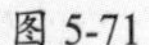

图 5-71

图 5-72

5.2.5 设置表格样式

为表格设置合适的样式能够突出数据，美化表格。表格样式的设置包括字体格式的设置、边框和底纹的设置等。

Step 01 在工作表中选择包含数据的单元格区域，打开“开始”选项卡，设置“字体”为“黑体”，如图5-73所示。

Step 02 选中标题所在单元格区域，在“开始”选项卡中设置字号为12；单击“加粗”按钮，将字体加粗；单击“填充颜色”下拉按钮，在下拉列表中选择一种满意的填充色；单击“字体颜色”下拉按钮，在下拉列表中选择“白色，背景1”选项，如图5-74所示。

序号	工号	姓名	部门	任务达成	利润达标
1	DS-001	周楠	技术部	8	8
2	DS-002	李想	销售部	6	10
3	DS-003	孙薇	行政部	3	4
4	DS-004	赵祥庆	行政部	10	4
5	DS-005	刘瑜名	技术部	7	4
6	DS-006	孙子岚	后勤部	7	7
7	DS-007	张颜齐	技术部	6	7
8	DS-008	徐微雨	销售部	9	10
9	DS-009	夏宇航	财务部	9	5

图 5-73

序号	工号	姓名	部门	任务达成	利润达标
1	DS-001	周楠	技术部	8	8
2	DS-002	李想	销售部	6	10
3	DS-003	孙薇	行政部	3	4
4	DS-004	赵祥庆	行政部	10	4
5	DS-005	刘瑜名	技术部	7	4
6	DS-006	孙子岚	后勤部	7	7
7	DS-007	张颜齐	技术部	6	7
8	DS-008	徐微雨	销售部	9	10
9	DS-009	夏宇航	财务部	9	5

图 5-74

Step 03 选中包含数据的单元格区域，在“开始”选项卡中单击“边框”下拉按钮，在下拉列表中选择“所有框线”选项，如图5-75所示。

Step 04 表格随即自动添加边框线，如图5-76所示。

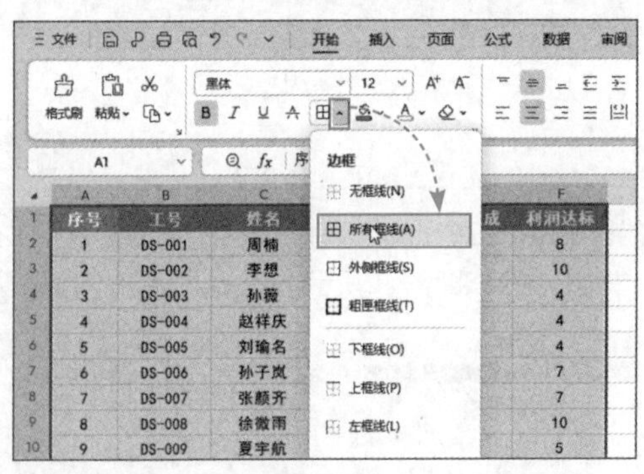

图 5-75

序号	工号	姓名	部门	任务达成	利润达标
1	DS-001	周楠	技术部	8	8
2	DS-002	李想	销售部	6	10
3	DS-003	孙薇	行政部	3	4
4	DS-004	赵祥庆	行政部	10	4
5	DS-005	刘瑜名	技术部	7	4
6	DS-006	孙子岚	后勤部	7	7
7	DS-007	张颜齐	技术部	6	7
8	DS-008	徐微雨	销售部	9	10
9	DS-009	夏宇航	财务部	9	5
10	DS-010	夏清滨	行政部	4	3
11	DS-011	王语嫣	产品部	3	7
12	DS-012	程丹	后勤部	6	7
13	DS-013	孙璐	技术部	9	7
14	DS-014	李超	销售部	9	4
15	DS-015	周亮	技术部	8	10
16	DS-016	王明	销售部	9	10

图 5-76

5.3 数据处理与分析

完成数据的录入后，通常会对数据进行处理，按照要求得出需要的数据组织形式，为决策提供数据支持。下面介绍一些常用的数据处理方法。

5.3.1 排序数据

数据排序可以按照特定的顺序（如升序或降序）重新组织数据，以便更高效地查找、分析和呈现信息，帮助用户更快地理解数据特征和趋势。在“数据”选项卡中单击“排序”下拉按钮，通过下拉列表中提供的选项可对数据执行升序、降序以及自定义排序操作，如图5-77所示。

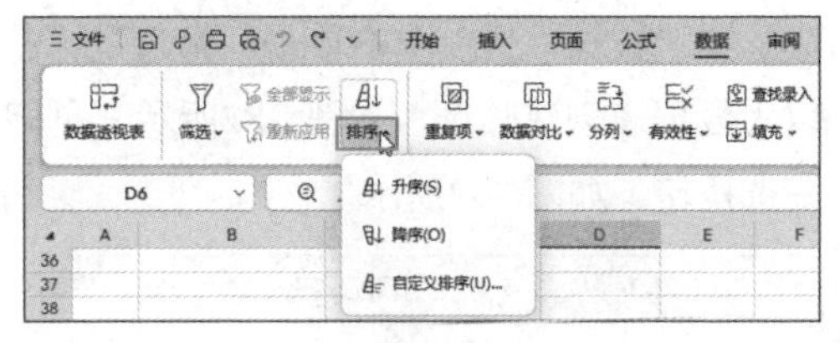

图 5-77

动手练 升序排列数据

对数据进行升序或降序排序，是数据分析中最基础的操作。下面对“订单量”进行升序排序。

Step 01 选中“订单量”列中任意一个包含数据的单元格，打开“数据”选项卡，单击“排序”下拉按钮，在下拉列表中选择“升序”选项，如图5-78所示。

Step 02 表格中的数据随即按照“订单量”升序排序的方式重新排列，如图5-79所示。

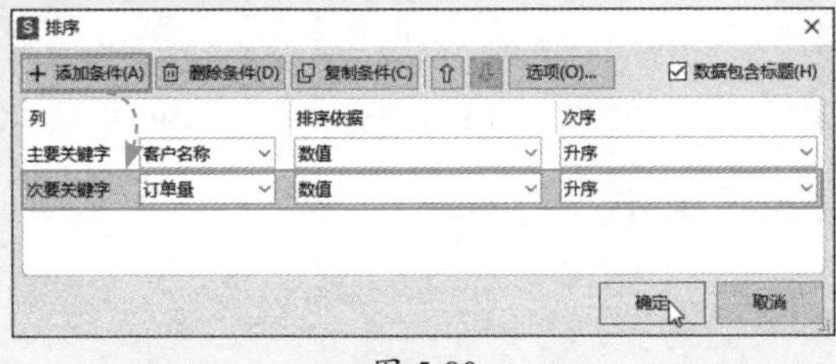

图 5-78

序号	订单编号	客户名称	订单量
13	QT511962-005	四海贸易有限公司	147
16	QT511874-002	霸王鞋业	166
8	QT511962-001	四海贸易有限公司	185
9	QT511962-006	四海贸易有限公司	507
15	QT511874-001	霸王鞋业	553
6	QT511962-002	四海贸易有限公司	592
12	QT511875-001	霸王鞋业	601
4	QT511962-004	四海贸易有限公司	767
10	QT8511980-02	东广皮革厂	841
18	QT511875-002	霸王鞋业	872
2	QT511497-016	东广皮革厂	1500
17	QT511497-002	东广皮革厂	2051

图 5-79

知识点拨

在“排序”下拉列表中选择“自定义排序”选项会启动“排序”对话框，在该对话框中可以创建多个关键字，对表格中的多列进行同时排序，如图5-80和图5-81所示。

图 5-80

序号	订单编号	客户名称	订单量
16	QT511874-002	霸王鞋业	166
15	QT511874-001	霸王鞋业	553
12	QT511875-001	霸王鞋业	601
18	QT511875-002	霸王鞋业	872
10	QT8511980-02	东广皮革厂	841
2	QT511497-016	东广皮革厂	1500
17	QT511497-002	东广皮革厂	2051

图 5-81

5.3.2 筛选数据

在表格中执行筛选操作可以将不需要的数据隐藏，只显示想看的数据，从而达到数据分析的目的。

在“数据”选项卡中单击“筛选”下拉按钮，通过下拉列表中的“筛选”选项，可以为数据表创建筛选，如图5-82所示。创建筛选后数据表中的每一个列标题中都会出现筛选按钮，如图5-83所示。

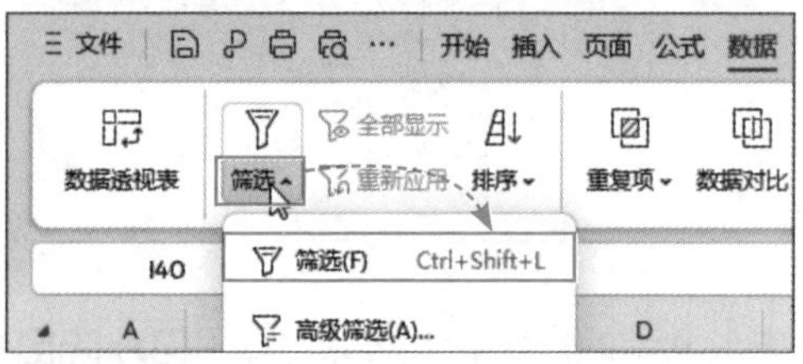

图 5-82

C	D	E	F	G
销售日期	商品	型号	销售数	业绩奖金
2025/3/1	服务器	X346 8840-I02	6	¥200.00
2025/3/1	服务器	万全 R510	10	¥500.00
2025/3/2	笔记本电脑	昭阳	12	¥600.00
2025/3/3	台式电脑	商祺 3200	32	¥1,200.00
2025/3/3	笔记本电脑	昭阳 S620	9	¥400.00
2025/3/3	台式电脑	天骄 E5001X	40	¥2,000.00
2025/3/4	服务器	xSeries 236	3	¥200.00

图 5-83

动手练 筛选报表数据

Step 01 在工作表的数据区域内选择任意一个单元格，打开“数据”选项卡，单击“筛选”按钮，为数据表创建筛选，如图5-84所示。

Step 02 单击“商品”标题中的筛选按钮，在展开的筛选器中取消“全选|反选”复选框的勾选，随后勾选“笔记本电脑”复选框，单击“确定”按钮，如图5-85所示。

图 5-84

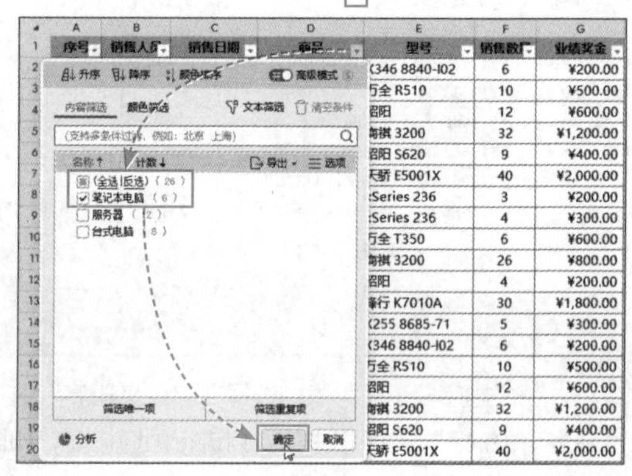

图 5-85

Step 03 数据表中随即筛选出品名为“笔记本电脑”的所有记录，如图5-86所示。

	A	B	C	D	E	F	G	H
1	序号	销售人员	销售日期	商品	型号	销售数	业绩奖金	
4	3	雷显明	2025/3/2	笔记本电脑	昭阳	12	¥600.00	
6	5	孙美玲	2025/3/3	笔记本电脑	昭阳 S620	9	¥400.00	
12	11	周广冉	2025/3/5	笔记本电脑	昭阳	4	¥200.00	
17	16	显明	2025/3/6	笔记本电脑	昭阳	12	¥600.00	
19	18	陈阮黑	2025/3/6	笔记本电脑	昭阳 S620	9	¥400.00	
25	24	周冉	2025/3/10	笔记本电脑	昭阳 S620	4	¥200.00	
28								

图 5-86

5.3.3 应用条件格式

条件格式包括“突出显示单元格规则”“项目选取规则”“数据条”“色阶”以及“图标集”五种规则，分别使用颜色或图标呈现数据之间的差异或趋势。

这五种规则又分为格式化规则和图形化规则，如图5-87所示。

- **格式化规则**：用字体格式、单元格格式突出符合条件的单元格。
- **图形化规则**：用条形、色阶和图标标识数据。

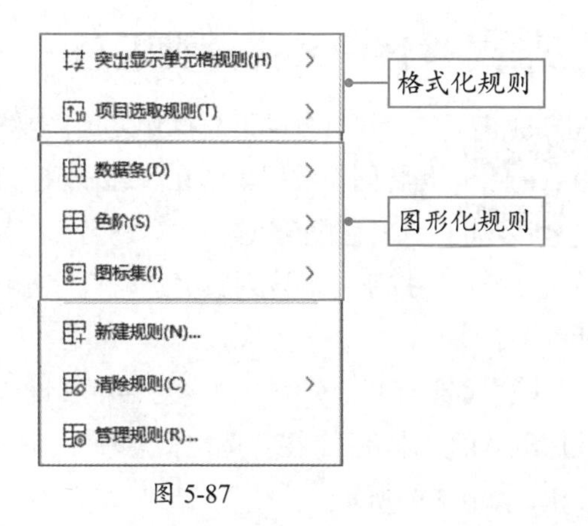

图 5-87

动手练 突出显示总分最高的3项

使用条件格式的“项目选取规则”可以将所选区域中的前n项或后n项突出显示。

Step 01 选中需要应用条件格式的单元格区域，打开“开始”选项卡，单击“条件格式”下拉按钮，在下拉列表中选择“项目选取规则”选项，在其下级列表中选择“前10项”选项，如图5-88所示。

Step 02 打开“前10项”对话框，将微调框中的数值设置为3，单击“确定”按钮，所选区域中数值大小排在前三的单元格随即被突出显示，如图5-89所示。

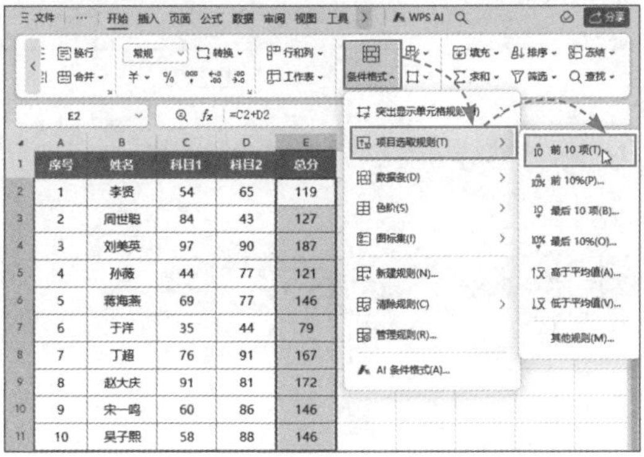

图 5-88

图 5-89

5.3.4 数据的分类汇总

分类汇总是常用的数据分析方法，它允许用户按照指定的分类字段对数据进行分组，并对每个分组内的数据进行求和、平均值计算、计数等汇总操作，从而快速得到各类数据的统计概览。“分类汇总”按钮保存在“数据”选项卡中，如图5-90所示。

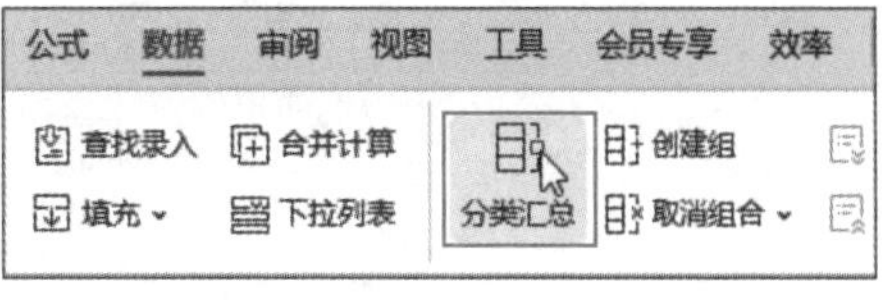

图 5-90

动手练 按客户名称分类汇总

执行分类汇总操作之前需要先对分类字段进行简单排序，这样做的目的是将同类数据集中在一起显示。下面介绍如何按客户名称进行分类汇总。

Step 01 选择“客户名称”列中任意一个单元格，打开“数据”选项卡，单击“排序”按钮，对该列数据进行升序排序。随后单击“分类汇总”按钮，如图5-91所示。

Step 02 打开“分类汇总”对话框，设置“分类字段”为“客户名称”，“汇总方式”使用默认的“求和”，在“选定汇总项”列表框中勾选“总金额”复选框，单击“确定”按钮，如图5-92所示。

	A	B	C	D	E	F	G
1	序号	订单日期	客户名称	产品码	订单数量	单价	总金额
2	18	1月19日	霸王鞋业	LC31	75	¥24.65	¥1,848.75
3	19	1月19日	霸王鞋业	LC31	75	¥10.02	¥751.50
4	20	1月19日	霸王鞋业	LC31	75	¥14.53	¥1,089.75
5	21	1月19日	霸王鞋业	LC31	75	¥15.58	¥1,168.50
6	23	1月25日	霸王鞋业	LC31	75	¥9.22	¥691.50
7	24	1月25日	霸王鞋业	LC31	75	¥4.64	¥348.00
8	28	2月2日	霸王鞋业	LC31	425	¥7.01	¥2,979.25
9	29	2月2日	霸王鞋业	LC31	425	¥3.50	¥1,487.50
10	36	2月9日	霸王鞋业	LC31	70	¥5.40	¥378.00
11	39	2月9日	霸王鞋业	LC31	70	¥18.63	¥1,304.10
12	58	2月15日	步步高老年鞋加工厂	LC93033	49.5	¥4.43	¥219.29
13	59	2月15日	步步高老年鞋加工厂	LC93033	36.5	¥11.38	¥415.37

图 5-91

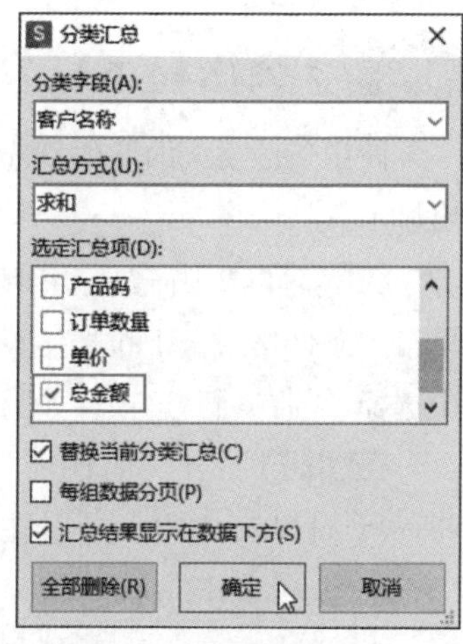

图 5-92

Step 03 表格中的数据随即按照“客户名称”进行分类，并对“总金额”进行求和汇总，如图5-93所示。

	A	B	C	D	E	F	G
1	序号	订单日期	客户名称	产品码	订单数量	单价	总金额
2	18	1月19日	霸王鞋业	LC31	75	¥24.65	¥1,848.75
3	19	1月19日	霸王鞋业	LC31	75	¥10.02	¥751.50
4	20	1月19日	霸王鞋业	LC31	75	¥14.53	¥1,089.75
5	21	1月19日	霸王鞋业	LC31	75	¥15.58	¥1,168.50
6	23	1月25日	霸王鞋业	LC31	75	¥9.22	¥691.50
7	24	1月25日	霸王鞋业	LC31	75	¥4.64	¥348.00
8	28	2月2日	霸王鞋业	LC31	425	¥7.01	¥2,979.25
9	29	2月2日	霸王鞋业	LC31	425	¥3.50	¥1,487.50
10	36	2月9日	霸王鞋业	LC31	70	¥5.40	¥378.00
11	39	2月9日	霸王鞋业	LC31	70	¥18.63	¥1,304.10
12			霸王鞋业 汇总				¥12,046.85
13	58	2月15日	步步高老年鞋加工厂	LC93033	49.5	¥4.43	¥219.29
14	59	2月15日	步步高老年鞋加工厂	LC93033	36.5	¥11.38	¥415.37
26	153	4月11日	步步高老年鞋加工厂	YG89	1100	¥10.64	¥11,704.00
27	156	4月13日	步步高老年鞋加工厂	YG89	1750	¥19.46	¥34,055.00
28	157	4月13日	步步高老年鞋加工厂	YG89	700	¥8.05	¥5,635.00
29			步步高老年鞋加工厂 汇总				¥72,604.77

图 5-93

5.3.5 数据合并计算

在处理数据的过程中有时需要将多张工作表中的数据汇总到一张工作表中，此时可以使用合并计算功能来操作。

动手练 合并汇总多表数据

不同店铺的销售数据保存在同一个工作簿中的不同工作表内，如图5-94所示。下面对这些销售数据进行合并计算。

步行街店：

商品名称	销售数量	销售金额
上衣	88	¥8,712.00
短裤	32	¥2,720.00
衬衫	90	¥5,580.00
长裤	165	¥10,725.00
渔夫帽	20	¥520.00
高跟鞋	66	¥3,894.00
马丁靴	43	¥1,376.00
毛衣	21	¥2,268.00
背心	83	¥3,237.00

南京路店：

商品名称	销售数量	销售金额
毛衣	88	¥9,504.00
羽绒服	62	¥16,678.00
加绒裤	73	¥8,760.00
上衣	150	¥14,850.00
衬衫	137	¥8,494.00
长裤	263	¥17,095.00
棒球帽	19	¥342.00
马丁靴	59	¥3,481.00

开发区店：

商品名称	销售数量	销售金额
羽绒服	55	¥14,795.00
鲨鱼裤	61	¥7,320.00
上衣	112	¥11,088.00
短裤	90	¥7,650.00
衬衫	110	¥6,820.00
长裤	163	¥10,595.00
棒球帽	22	¥396.00
渔夫帽	19	¥494.00
高跟鞋	23	¥1,357.00
毛衣	40	¥4,320.00
背心	33	¥1,287.00

图 5-94

Step 01 打开“合并计算”工作表，选择A1单元格。打开“数据”选项卡，单击“合并计算”按钮，如图5-95所示。

Step 02 打开“合并计算”对话框，“函数”使用默认的“求和”。将光标定位于“引用位置”文本框中，单击“步行街店”工作表标签，打开该工作表。随后选择包含数据的单元格区域，将所选区域的地址添加到“引用位置”文本框中。单击“添加”按钮，将该地址添加到“所有引用位置”列表框中，如图5-96所示。

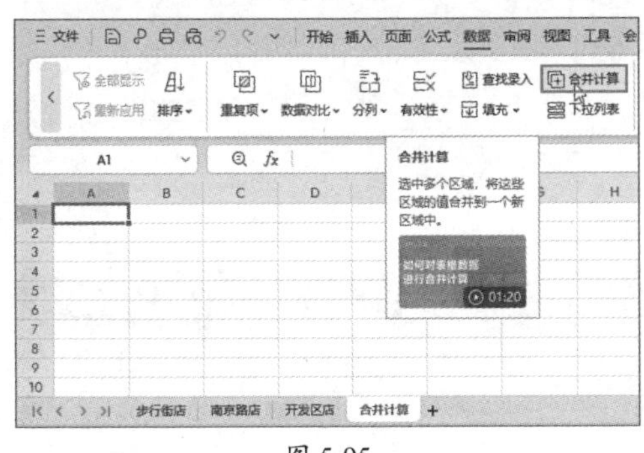

图 5-95

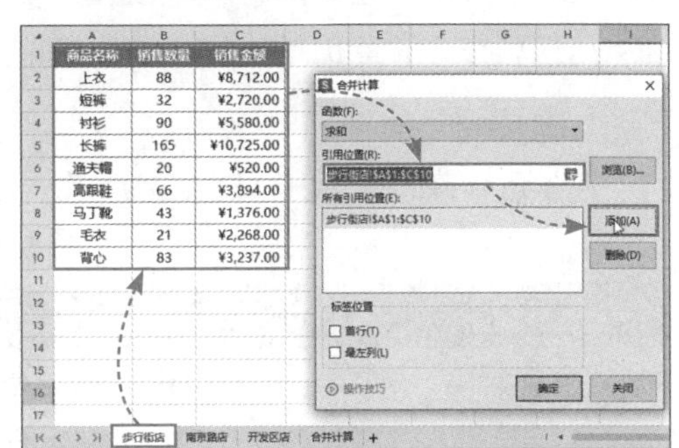

图 5-96

Step 03 参照**Step 02**，继续添加其他两张工作表中的数据区域，随后勾选“首行”和“最左列”复选框，最后单击“确定”按钮，如图5-97所示。

Step 04 三张工作表中的数据随即被合并汇总，合并结果显示在“合并计算”工作表中。默认情况下首列不显示标题，用户可以手动补全该标题，如图5-98所示。

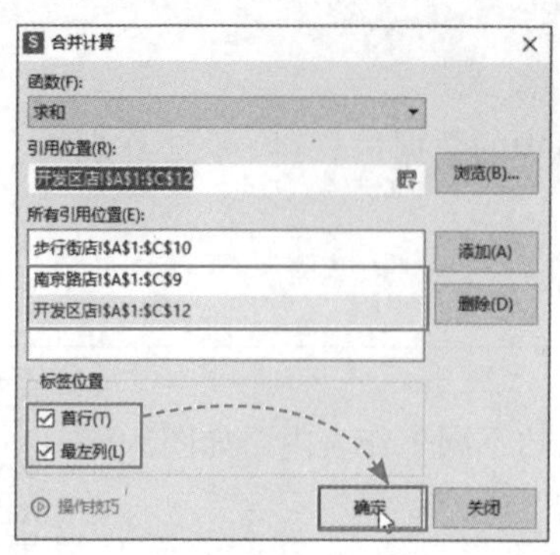

图 5-97

	A	B	C	D	E
1		销售数量	销售金额		
2	上衣	350	34650		
3	短裤	122	10370		
4	衬衫	337	20894		
5	长裤	591	38415		
6	渔夫帽	39	1014		
7	高跟鞋	89	5251		
8	马丁靴	102	4857		
9	毛衣	149	16092		
10	背心	116	4524		
11	羽绒服	117	31473		
12	加绒裤	73	8760		
13	棒球帽	41	738		
14	鲨鱼裤	61	7320		
15					

步行街店 南京路店 开发区店 合并计算

图 5-98

5.4 应用公式与函数

在WPS表格中进行数据处理和数据分析时常常会用到各种函数，公式和函数能够快速对复杂的数据做出计算，灵活地运用公式和函数来处理工作，对提高工作效率有很大的帮助。

5.4.1 公式应用基础知识

1. 公式的构成

表格公式通常由等号、函数、括号、单元格引用、常量、运算符等构成。常量可以是数字、文本，也可以是其他字符。如果常量不是数字则需要加上双引号。

2. 公式中的运算符

表格公式中的运算符包含4种类型，分别是数学运算符、比较运算符、文本运算符和引用运算符。下面以表格的形式对不同的运算符的作用进行详细说明。

（1）数学运算符

数学运算符的具体内容如表5-1所示。

表 5-1

数学运算符	名称	含义	示例
+	加号	进行加法运算	A1+B1
-	减号	进行减法运算	A1-B1
	负号	求相反数	-30
*	乘号	进行乘法运算	A1*3
/	除号	进行除法运算	A1/2
%	百分号	将值缩小100倍	50%
^	乘幂	进行乘方和开方运算	2^3

（2）比较运算符

比较运算符的具体内容如表5-2所示。

表 5-2

比较运算符	名称	含义	示例
=	等号	判断左右两边的数据是否相等	A1=B1
>	大于号	判断左边的数据是否大于右边的数据	A1>B1
<	小于号	判断左边的数据是否小于右边的数据	A1<B1
>=	大于等于号	判断左边的数据是否大于或等于右边的数据	A1>=B1
<=	小于等于号	判断左边的数据是否小于或等于右边的数据	A1<=B1
<>	不等于	判断左右两边的数据是否不相等	A1<>B1

（3）文本运算符

文本运算符的具体内容如表5-3所示。

表 5-3

文本运算符	名称	含义	示例
&	链接符号	将两个文本链接在一起形成一个连续的文本	A1&B1

（4）引用运算符

引用运算符的具体内容如表5-4所示。

表 5-4

引用运算符	名称	含义	示例
:	冒号	对两个引用之间，包括两个引用在内的所有单元格进行引用	A1:C5
空格	单个空格	对两个引用相交叉的区域进行引用	(B1:B5 A3:D3)
,	逗号	将多个引用合并为一个引用	(A1:C5,D3:E7)

5.4.2 公式的输入和编辑

掌握公式的输入技巧可以在很大程度上提高录入速度，同时减小错误率。下面对公式的输入及编辑技巧进行详细介绍。

1. 单元格的引用

输入公式时，为了提高效率和准确率，公式中的单元格地址可以直接引用，而不需要手动输入。

Step 01 选中F2单元格，输入等号，将光标移动到D2单元格上，单击即可将该单元格地址引用到公式中，如图5-99所示。

Step 02 手动输入运算符“*”，接着继续单击E2单元格，将该单元格地址引用到公式中，如图5-100所示。

PROPER　×　✓　fx　=D2

	A	B	C	D	E	F	G
1	序号	商品类别	商品名称	商品单价	销售数量	销售金额	
2	1	甜品	奥利奥芝士	28	4	=D2	
3	2	咖啡	冰淇淋咖啡	30	11		
4	3	果茶	冰糖雪梨	58	12		
5	4	咖啡	风味拿铁	30	26		
6	5	奶茶	风味奶茶	26	8		
7	6	果茶	蜂蜜柚子茶	58	21		
8	7	咖啡	焦糖玛奇朵	30	18		

图 5-99

PROPER　×　✓　fx　=D2*E2

	A	B	C	D	E	F	G
1	序号	商品类别	商品名称	商品单价	销售数量	销售金额	
2	1	甜品	奥利奥芝士	28	4	=D2*E2	
3	2	咖啡	冰淇淋咖啡	30	11		
4	3	果茶	冰糖雪梨	58	12		
5	4	咖啡	风味拿铁	30	26		
6	5	奶茶	风味奶茶	26	8		
7	6	果茶	蜂蜜柚子茶	58	21		
8	7	咖啡	焦糖玛奇朵	30	18		

图 5-100

Step 03 公式输入完成后，按Enter键即可返回计算结果，如图5-101所示。

	A	B	C	D	E	F	G
1	序号	商品类别	商品名称	商品单价	销售数量	销售金额	
2	1	甜品	奥利奥芝士	28	4	112	
3	2	咖啡	冰淇淋咖啡	30	11		
4	3	果茶	冰糖雪梨	58	12		
5	4	咖啡	风味拿铁	30	26		
6	5	奶茶	风味奶茶	26	8		

图 5-101

2. 引用单元格区域

除了在公式中引用单元格，还可以引用单元格区域，下面介绍具体操作方法。

Step 01 选择F22单元格，输入公式“=SUM(”，随后在工作表中选择“F2:F21”单元格区域，该区域地址随即被引用到公式中，如图5-102所示。

Step 02 输入右括号，完成公式的录入。最后按Enter键即可返回计算结果，如图5-103所示。

	A	B	C	D	E	F	G	H
1	序号	商品类别	商品名称	商品单价	销售数量	销售金额		
2	1	甜品	奥利奥芝士	28	4	112.00		
3	2	咖啡	冰淇淋咖啡	30	11	330.00		
4	3	果茶	冰糖雪梨	58	12	696.00		
5	4	咖啡	风味拿铁	30	26	780.00		
6	5	奶茶	风味奶茶	26	8	208.00		
7	6	果茶	蜂蜜柚子茶	58	21	1218.00		
8	7	咖啡	焦糖玛奇朵	30	18	540.00		
9	8	甜品	焦糖苹果	26	2	52.00		
10	9	咖啡	卡布奇诺	28	22	616.00		
11	10	甜品	榴莲芝士	28	3	84.00		
12	11	甜品	芒果芝士	28	1	28.00		
13	12	果茶	玫瑰花茶	58	10	580.00		
14	13	咖啡	摩卡	30	31	930.00		
15	14	甜品	抹茶慕斯	26	9	234.00		
16	15	咖啡	拿铁	28	28	784.00		
17	16	咖啡	南木特调	32	6	192.00		
18	17	奶茶	特调奶茶	26	6	156.00		
19	18	甜品	提拉米苏	28	8	224.00		
20	19	奶茶	原味	24	13	312.00		
21	20	甜品	芝士蛋糕	28	11	308.00		
22	合计					=SUM(F2:F21	20R x 1C	

图 5-102

	A	B	C	D	E	F	G
1	序号	商品类别	商品名称	商品单价	销售数量	销售金额	
2	1	甜品	奥利奥芝士	28	4	112.00	
3	2	咖啡	冰淇淋咖啡	30	11	330.00	
4	3	果茶	冰糖雪梨	58	12	696.00	
5	4	咖啡	风味拿铁	30	26	780.00	
6	5	奶茶	风味奶茶	26	8	208.00	
7	6	果茶	蜂蜜柚子茶	58	21	1218.00	
8	7	咖啡	焦糖玛奇朵	30	18	540.00	
9	8	甜品	焦糖苹果	26	2	52.00	
10	9	咖啡	卡布奇诺	28	22	616.00	
11	10	甜品	榴莲芝士	28	3	84.00	
12	11	甜品	芒果芝士	28	1	28.00	
13	12	果茶	玫瑰花茶	58	10	580.00	
14	13	咖啡	摩卡	30	31	930.00	
15	14	甜品	抹茶慕斯	26	9	234.00	
16	15	咖啡	拿铁	28	28	784.00	
17	16	咖啡	南木特调	32	6	192.00	
18	17	奶茶	特调奶茶	26	6	156.00	
19	18	甜品	提拉米苏	28	8	224.00	
20	19	奶茶	原味	24	13	312.00	
21	20	甜品	芝士蛋糕	28	11	308.00	
22	合计					8384.00	
23							

图 5-103

3. 编辑公式

若要对公式进行修改，可以双击包含公式的单元格，进入编辑状态后便可进行重新编辑。除此之外，也可以选中包含公式的单元格，直接在编辑栏中编辑公式，如图5-104所示。

PROPER | =D2*E2

	A	B	C	D	E	F	G
1	序号	商品类别	商品名称	商品单价	销售数量	销售金额	
2	1	甜品	奥利奥芝士	28	4	=D2*E2	
3	2	咖啡	冰淇淋咖啡	30	11	330.00	
4	3	果茶	冰糖雪梨	58	12	696.00	

直接在编辑栏中编辑

双击单元格启动编辑

图 5-104

5.4.3 快速填充公式

通过复制公式到单元格区域，自动计算并生成一系列相关数据，可以大幅提高数据处理的效率和准确性。

Step 01 选中包含公式的单元格，将光标放在单元格右下角，光标变成黑色十字形状，如图5-105所示。

Step 02 按住鼠标进行拖动，如图5-106所示。

Step 03 松开鼠标即可自动填充公式，完成相邻区域内数据的计算，如图5-107所示。

F2 | =D2*E2

	A	B	C	D	E	F	G
1	序号	商品类别	商品名称	商品单价	销售数量	销售金额	
2	1	甜品	奥利奥芝士	28	4	112.00	
3	2	咖啡	冰淇淋咖啡	30	11		
4	3	果茶	冰糖雪梨	58	12		
5	4	咖啡	风味拿铁	30	26		
6	5	奶茶	风味奶茶	26	8		
7	6	果茶	蜂蜜柚子茶	58	21		
8	7	咖啡	焦糖玛奇朵	30	18		
9	8	甜品	焦糖苹果	26	2		

图 5-105

F2 | =D2*E2

	A	B	C	D	E	F	G
1	序号	商品类别	商品名称	商品单价	销售数量	销售金额	
2	1	甜品	奥利奥芝士	28	4	112.00	
3	2	咖啡	冰淇淋咖啡	30	11		
4	3	果茶	冰糖雪梨	58	12		
5	4	咖啡	风味拿铁	30	26		
6	5	奶茶	风味奶茶	26	8		
7	6	果茶	蜂蜜柚子茶	58	21		
8	7	咖啡	焦糖玛奇朵	30	18		
9	8	甜品	焦糖苹果	26	2		

图 5-106

F2 | =D2*E2

	A	B	C	D	E	F	G
1	序号	商品类别	商品名称	商品单价	销售数量	销售金额	
2	1	甜品	奥利奥芝士	28	4	112.00	
3	2	咖啡	冰淇淋咖啡	30	11	330.00	
4	3	果茶	冰糖雪梨	58	12	696.00	
5	4	咖啡	风味拿铁	30	26	780.00	
6	5	奶茶	风味奶茶	26	8	208.00	
7	6	果茶	蜂蜜柚子茶	58	21	1218.00	
8	7	咖啡	焦糖玛奇朵	30	18	540.00	
9	8	甜品	焦糖苹果	26	2	52.00	

图 5-107

5.4.4 函数应用基础知识

WPS表格中的函数是预先编写的公式，在执行很长或复杂的计算时，函数可以简化缩短公式。函数不能单独使用，需要嵌入到公式中使用。

1. 函数的构成

函数由函数名和参数两个主要部分构成，所有参数写在括号中，且每个参数之间必须用逗号分隔，如图5-108所示。

注意事项 也有一些函数是没有参数的，例如NOW、TODAY、ROW等，虽然没有参数，但是在使用时函数名称后面也必须写一对括号，例如“=ROW()”。

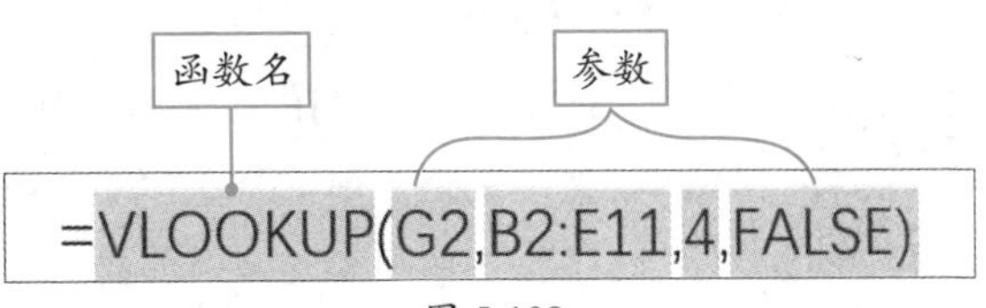

图 5-108

2. 函数的类型

常见的函数类型包括财务函数、文本函数、逻辑函数、时间函数、查找与引用函数、数学和三角函数、统计函数、工程函数、信息函数等。

在“公式”选项卡中可以看到这些函数按钮。单击任意类型的函数下拉按钮，可以在下拉列表中查看到该类型的所有函数，如图5-109所示。

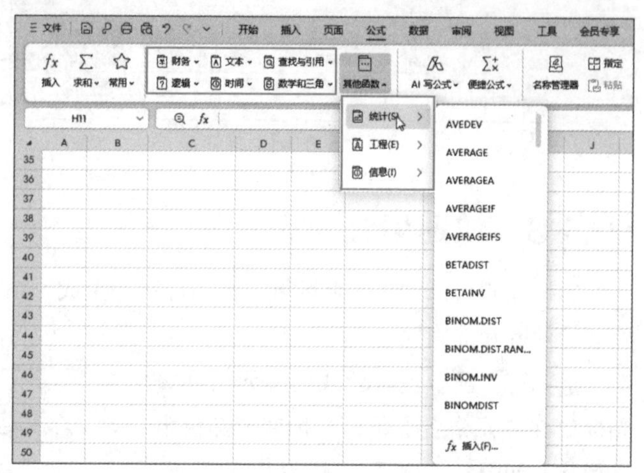

图 5-109

5.4.5 常见错误值说明

新手在使用公式时经常会返回错误值。常见的错误值类型包括#DIV/0、#NAME?、#VALUE!、#REF!、#N/A、#NUM!、#NULL!等。不同的错误值类型及错误值产生的原因如下。

- **#DIV/0**：除以0所得值，或者在除法公式中分母指定为空白单元格。
- **#NAME?**：利用不能定义的名称，或者名称输入错误，或文本没有加双引号。
- **#VALUE!**：参数的数据格式错误，或者函数中使用的变量或参数类型错误。
- **#REF!**：公式中引用了无效的单元格。
- **#N/A**：参数中没有输入必需的数值，或者查找与引用函数中没有匹配检索的数据。
- **#NUM!**：参数中指定的数值过大或过小，函数不能计算正确的答案。
- **#NULL!**：根据引用运算符指定共用区域的两个单元格区域，但共用区域不存在。

5.4.6 常见函数的应用

工作中使用率较高的函数包括求和函数、求平均值函数、求最大或最小值函数、排名函数、逻辑函数、查询函数等，下面详细介绍这些函数的应用方法。

动手练 对数据进行简单计算

WPS表格为常用的计算提供了快捷操作选项，例如快速求和、求平均值、计数、求最大值或最小值等。下面以快速求和为例进行介绍。

Step 01 选中需要输入公式的单元格，打开“公式”选项卡，单击“求和”下拉按钮，在下拉列表中选择“求和”选项，如图5-110所示。

Step 02 所选单元格区域随即自动插入函数，并引用需要进行计算的单元格区域，按Enter键即可返回求和结果，如图5-111所示。

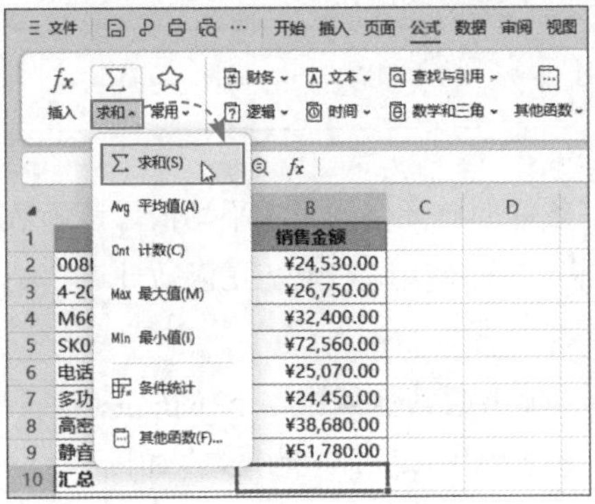

图 5-110

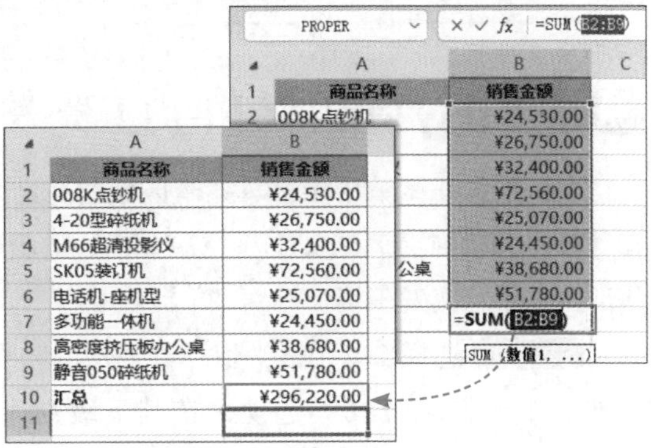

图 5-111

动手练 根据条件求和

SUMIF函数用于对指定区域中符合某个特定条件的值求和。下面使用SUMIF函数统计商品类别为“甜品”的销售总金额。

Step 01 选择I2单元格，打开“公式”选项卡，单击“数学和三角”下拉按钮，在下拉列表中选择SUMIF选项，如图5-112所示。

Step 02 打开“函数参数”对话框，设置“区域”为“B2:B21”、“条件”为“H2”、“求和区域”为“F2: F21”，单击“确定”按钮，如图5-113所示。

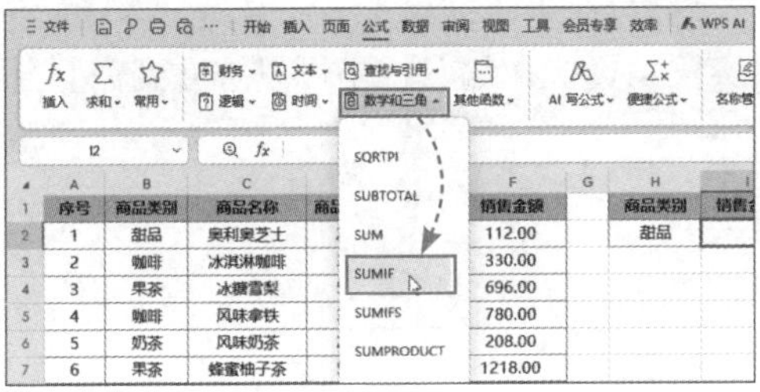

图 5-112

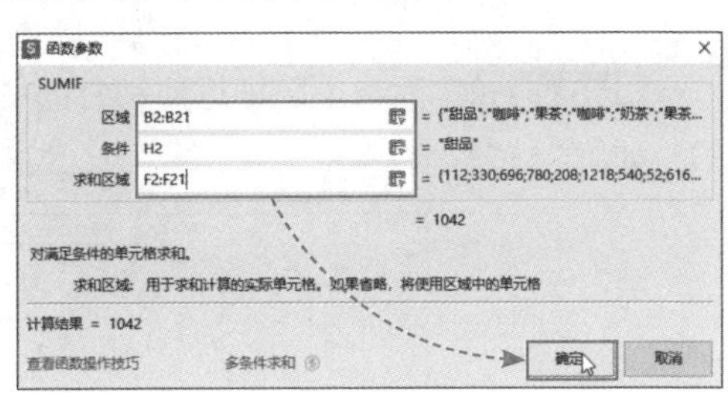

图 5-113

Step 03 此时I2单元格中随即自动统计出商品类别为“甜品”的销售金额总和，在编辑栏中可以查看到完整的公式，如图5-114所示。

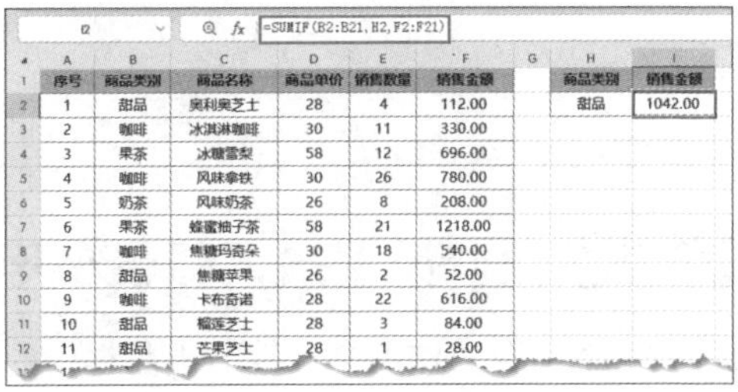

图 5-114

①公式中用到的“*”为通配符，表示任意数量的字符。

②在“函数参数”对话框中设置文本型参数时不需要手动录入双引号，系统会自动录入双引号。

动手练 计算指定部门平均工资

AVERAGIF函数用于计算某个区域内满足给定条件的单元格的算术平均值。该函数在计算平均值时会忽略文本、空单元格、逻辑值等。下面使用AVERAGE函数计算“销售部”的平均实发工资。

Step 01 选择I2单元格，打开“公式”选项卡，单击“其他函数”下拉按钮，在下拉列表中选择“统计”选项，在其下级列表中选择AVERAGEIF函数，如图5-115所示。

Step 02 打开“函数参数”对话框，设置“区域”为“B2:B16”、“条件”为“H2”、“求平均值区域”为“F2:F16”，单击“确定”按钮，如图5-116所示。

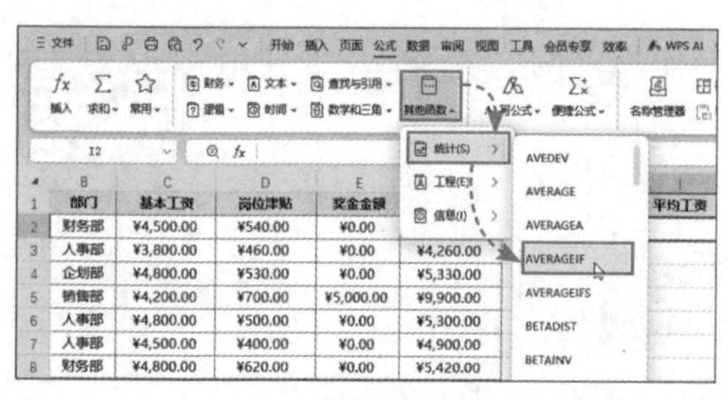

图 5-115

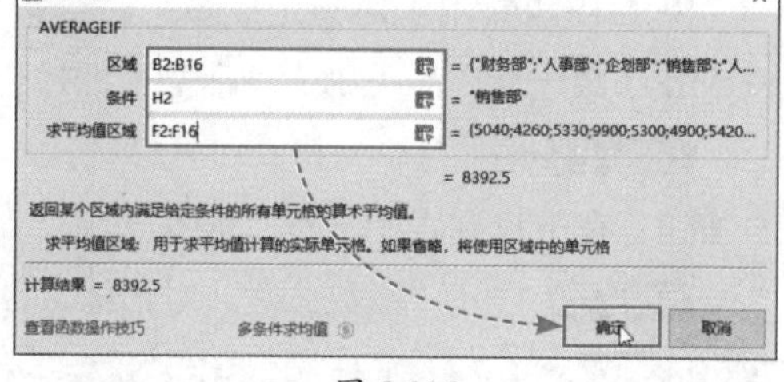

图 5-116

Step 03 I2单元格中随即返回销售部平均实发工资，在编辑栏中可以查看到完整公式，如图5-117所示。

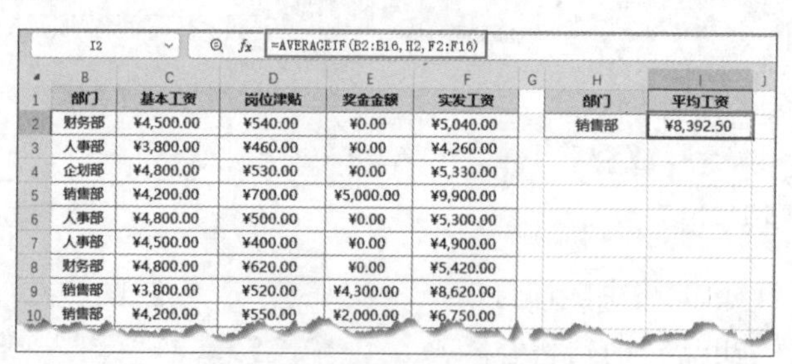

I2 =AVERAGEIF(B2:B16,H2,F2:F16)

部门	基本工资	岗位津贴	奖金金额	实发工资		部门	平均工资
财务部	¥4,500.00	¥540.00	¥0.00	¥5,040.00		销售部	¥8,392.50
人事部	¥3,800.00	¥460.00	¥0.00	¥4,260.00			
企划部	¥4,800.00	¥530.00	¥0.00	¥5,330.00			
销售部	¥4,200.00	¥700.00	¥5,000.00	¥9,900.00			
人事部	¥4,800.00	¥500.00	¥0.00	¥5,300.00			
人事部	¥4,500.00	¥400.00	¥0.00	¥4,900.00			
财务部	¥4,800.00	¥620.00	¥0.00	¥5,420.00			
销售部	¥3,800.00	¥520.00	¥4,300.00	¥8,620.00			
销售部	¥4,200.00	¥550.00	¥2,000.00	¥6,750.00			

图 5-117

动手练 提取员工最大和最小年龄

MAX函数的作用是计算一组数据中的最大值。MIN函数的作用和MAX函数正好相反，MIN函数用于计算一组数据中的最小值。下面分别使用这两个函数提取员工的最大年龄和最小年龄。

Step 01 选择G1单元格，输入公式“=MAX(D2:D16)”，按Enter键，提取出所选区域内的最大年龄，如图5-118所示。

Step 02 选择G2单元格，输入公式“=MIN(D2:D16)”，按Enter键，提取出所选区域内的最小年龄，如图5-119所示。

G1 =MAX(D2:D16)

	A	B	C	D	E	F	G
1	姓名	部门	出生日期	年龄		最大年龄	51
2	周悦	财务部	1980/12/3	43		最小年龄	
3	李舒	人事部	1995/3/12	29			
4	陈丹妮	销售部	1980/9/3	44			
5	魏羡	企划部	1993/5/2	31			
6	叶白衣	企划部	1984/1/1	40			
7	周通	销售部	1987/10/28	37			
8	张朝阳	人事部	1997/3/20	27			
9	黄瑕	人事部	1979/9/15	45			
10	赵敏	财务部	1988/11/12	36			
11	李颖	销售部	1999/6/7	25			
12	张侠	销售部	1996/8/20	28			
13	周子秦	财务部	1973/6/12	51			
14	秦梅	人事部	1990/12/6	33			
15	刘阳	人事部	1995/5/19	29			
16	王玉燕	企划部	1998/7/7	26			

图 5-118

G2 =MIN(D2:D16)

	A	B	C	D	E	F	G
1	姓名	部门	出生日期	年龄		最大年龄	51
2	周悦	财务部	1980/12/3	43		最小年龄	25
3	李舒	人事部	1995/3/12	29			
4	陈丹妮	销售部	1980/9/3	44			
5	魏羡	企划部	1993/5/2	31			
6	叶白衣	企划部	1984/1/1	40			
7	周通	销售部	1987/10/28	37			
8	张朝阳	人事部	1997/3/20	27			
9	黄瑕	人事部	1979/9/15	45			
10	赵敏	财务部	1988/11/12	36			
11	李颖	销售部	1999/6/7	25			
12	张侠	销售部	1996/8/20	28			
13	周子秦	财务部	1973/6/12	51			
14	秦梅	人事部	1990/12/6	33			
15	刘阳	人事部	1995/5/19	29			
16	王玉燕	企划部	1998/7/7	26			

图 5-119

动手练 对比赛成绩进行排名

RANK函数用于计算指定数值在一组数值中的排位。下面使用RANK函数对选手的比赛成绩进行排名。

Step 01 选中I2单元格，输入公式“=RANK(H2,$H$2:$H$10,0)”，随后按Enter键返回结果，如图5-120所示。

Step 02 再次选中I2单元格，将公式向下方填充即可计算出所有最终得分的排名，如图5-121所示。

AVERAGEIF =RANK(H2, $H$2:$H$10, 0)

	A	B	C	D	E	F	G	H	I
1	选手姓名	1号评委	2号评委	3号评委	4号评委	5号评委	6号评委	最终得分	排名
2	张思思	89	80	78	92	73	65	80.0	=RANK(H2, $H$2:$H$10,0)
3	李爱国	73.5	69	77	95.5	78	77	76.4	
4	周宝强	92	92.5	91	90	98	97.5	93.3	
5	李苗苗	79	79	80	90	62	77	78.8	
6	程浩南	79	62	68	69	67	63	66.8	
7	李山	95	83	90	85.5	82	88	86.6	
8	赵恺	87	89	76	80	77	92	83.3	
9	姜波	89	88	87.5	82	81	80	84.6	
10	王明涛	66	69	56	68	65.5	67	66.6	

图 5-120

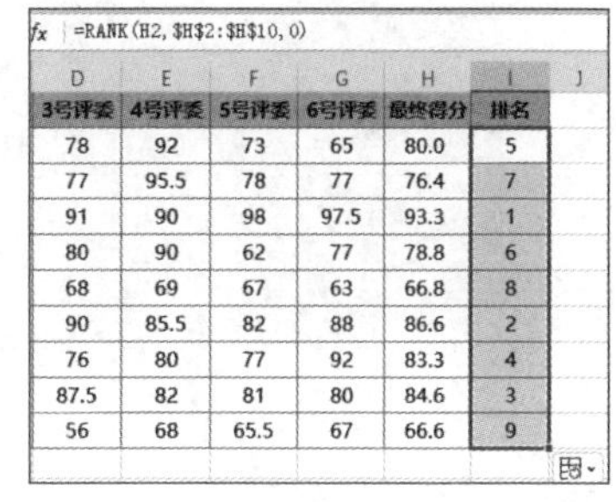

=RANK(H2, $H$2:$H$10, 0)

D	E	F	G	H	I
3号评委	4号评委	5号评委	6号评委	最终得分	排名
78	92	73	65	80.0	5
77	95.5	78	77	76.4	7
91	90	98	97.5	93.3	1
80	90	62	77	78.8	6
68	69	67	63	66.8	8
90	85.5	82	88	86.6	2
76	80	77	92	83.3	4
87.5	82	81	80	84.6	3
56	68	65.5	67	66.6	9

图 5-121

动手练 判断成绩是否合格

IF函数可以对指定值和期待值进行比较，并返回逻辑判断结果。下面使用IF函数判断考试成绩是否达到90分，若达到90分判断为“合格”，否则判断为“不合格”。

Step 01 选择C2单元格，输入公式“=IF(B2>=90,"合格","不合格")”，按Enter键返回判断结果，如图5-122所示。

Step 02 随后再次选中C2单元格，将公式向下方填充，根据成绩返回文本型判断结果，如图5-123所示。

考生姓名	科目一成绩	是否合格
徐凤	99	=IF(B2>=90,"合格","不合格")
吴明	87	
徐放	90	
陈平安	96	
吴莉	100	
方伯琮	85	
刘江	91	
马铭蔚	95	
宋启星	89	

图 5-122

考生姓名	科目一成绩	是否合格
徐凤	99	合格
吴明	87	不合格
徐放	90	合格
陈平安	96	合格
吴莉	100	合格
方伯琮	85	不合格
刘江	91	合格
马铭蔚	95	合格
宋启星	89	不合格

图 5-123

动手练 根据商品名称查询库存数量

VLOOKUP函数用于查找指定的数值，并返回当前行中指定列处的数值。下面使用VLOOKUP函数查询指定商品的库存数量。

Step 01 选中H2单元格，输入公式“=VLOOKUP(G2,B2:E16,3,FALSE)”，如图5-124所示。

Step 02 按Enter键，即可返回“VR眼镜”的库存数量，如图5-125所示。

序号	商品名称	品牌	库存数量	商品单价		商品名称	库存数量
1	平板电脑	HUAWEI	10	¥3,500.00		VR眼镜	=VLOOKUP(G2,B2:E16,3,FALSE)
2	U型枕	AiSleep	15	¥80.00			
3	智能手机	HUAWEI	2	¥4,500.00			
4	蓝牙音响	小米	3	¥880.00			
5	双肩背包	瑞士军刀	5	¥180.00			
6	VR眼镜	小米	3	¥1,900.00			
7	零食礼包	恰恰	20	¥89.00			
8	保温杯	富光	5	¥59.00			
9	笔记本	晨光	20	¥20.00			
10	加湿器	Midea	10	¥80.00			
11	茶具7件套	雅诚德	3	¥120.00			
12	智能台灯	小米	2	¥350.00			
13	雨伞	蕉下	5	¥99.00			
14	充电宝	华为	6	¥80.00			
15	空气净化器	Midea	1	¥2,300.00			

图 5-124

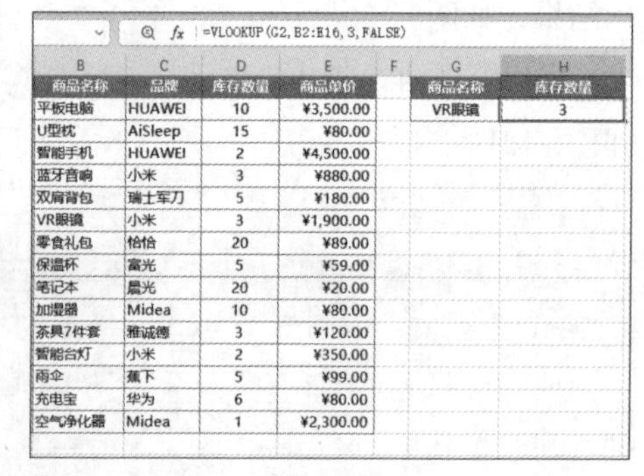

商品名称	品牌	库存数量	商品单价		商品名称	库存数量
平板电脑	HUAWEI	10	¥3,500.00		VR眼镜	3
U型枕	AiSleep	15	¥80.00			
智能手机	HUAWEI	2	¥4,500.00			
蓝牙音响	小米	3	¥880.00			
双肩背包	瑞士军刀	5	¥180.00			
VR眼镜	小米	3	¥1,900.00			
零食礼包	恰恰	20	¥89.00			
保温杯	富光	5	¥59.00			
笔记本	晨光	20	¥20.00			
加湿器	Midea	10	¥80.00			
茶具7件套	雅诚德	3	¥120.00			
智能台灯	小米	2	¥350.00			
雨伞	蕉下	5	¥99.00			
充电宝	华为	6	¥80.00			
空气净化器	Midea	1	¥2,300.00			

图 5-125

5.5 WPS AI智能数据分析

WPS AI在表格中也具有出色的表现。它不仅能够自动选择函数并完成公式编写，帮助用户轻松实现数据提取、计算等任务；还可以通过简单的指令快速设置单元格的条件格式，如标记特定数据，从而提升数据处理的效率和直观性。

5.5.1 AI写公式

利用WPS 表格中的“AI写公式”功能，用户无须手动编写公式，只需告诉WPS AI

想要达到的计算结果，便会自动生成公式。下面对“AI写公式”的具体操作方法进行介绍。

Step 01 在单元格中输入等号“=”，此时单元格旁边会显示按钮，单击该按钮，如图5-126所示。

Step 02 工作表中随即显示AI工具栏，在文本框中输入生成公式的文字描述，单击➤按钮，如图5-127所示。

序号	客户编号	客户姓名	地址	身份证号码	出生日期
1	J01	白乐天	广东省某某街区5号	4403001985101563**	=
2	J02	蒋世杰	湖北省某某街区9号	4201001988121563**	
3	J03	薛皓月	江西省某某街区5号	3601001987051123**	
4	J04	毛晓鸥	江苏省某某街区9号	3205031988061087**	
5	J05	关云长	山西省某某街区5号	1401001989070925**	

图 5-126

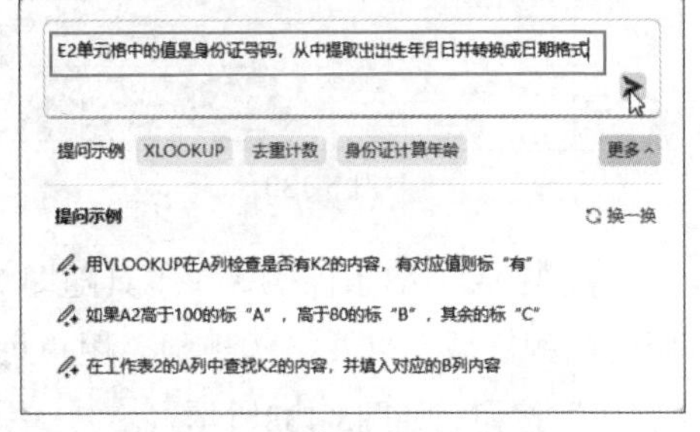

图 5-127

Step 03 AI工具栏中随即生成一个公式。单击“对公式的解释”按钮，还可以查看对于该公式的详细解释，如图5-128所示。

Step 04 在AI工具栏中单击“完成”按钮，可以将公式录入到单元格中，最后填充公式，即可快速完成剩余计算，如图5-129所示。

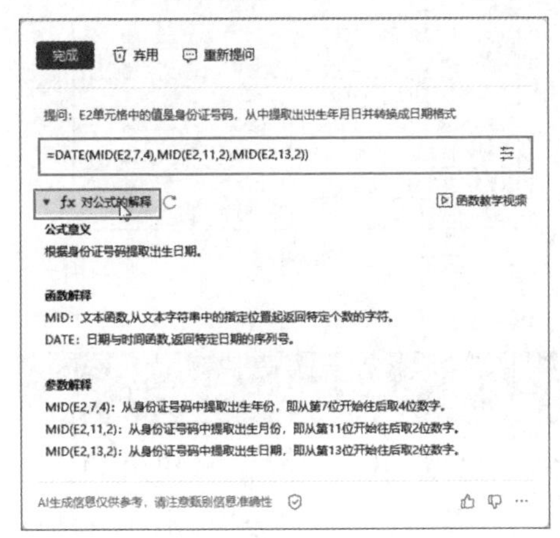

图 5-128

F2 =DATE(MID(E2,7,4),MID(E2,11,2),MID(E2,13,2))

序号	客户编号	客户姓名	地址	身份证号码	出生日期
1	J01	白乐天	广东省某某街区5号	4403001985101563**	1985/10/15
2	J02	蒋世杰	湖北省某某街区9号	4201001988121563**	1988/12/15
3	J03	薛皓月	江西省某某街区5号	3601001987051123**	1987/5/11
4	J04	毛晓鸥	江苏省某某街区9号	3205031988061087**	1988/6/10
5	J05	关云长	山西省某某街区5号	1401001989070925**	1989/7/9
6	J06	宋光辉	陕西省某某街区9号	6101001973040225**	1973/4/2
7	J07	卫洪峰	安徽省某某街区6号	3401041985061027**	1985/6/10
8	J08	魏洁凯	黑龙江省某某街区8号	2301031992122525**	1992/12/25

图 5-129

5.5.2 AI条件格式

WPS AI中的“AI条件格式”功能，能够自动对文档中的数据进行格式化处理，提升数据可视性和可读性。下面以为指定区域添加数据条为例进行介绍。

Step 01 打开WPS表格，在功能区中单击“WPS AI”按钮，打开“WPS AI”窗格，单击“AI条件格式”按钮，如图5-130所示。

Step 02 表格中随即显示“AI条件格式”工具栏，在文本框中输入文字描述，单击“发送”按钮▶，如图5-131所示。

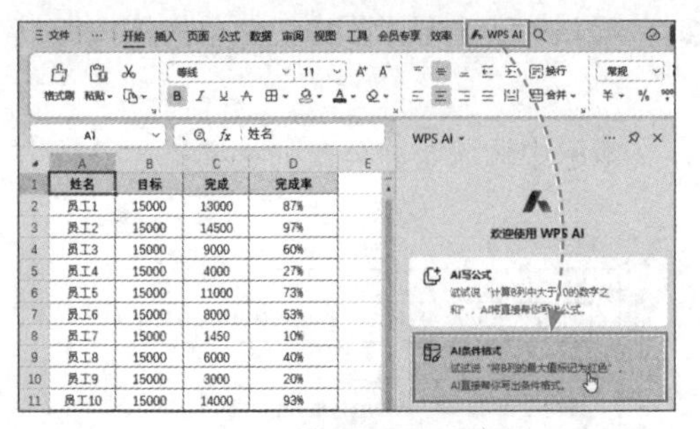

图 5-130

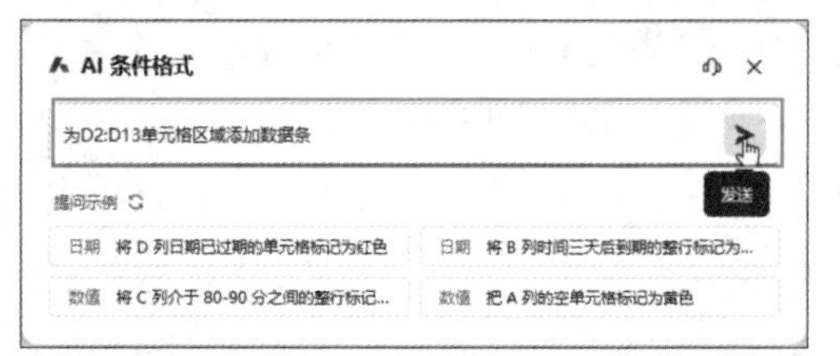

图 5-131

Step 03 “AI条件格式”工具随即对工作表中的数据进行分析，并在工具栏中显示所引用的区域，以及格式规则，用户可以根据需要对默认的格式进行修改。最后单击“完成”按钮，如图5-132所示。

Step 04 工作表中的目标区域随即自动添加相应样式的数据条，如图5-133所示。

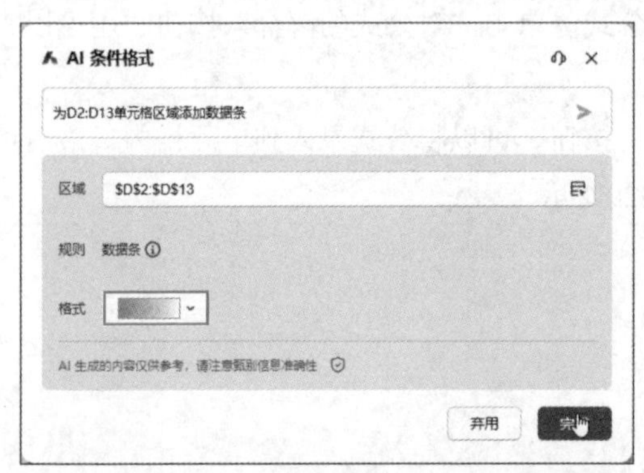

图 5-132

	A	B	C	D
1	姓名	目标	完成	完成率
2	员工1	15000	13000	87%
3	员工2	15000	14500	97%
4	员工3	15000	9000	60%
5	员工4	15000	4000	27%
6	员工5	15000	11000	73%
7	员工6	15000	8000	53%
8	员工7	15000	1450	10%
9	员工8	15000	6000	40%
10	员工9	15000	3000	20%
11	员工10	15000	14000	93%
12	员工11	15000	10000	67%
13	员工12	15000	12000	80%

图 5-133

5.6 数据图形化展示

图表用于直观地展示和比较不同数据系列之间的趋势、比例或关系，帮助用户快速识别数据中的关键信息、模式或异常值，从而支持决策制定、趋势分析或性能评估等目的。

5.6.1 创建与编辑图表

WPS表格提供了多种图表类型，用户可以根据数据的类型以及实际需要创建合适的图表。

Step 01 选中要创建图表的数据区域，打开“插入”选项卡，单击“创建图表”按钮，如图5-134所示。

Step 02 打开“图表”对话框，选择好图表类型，在需要使用的图表样式上方单击，如图5-135所示。

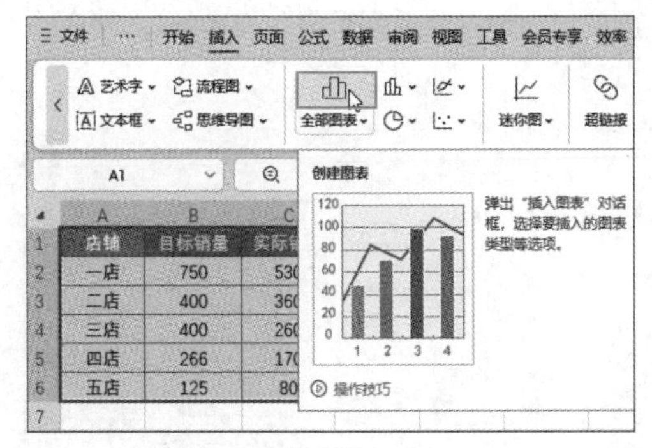

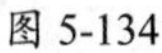

图 5-134

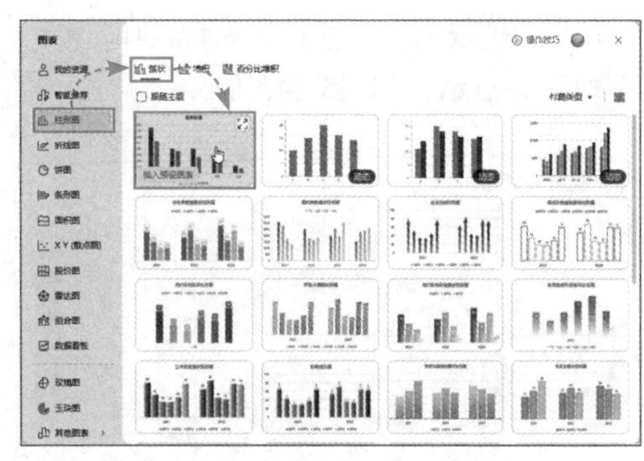

图 5-135

Step 03 工作表中随即被插入相应样式的图表。拖动图表四个边角处的任意一个圆形控制点可以调整图表大小。将光标移动到图表上，光标变成形状时按住鼠标进行拖动，可以移动图表的位置，如图5-136所示。

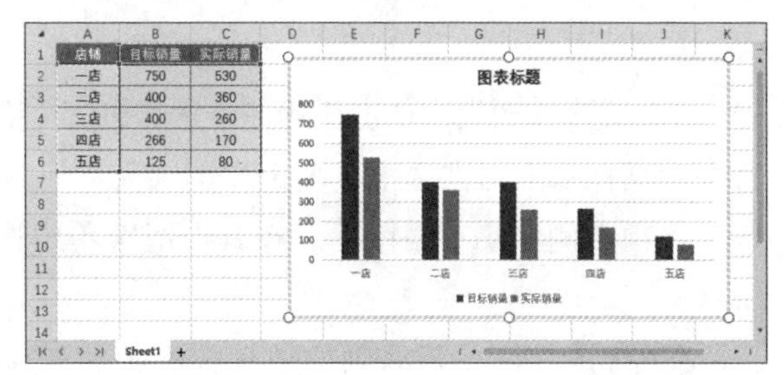

图 5-136

动手练 编辑图表元素

图表由各种图表元素组成，包括图表标题、图表系列、坐标轴、网格线、图例、数据标签等。下面对图表元素进行简单的编辑。

Step 01 选中图表标题，将标题文本框中的内容删除，在标题文本框中输入新标题“销售完成情况对比”，如图5-137所示。

Step 02 保持图表为选中状态，单击图表右上角的“图表元素”按钮，在展开的菜单中勾选“数据标签”复选框，在图表中添加数据标签。随后取消“网格线”复选框的勾选，隐藏图表的网格线，如图5-138所示。

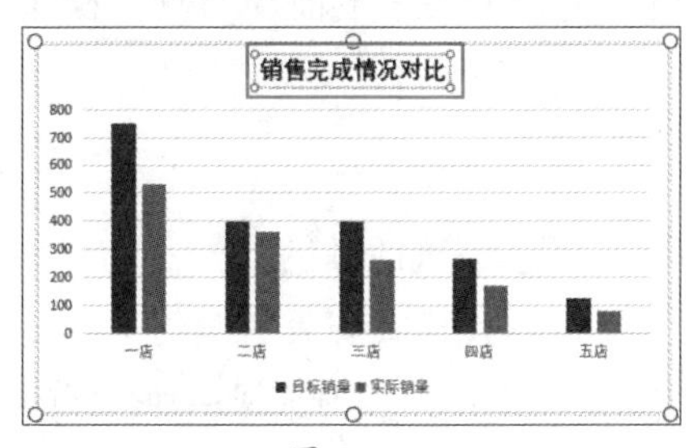

图 5-137

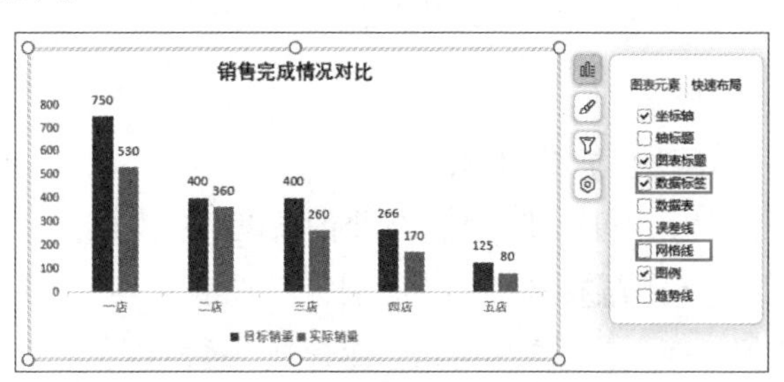

图 5-138

Step 03 在图表中右击任意一个柱形系列，在弹出的快捷菜单中选择“设置数据系列格式”选项，如图5-139所示。

Step 04 打开“属性”窗格，在“系列”选项卡中设置“系列重叠”为100%，使两个系列重叠显示，如图5-140所示。

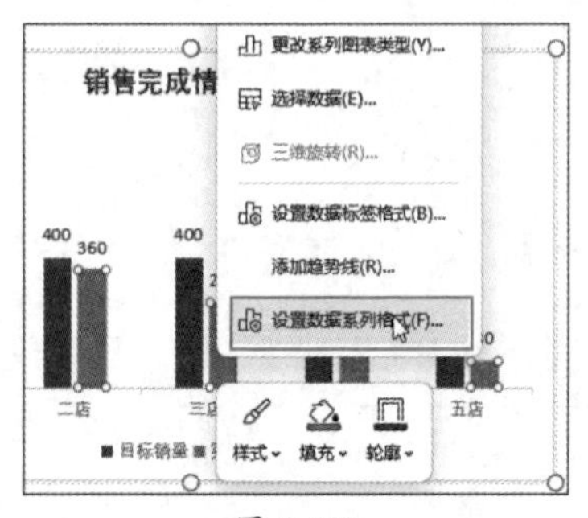

图 5-139

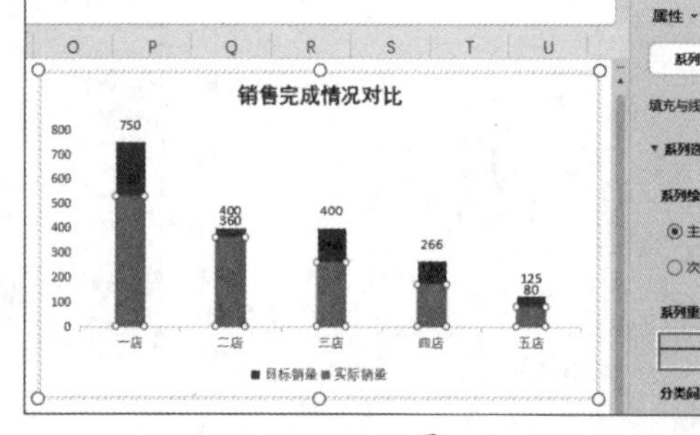

图 5-140

Step 05 在图表中单击任意一个实际销量（橙色）系列的数据标签，此时该系列的所有数据标签全部被选中，单击“图表元素”按钮，在弹出的菜单中单击“数据标签”选项右侧的小三角图标，在其下级菜单中选择“数据标签内”选项，如图5-141所示。

Step 06 实际销量系列的数据标签随即被移动到该系列的内部显示，如图5-142所示。

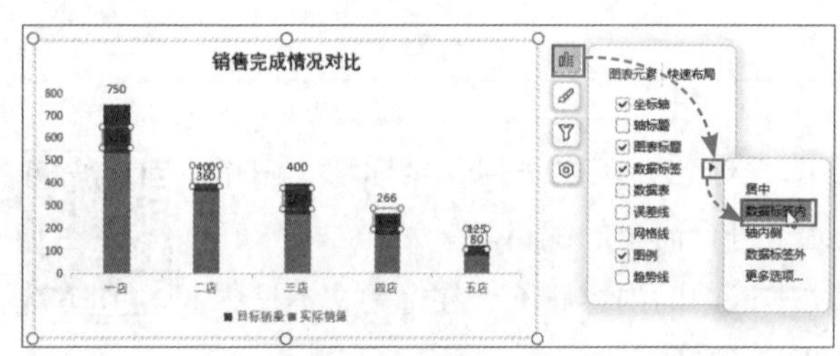

图 5-141

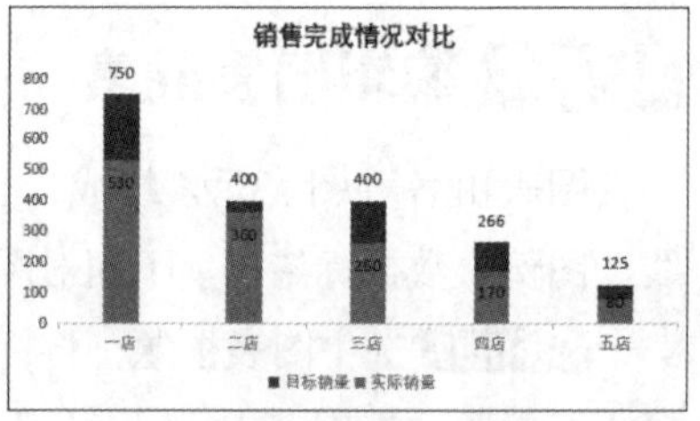

图 5-142

5.6.2 美化图表

更改数据系列的颜色，为图表设置背景可以快速美化图表，下面介绍具体操作方法。

1. 更改数据系列颜色

用户可以使用系统提供的预设系列配色，也可以手动设置系列的颜色。

Step 01 选中图表，打开“图表工具”选项卡，单击预设样式列表右侧的下拉按钮，在下拉列表中单击“选择预设系列配色”下拉按钮，在下拉列表中选择一种合适的配色，如图5-143所示。

Step 02 图表系列随即被设置为所选颜色，如图5-144所示。

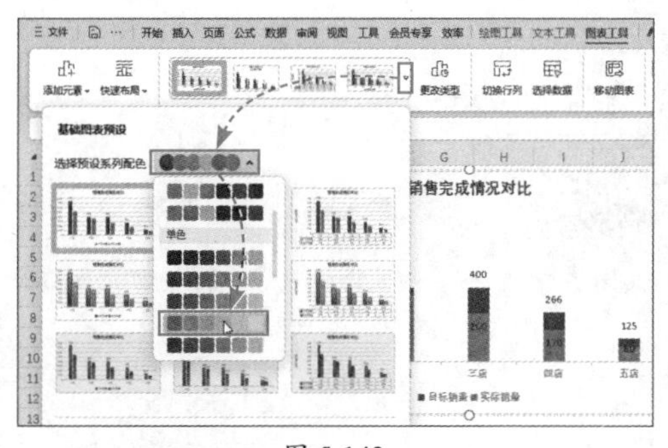

图 5-143

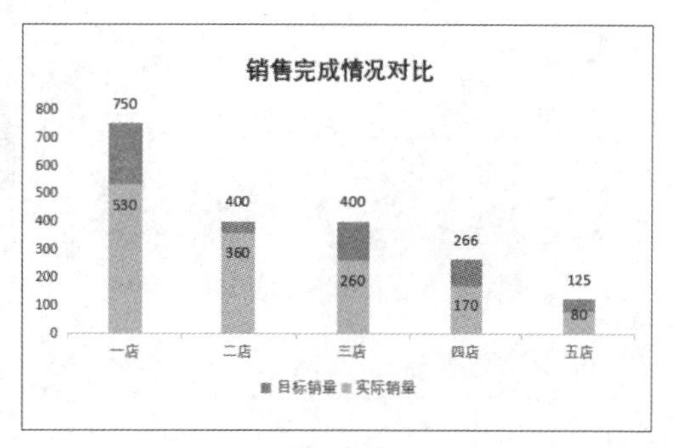

图 5-144

知识点拨

若要自定义图表系列的效果，可以在数据系列上右击，在弹出的快捷菜单中单击“填充”下拉按钮，通过下拉列表中提供的选项，可以为系列设置纯色填充、渐变填充、图片或纹理填充以及图案填充等效果，如图5-145所示。

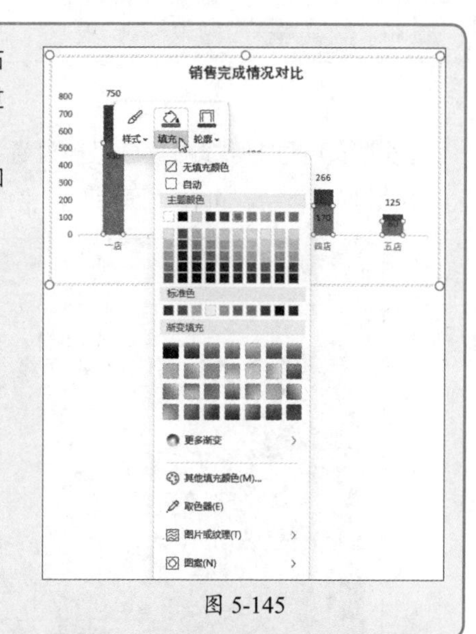

图 5-145

2. 设置图表背景

用户可以为图表设置纯色背景、渐变背景、图片背景等。下面以设置图片背景为例进行介绍。

Step 01 选中图表，打开“图表工具”选项卡，选择“图表元素”为“图表区”，单击“设置格式”按钮，打开“属性”窗格，如图5-146所示。

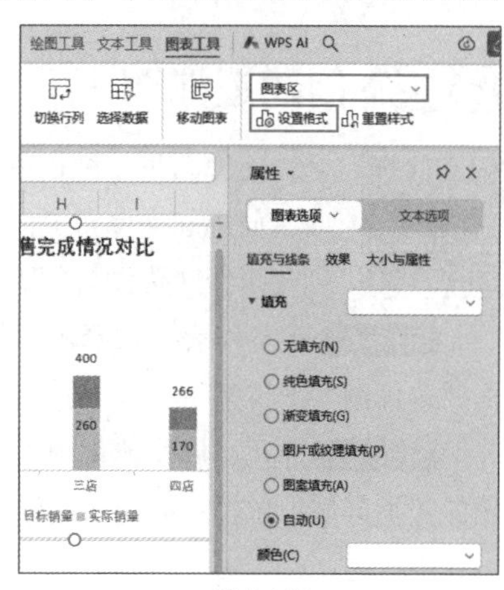

图 5-146

Step 02 在“填充与线条”选项卡中的“填充”组内选中“图片或纹理填充”单选按钮，随后单击“图片填充”下拉按钮，在下拉列表中选择“本地文件”选项，如图5-147所示。

Step 03 打开“选择纹理”对话框，选中需要使用的背景图片，单击“打开”按钮，如图5-148所示。

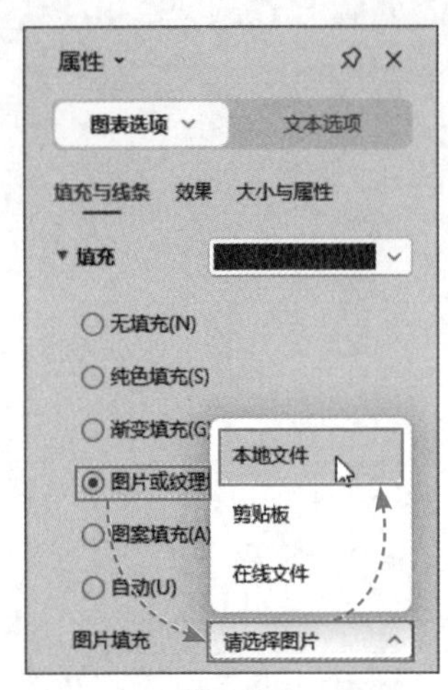

图 5-147

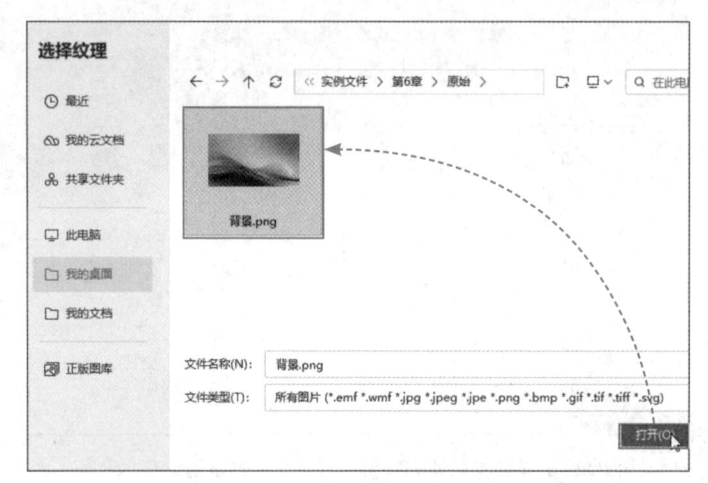

图 5-148

Step 04 此时所选图片已经被设置为图表的背景，为了不让图片的颜色或纹理影响图表中数据的显示，可在“属性”窗格中调整“透明度”参数，如图5-149所示。

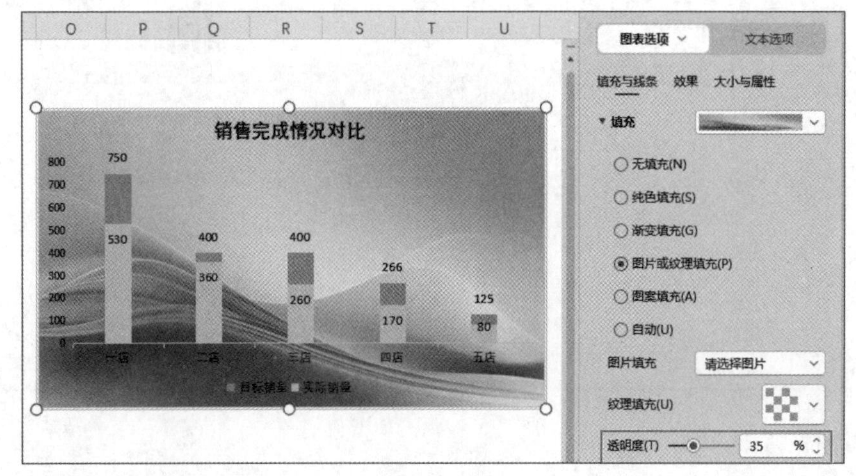

图 5-149

动手练 创建迷你图

迷你图是一种在单元格中显示的微型图表，它可以直观地展示数据的走向，使用起来非常灵活。迷你图的类型包括折线、柱形、盈亏三种，下面以创建折线迷你图为例进行介绍。

Step 01 在工作表中选择需要创建迷你图的单元格区域，打开“插入”选项卡，单击“迷你图”下拉按钮，在下拉列表中选择“折线”选项，如图5-150所示。

Step 02 打开“创建迷你图”对话框，在“数据范围”文本框中引用用于创建迷你图的数据区域，单击“确定”按钮，如图5-151所示。

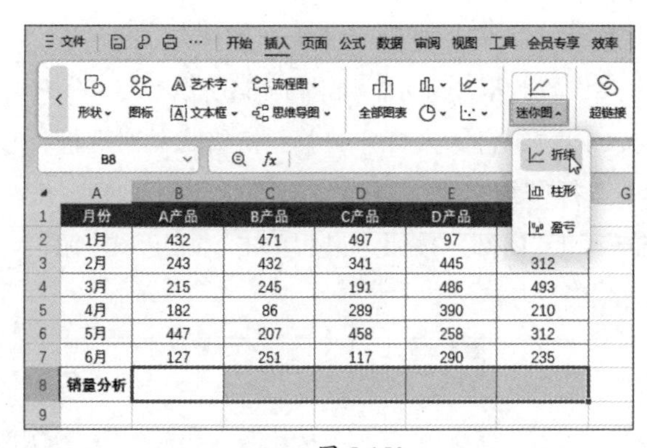

	A	B	C	D	E	F
1	月份	A产品	B产品	C产品	D产品	
2	1月	432	471	497	97	
3	2月	243	432	341	445	312
4	3月	215	245	191	486	493
5	4月	182	86	289	390	210
6	5月	447	207	458	258	312
7	6月	127	251	117	290	235
8	销量分析					

图 5-150

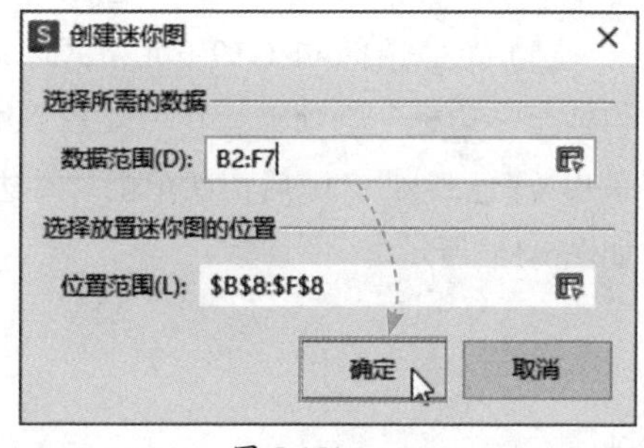

图 5-151

Step 03 此时所选单元格区域中的每一个单元格内都被创建了折线迷你图，如图5-152所示。

	A	B	C	D	E	F
1	月份	A产品	B产品	C产品	D产品	E产品
2	1月	432	471	497	97	460
3	2月	243	432	341	445	312
4	3月	215	245	191	486	493
5	4月	182	86	289	390	210
6	5月	447	207	458	258	312
7	6月	127	251	117	290	235
8	销量分析					
9						

图 5-152

知识拓展：食品销售明细表的制作及可视化分析

下面根据本章所学内容制作食品销售明细表，并对销售数据进行基础的数据分析。

Step 01 用WPS表格打开原始数据所在工作表，根据内容适当调整行高和列宽，如图5-153所示。

	A	B	C	D	E	F	G
1	序号	订单日期	客户名称	商品名称	订单数量	产品单价	订单金额
2	1	3月10日	贝贝婴乐坊	婴宝磨牙棒	30	11.5	
3	2	3月10日	乐乐家母婴生活馆	海洋鱼仔饼干	30	9.5	
4	3	3月10日	佳园母婴坊	嘉宝儿童手作糖果	80	18.5	
5	4	3月11日	乐乐家母婴生活馆	嘉宝儿童手作糖果	60	18.5	
6	5	3月11日	佳园母婴坊	婴儿小米米粉	20	10.2	
7	6	3月12日	千禧源母婴店	婴宝磨牙棒	45	11.5	
8	7	3月12日	佳园母婴坊	小力士鱼肠	80	14.6	
9	8	3月12日	千禧源母婴店	海洋鱼仔饼干	80	9.5	
10	9	3月13日	佳园母婴坊	三文鱼QQ鱼棒	50	9.4	
11	10	3月14日	乐乐家母婴生活馆	婴儿小米米粉	45	10.2	
12	11	3月14日	贝贝婴乐坊	三文鱼QQ鱼棒	30	9.4	
13	12	3月15日	乐乐家母婴生活馆	小力士鱼肠	60	14.6	
14	13	3月15日	千禧源母婴店	婴儿小米米粉	30	10.2	
15	14	3月15日	贝贝婴乐坊	嘉宝儿童手作糖果	50	18.5	
16	15	3月16日	佳园母婴坊	海洋鱼仔饼干	50	9.5	
17	16	3月17日	千禧源母婴店	小力士鱼肠	50	14.6	
18	17	3月18日	佳园母婴坊	婴宝磨牙棒	60	11.5	
19	18	3月18日	千禧源母婴店	嘉宝儿童手作糖果	60	18.5	

图 5-153

Step 02 在“开始”选项卡中设置工作表中所有数据的字体为“黑体”，将序号、订单日期、订单数量，以及标题的对齐方式设置为居中显示，如图5-154所示。

Step 03 选择A1:G19单元格区域，按Ctrl+1组合键，打开“单元格格式”对话框，切换至“边框”选项卡，在“样式”组中选择“细实线”，设置“颜色”为“白色，背景1，深色35%”，随后依次单击“外边框”和“内部”按钮，最后单击“确定”按钮，如图5-155所示。

序号	订单日期	客户名称	商品名称	订单数量	产品单价	订单金额
1	3月10日	贝贝婴乐坊	婴宝磨牙棒	30	11.5	
2	3月10日	乐乐家母婴生活馆	海洋鱼仔饼干	30	9.5	
3	3月10日	佳园母婴坊	嘉宝儿童手作糖果	80	18.5	
4	3月11日	乐乐家母婴生活馆	嘉宝儿童手作糖果	60	18.5	
5	3月11日	佳园母婴坊	婴儿小米米粉	20	10.2	
6	3月12日	千禧源母婴店	婴宝磨牙棒	45	11.5	
7	3月12日	佳园母婴坊	小力士鱼肠	80	14.6	
8	3月12日	千禧源母婴店	海洋鱼仔饼干	80	9.5	
9	3月13日	佳园母婴坊	三文鱼QQ鱼棒	50	9.4	
10	3月14日	乐乐家母婴生活馆	婴儿小米米粉	45	10.2	
11	3月14日	贝贝婴乐坊	三文鱼QQ鱼棒	30	9.4	
12	3月15日	乐乐家母婴生活馆	小力士鱼肠	60	14.6	
13	3月15日	千禧源母婴店	婴儿小米米粉	30	10.2	
14	3月15日	贝贝婴乐坊	嘉宝儿童手作糖果	50	18.5	
15	3月16日	佳园母婴坊	海洋鱼仔饼干	50	9.5	
16	3月17日	千禧源母婴店	小力士鱼肠	50	14.6	
17	3月18日	佳园母婴坊	婴宝磨牙棒	60	11.5	
18	3月18日	千禧源母婴店	嘉宝儿童手作糖果	60	18.5	

图 5-154

图 5-155

Step 04 所选单元格区域随即被添加浅灰色的边框线，如图5-156所示。

序号	订单日期	客户名称	商品名称	订单数量	产品单价	订单金额
1	3月10日	贝贝婴乐坊	婴宝磨牙棒	30	11.5	
2	3月10日	乐乐家母婴生活馆	海洋鱼仔饼干	30	9.5	
3	3月10日	佳园母婴坊	嘉宝儿童手作糖果	80	18.5	
4	3月11日	乐乐家母婴生活馆	嘉宝儿童手作糖果	60	18.5	
5	3月11日	佳园母婴坊	婴儿小米米粉	20	10.2	
6	3月12日	千禧源母婴店	婴宝磨牙棒	45	11.5	
7	3月12日	佳园母婴坊	小力士鱼肠	80	14.6	
8	3月12日	千禧源母婴店	海洋鱼仔饼干	80	9.5	
9	3月13日	佳园母婴坊	三文鱼QQ鱼棒	50	9.4	
10	3月14日	乐乐家母婴生活馆	婴儿小米米粉	45	10.2	
11	3月14日	贝贝婴乐坊	三文鱼QQ鱼棒	30	9.4	
12	3月15日	乐乐家母婴生活馆	小力士鱼肠	60	14.6	
13	3月15日	千禧源母婴店	婴儿小米米粉	30	10.2	
14	3月15日	贝贝婴乐坊	嘉宝儿童手作糖果	50	18.5	
15	3月16日	佳园母婴坊	海洋鱼仔饼干	50	9.5	
16	3月17日	千禧源母婴店	小力士鱼肠	50	14.6	
17	3月18日	佳园母婴坊	婴宝磨牙棒	60	11.5	
18	3月18日	千禧源母婴店	嘉宝儿童手作糖果	60	18.5	

图 5-156

Step 05 选择A1:G1单元格区域，在“开始”选项卡中设置“填充色”为“猩红，着色6，浅色60%”，设置“字体颜色”为“白色，背景1”，并将所选字体加粗，如图5-157所示。

Step 06 选中G2单元格，输入公式“=E2*F2”，按Enter键返回计算结果，随后将G2单元格中的公式向下填充，计算剩余订单金额，如图5-158所示。

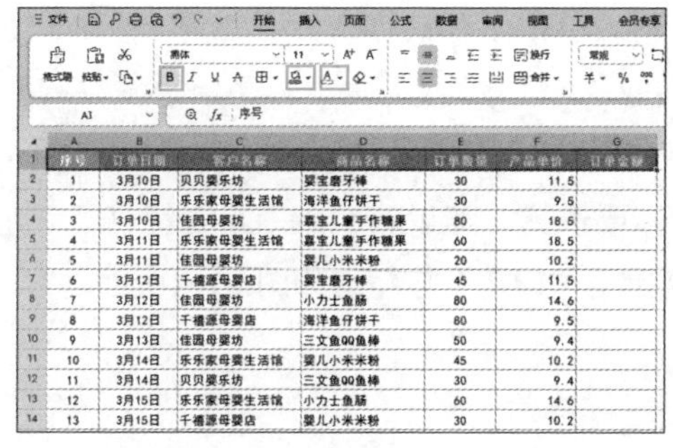

序号	订单日期	客户名称	商品名称	订单数量	产品单价	订单金额
1	3月10日	贝贝婴乐坊	婴宝磨牙棒	30	11.5	
2	3月10日	乐乐家母婴生活馆	海洋鱼仔饼干	30	9.5	
3	3月10日	佳园母婴坊	嘉宝儿童手作糖果	80	18.5	
4	3月11日	乐乐家母婴生活馆	嘉宝儿童手作糖果	60	18.5	
5	3月11日	佳园母婴坊	婴儿小米米粉	20	10.2	
6	3月12日	千禧源母婴店	婴宝磨牙棒	45	11.5	
7	3月12日	佳园母婴坊	小力士鱼肠	80	14.6	
8	3月12日	千禧源母婴店	海洋鱼仔饼干	80	9.5	
9	3月13日	佳园母婴坊	三文鱼QQ鱼棒	50	9.4	
10	3月14日	乐乐家母婴生活馆	婴儿小米米粉	45	10.2	
11	3月14日	贝贝婴乐坊	三文鱼QQ鱼棒	30	9.4	
12	3月15日	乐乐家母婴生活馆	小力士鱼肠	60	14.6	
13	3月15日	千禧源母婴店	婴儿小米米粉	30	10.2	

图 5-157

G2 =E2*F2

序号	订单日期	客户名称	商品名称	订单数量	产品单价	订单金额
1	3月10日	贝贝婴乐坊	婴宝磨牙棒	30	11.5	345
2	3月10日	乐乐家母婴生活馆	海洋鱼仔饼干	30	9.5	285
3	3月10日	佳园母婴坊	嘉宝儿童手作糖果	80	18.5	1480
4	3月11日	乐乐家母婴生活馆	嘉宝儿童手作糖果	60	18.5	1110
5	3月11日	佳园母婴坊	婴儿小米米粉	20	10.2	204
6	3月12日	千禧源母婴店	婴宝磨牙棒	45	11.5	517.5
7	3月12日	佳园母婴坊	小力士鱼肠	80	14.6	1168
8	3月12日	千禧源母婴店	海洋鱼仔饼干	80	9.5	760
9	3月13日	佳园母婴坊	三文鱼QQ鱼棒	50	9.4	470
10	3月14日	乐乐家母婴生活馆	婴儿小米米粉	45	10.2	459
11	3月14日	贝贝婴乐坊	三文鱼QQ鱼棒	30	9.4	282
12	3月15日	乐乐家母婴生活馆	小力士鱼肠	60	14.6	876
13	3月15日	千禧源母婴店	婴儿小米米粉	30	10.2	306
14	3月15日	贝贝婴乐坊	嘉宝儿童手作糖果	50	18.5	925
15	3月16日	佳园母婴坊	海洋鱼仔饼干	50	9.5	475
16	3月17日	千禧源母婴店	小力士鱼肠	50	14.6	730
17	3月18日	佳园母婴坊	婴宝磨牙棒	60	11.5	690
18	3月18日	千禧源母婴店	嘉宝儿童手作糖果	60	18.5	1110

图 5-158

Step 07 选择F2:G19单元格区域，在“开始”选项卡中单击“数字格式”下拉按钮，在下拉列表中选择“货币”选项，如图5-159所示。

Step 08 所选区域中的数值随即被设置为货币格式，如图5-160所示。

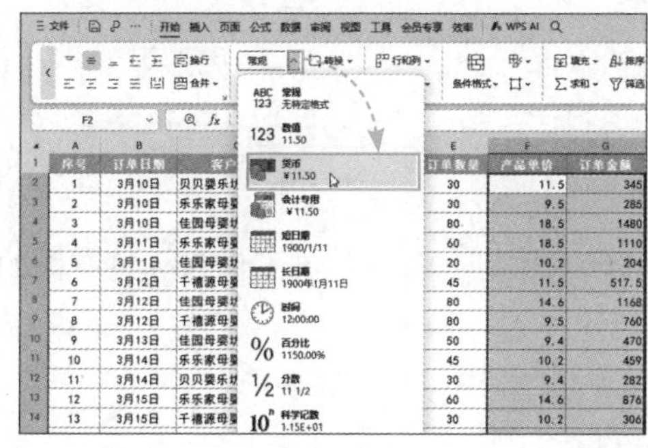

图 5-159

序号	订单日期	客户名称	商品名称	订单数量	产品单价	订单金额
1	3月10日	贝贝婴乐坊	婴宝磨牙棒	30	¥11.50	¥345.00
2	3月10日	乐乐家母婴生活馆	海洋鱼仔饼干	30	¥9.50	¥285.00
3	3月10日	佳园母婴坊	嘉宝儿童手作糖果	80	¥18.50	¥1,480.00
4	3月11日	乐乐家母婴生活馆	嘉宝儿童手作糖果	60	¥18.50	¥1,110.00
5	3月11日	佳园母婴坊	婴儿小米米粉	20	¥10.20	¥204.00
6	3月12日	千禧源母婴店	婴宝磨牙棒	45	¥11.50	¥517.50
7	3月12日	佳园母婴坊	小力士鱼肠	80	¥14.60	¥1,168.00
8	3月12日	千禧源母婴店	海洋鱼仔饼干	80	¥9.50	¥760.00
9	3月13日	佳园母婴坊	三文鱼QQ鱼棒	50	¥9.40	¥470.00
10	3月14日	乐乐家母婴生活馆	婴儿小米米粉	45	¥10.20	¥459.00
11	3月14日	贝贝婴乐坊	三文鱼QQ鱼棒	30	¥9.40	¥282.00
12	3月15日	乐乐家母婴生活馆	小力士鱼肠	60	¥14.60	¥876.00
13	3月15日	千禧源母婴店	婴儿小米米粉	30	¥10.20	¥306.00
14	3月15日	贝贝婴乐坊	嘉宝儿童手作糖果	50	¥18.50	¥925.00
15	3月16日	佳园母婴坊	海洋鱼仔饼干	50	¥9.50	¥475.00
16	3月17日	千禧源母婴店	小力士鱼肠	50	¥14.60	¥730.00
17	3月18日	佳园母婴坊	婴宝磨牙棒	60	¥11.50	¥690.00
18	3月18日	千禧源母婴店	嘉宝儿童手作糖果	60	¥18.50	¥1,110.00

图 5-160

Step 09 选中“商品名称”列内任意一个包含数据的单元格，打开“数据”选项卡，单击“排序”按钮，对该列数据进行排序，随后单击“分类汇总”按钮，如图5-161所示。

Step 10 打开“分类汇总”对话框，设置“分类字段”为“商品名称”、“汇总方式”使用默认的“求和”、“选定汇总项”为“订单金额”，单击“确定”按钮，如图5-162所示。

D5 嘉宝儿童手作糖果

序号	订单日期	客户名称	商品名称	订单数量	产品单价	订单金额
2	3月10日	乐乐家母婴生活馆	海洋鱼仔饼干	30	¥9.50	¥285.00
8	3月12日	千禧源母婴店	海洋鱼仔饼干	80	¥9.50	¥760.00
15	3月16日	佳园母婴坊	海洋鱼仔饼干	50	¥9.50	¥475.00
3	3月10日	佳园母婴坊	嘉宝儿童手作糖果	80	¥18.50	¥1,480.00
4	3月11日	乐乐家母婴生活馆	嘉宝儿童手作糖果	60	¥18.50	¥1,110.00
14	3月15日	贝贝婴乐坊	嘉宝儿童手作糖果	50	¥18.50	¥925.00
18	3月18日	千禧源母婴店	嘉宝儿童手作糖果	60	¥18.50	¥1,110.00
9	3月13日	佳园母婴坊	三文鱼QQ鱼棒	50	¥9.40	¥470.00
11	3月14日	贝贝婴乐坊	三文鱼QQ鱼棒	30	¥9.40	¥282.00
7	3月12日	佳园母婴坊	小力士鱼肠	80	¥14.60	¥1,168.00
12	3月15日	乐乐家母婴生活馆	小力士鱼肠	60	¥14.60	¥876.00
16	3月17日	千禧源母婴店	小力士鱼肠	50	¥14.60	¥730.00
1	3月10日	贝贝婴乐坊	婴宝磨牙棒	30	¥11.50	¥345.00
6	3月12日	千禧源母婴店	婴宝磨牙棒	45	¥11.50	¥517.50

图 5-161

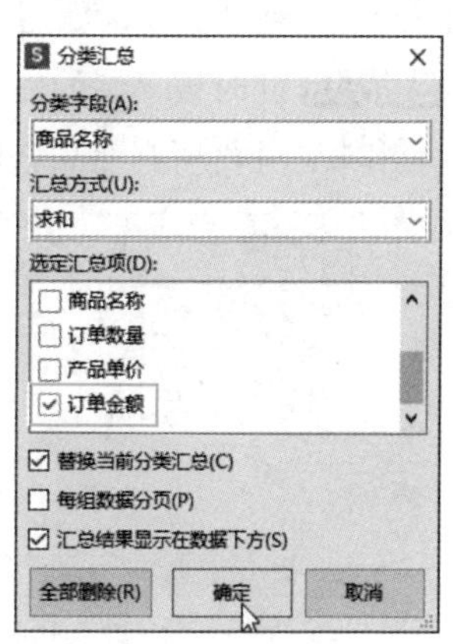

图 5-162

Step 11 表格中的数据随即进行分类汇总。单击工作表左上角的数字2按钮，如图5-163所示。

Step 12 切换至分类汇总页面，按住Ctrl键，依次选中“商品名称”和“订单金额”两列中的汇总数据。注意“总计”数据不要选择。随后按Ctrl+G组合键打开“定位”对话框，选中“可见单元格”单选按钮，单击“确定”按钮，如图5-164所示。

图 5-163

图 5-164

Step 13 保持所选区域不变，按Ctrl+C组合键复制，随后单击工作表标签右侧的“新建工作表”按钮，如图5-165所示。

图 5-165

Step 14 工作簿中随即新建一张空白工作表，此时默认选择的是A1单元格，直接按Ctrl+V组合键粘贴数据，如图5-166所示。

Step 15 此时被复制的内容受到列宽的限制不能完整显示，调整好列宽，将所有内容显示出来，并将所有商品名称后面的“汇总”两个字删除，如图5-167所示。

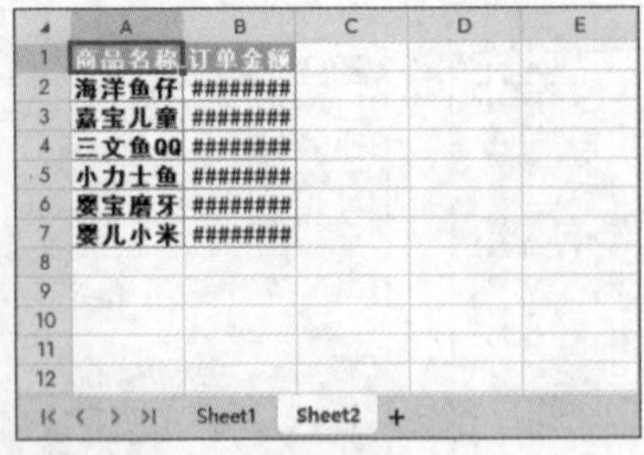

图 5-166

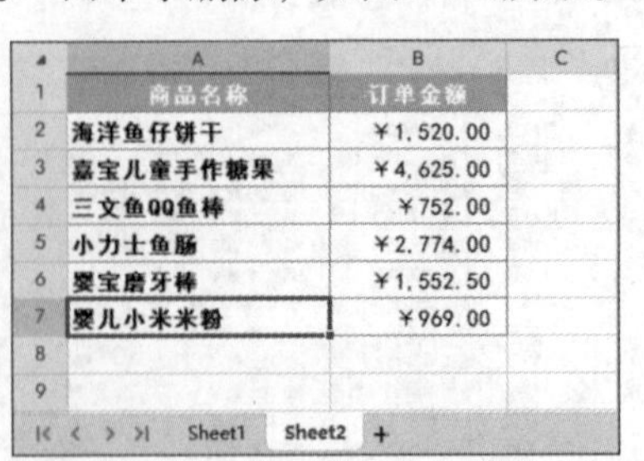

图 5-167

Step 16 在Sheet2工作表中选择包含数据的单元格区域。打开“插入”选项卡，单击“插入饼图或圆环图”下拉按钮，在下拉列表中选择预设的“饼图”，如图5-168所示。

Step 17 工作表中随即被插入一张饼图，如图5-169所示。

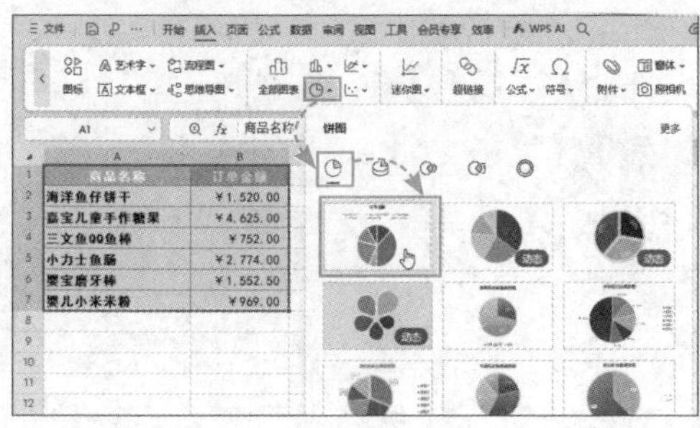

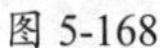
图 5-168

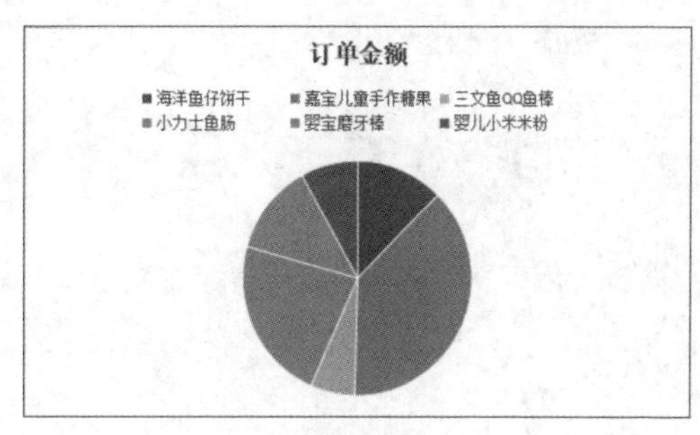

图 5-169

Step 18 选中图表标题，删除默认的标题名称，修改名称为“产品销量分析”，如图5-170所示。

Step 19 保持图表为选中状态，在“图表工具”选项卡中单击预设图表样式列表右侧下拉按钮，在下拉列表中选择“样式7”选项，如图5-171所示。

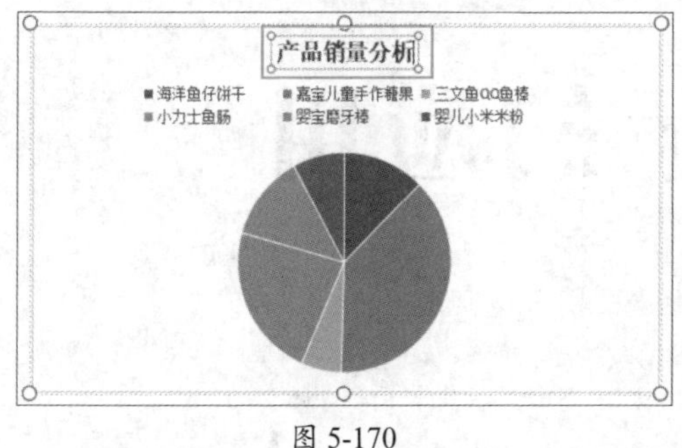

图 5-170

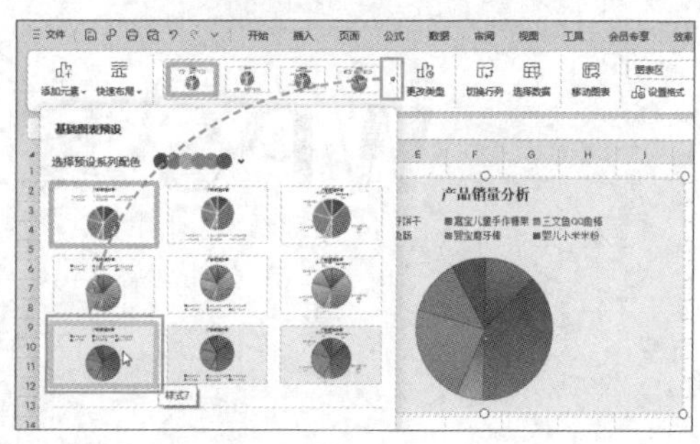

图 5-171

Step 20 随后在“图表工具”选项卡中单击“快速布局”下拉按钮，在下拉列表中选择“布局6”选项，如图5-172所示。在图表中单击任意一个数据标签，将所有数据标签选中，在“开始”选项卡中设置其字体颜色为白色。至此完成食品销售明细表和产品销量分析图表的制作，如图5-173所示。

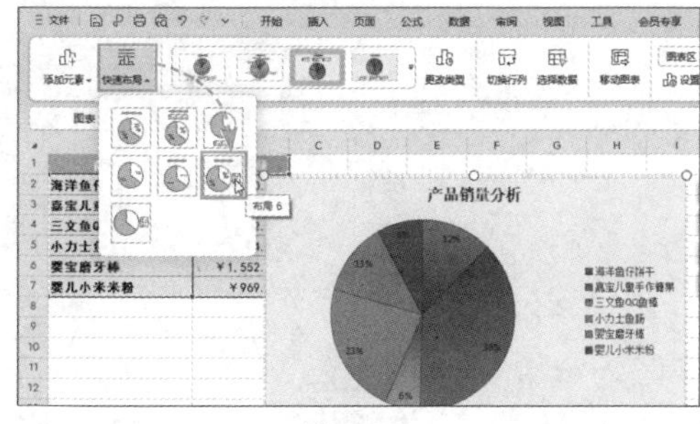

图 5-172

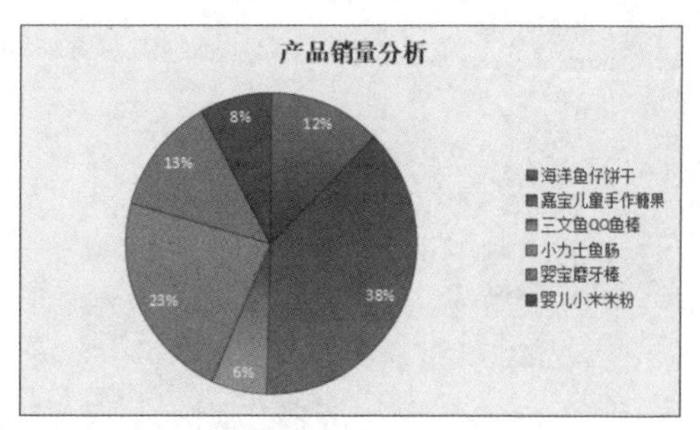

图 5-173

第6章 WPS演示的应用

WPS演示提供了丰富的模板和主题，支持文字、图片、表格等多种元素的添加与使用，能够满足用户制作各种演示文稿的需求，如企业员工培训、产品推介、个人演讲、课堂教学等。此外，WPS演示还具有多人协作、实时编辑、云存储共享等现代化功能，并支持多平台使用，界面简洁易用，是一款功能强大且易于使用的演示软件。

6.1 WPS演示的基本操作

创建演示文稿、创建幻灯片、删除幻灯片等，都属于演示文稿的基本操作。下面介绍其常用的操作。

6.1.1 演示文稿的创建和保存

演示文稿的创建和保存方法与文字和表格的创建方法基本相同。下面进行简单介绍。

Step 01 启动WPS Office，在首页中单击“新建”按钮，在展开的菜单中选择“演示”选项，如图6-1所示。

Step 02 打开“新建演示文稿”页面，单击“空白演示文稿”按钮，如图6-2所示。

图 6-1

图 6-2

Step 03 在功能区中单击“保存”按钮，或直接按Ctrl+S组合键，如图6-3所示。

Step 04 打开“另存为”对话框，选择好文件保存位置，设置好文件名及文件类型，单击“保存”按钮，即可保存当前演示文稿，如图6-4所示。

图 6-3

图 6-4

6.1.2 幻灯片的常用操作

幻灯片的常用操作包括幻灯片的创建、删除、复制、移动等，下面介绍具体的操作步骤。首先打开实例文件“幻灯片的基本操作”。

1. 新建幻灯片

默认创建的演示文稿中只包含一张幻灯片，为了满足制作要求还需要新建幻灯片，下面介绍具体操作方法。

Step 01 在窗口左侧窗格中右击幻灯片缩览图，在弹出的快捷菜单中选择“新建幻灯片”选项，如图6-5所示。

Step 02 演示文稿中随即被插入一张新幻灯片，如图6-6所示。

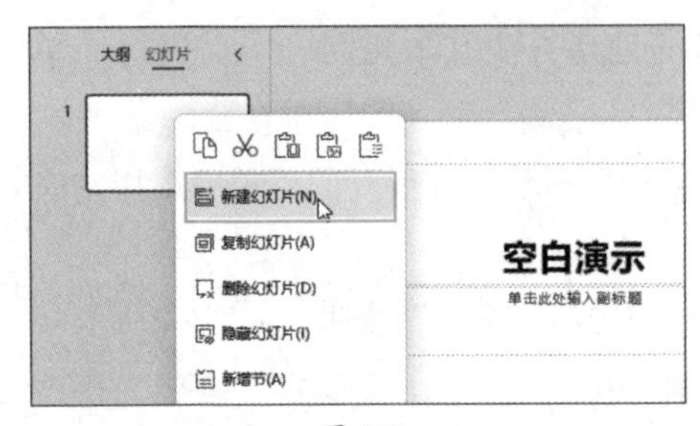

图 6-5

图 6-6

2. 删除幻灯片

在界面左侧窗格中右击需要删除的幻灯片缩览图，在弹出的快捷菜单中选择“删除幻灯片”选项，即可将该幻灯片删除，如图6-7所示。

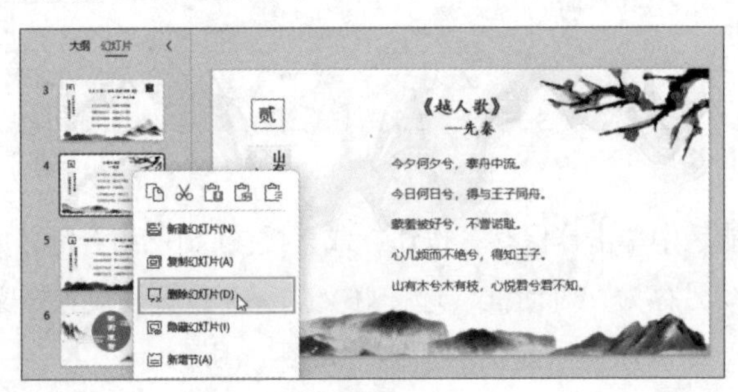

图 6-7

3. 移动幻灯片

在界面左侧窗格中选中需要移动位置的幻灯片，按住鼠标向目标位置拖动，当目标位置出现一条红色直线时松开鼠标，即可将所选幻灯片移动到目标位置，如图6-8所示。

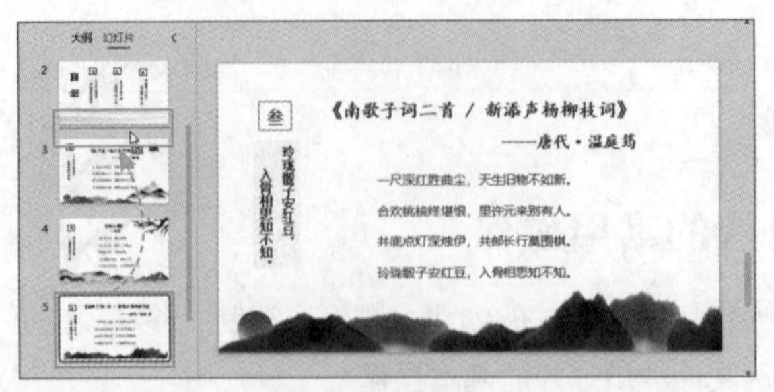

图 6-8

4. 复制幻灯片

当需要制作具有相似内容的幻灯片时，可以复制已经制作好的幻灯片，然后在已有基础上进行修改，从而减少重复工作，提高工作效率。

Step 01 在界面左侧窗格中右击需要复制的幻灯片缩览图，在弹出的快捷菜单中选择“复制幻灯片”选项，如图6-9所示。

Step 02 所选幻灯片后方随即被复制出一张相同的幻灯片，如图6-10所示。

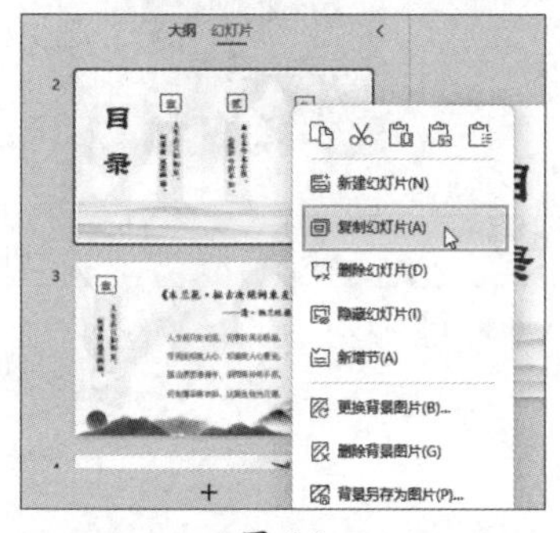

图 6-9

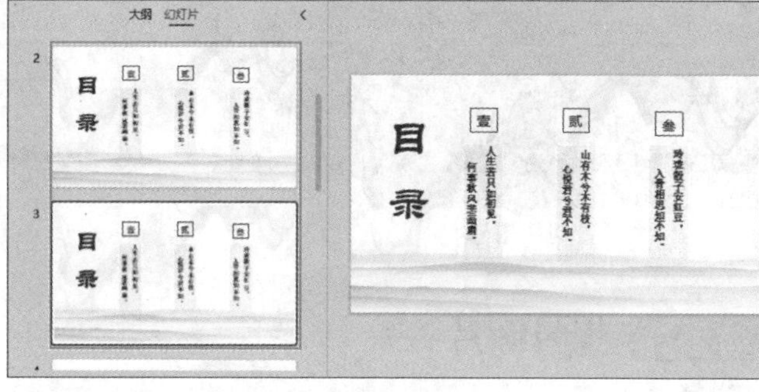

图 6-10

6.1.3 为幻灯片添加图片

在幻灯片中插入图片的方法有很多，用户可以使用功能区中的命令按钮插入图片，如图6-11所示。也可以通过复制粘贴的方法从其他位置向幻灯片中插入图片。最快捷的方法则是将图片直接拖至幻灯片中。

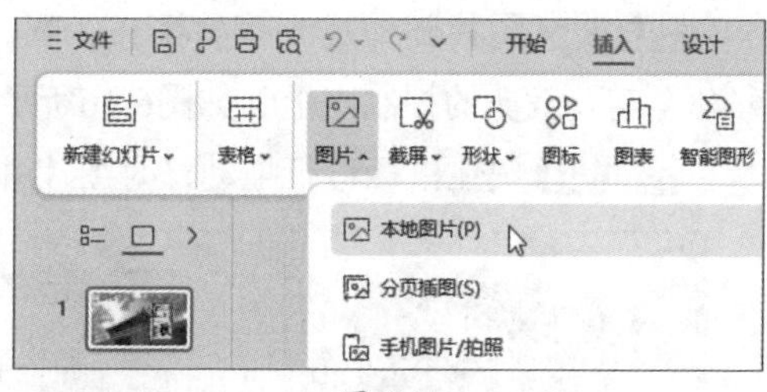

图 6-11

动手练 插入及编辑图片

下面介绍如何将图片拖动至幻灯片中，并对图片进行简单编辑。

Step 01 打开图片所在文件夹，选中要使用的图片，按住鼠标向幻灯片中拖动，如图6-12所示。

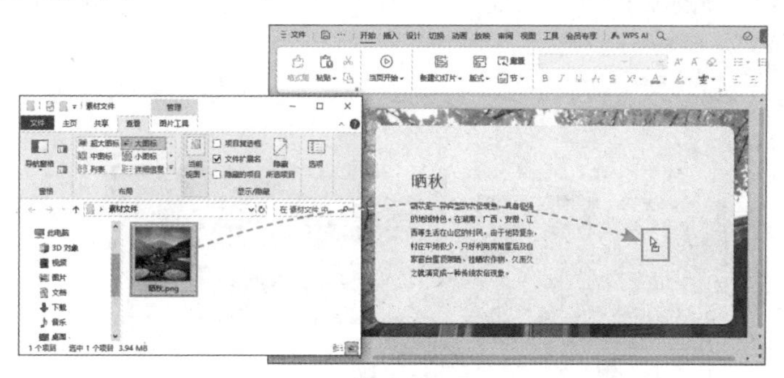

图 6-12

Step 02 松开鼠标后便可将图片插入幻灯片中，如图6-13所示。

Step 03 保持图片为选中状态，拖动图片任意边角位置的圆形控制点调整好图片的大小，并将图片拖动到幻灯片的合适位置即可，如图6-14所示。

图 6-13

图 6-14

动手练 裁剪图片

插入图片后，若对图片的尺寸不满意，可以使用“裁剪图片”工具对图片进行裁剪。具体操作方法如下。

Step 01 选中图片，单击图片右侧的“裁剪图片”按钮，如图6-15所示。

Step 02 图片随即进入裁剪模式，图片位置会显示8个黑色的裁剪控制点。将光标移动至需要裁剪的控制点上，如图6-16所示。

Step 03 按住鼠标进行拖动，对图片进行裁剪，如图6-17所示。

图 6-15

图 6-16

图 6-17

Step 04 松开鼠标后即可完成裁剪，在图片以外的任意位置单击即可退出裁剪模式，如图6-18所示。

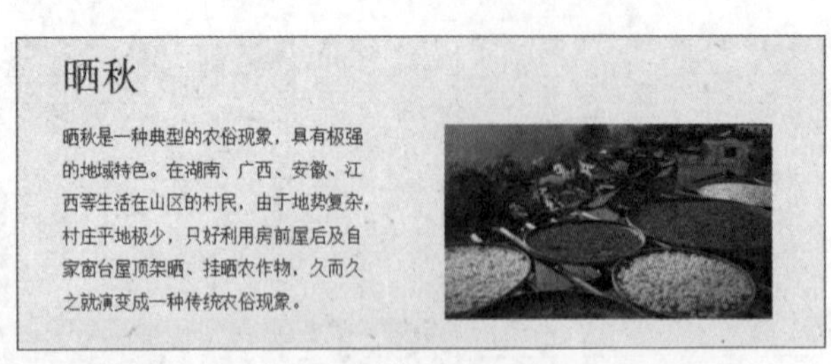

图 6-18

6.2 为幻灯片添加多媒体内容

添加多媒体内容，包括为幻灯片添加音频以及视频的操作。下面介绍具体的操作步骤。

6.2.1 为幻灯片添加音频

在幻灯片中插入音频可以增强演示的吸引力和互动性，通过背景音乐、旁白或音效，帮助观众更好地理解演示内容，营造氛围，提升整体的演示效果。

在“插入”选项卡中单击“音频”下拉按钮，在下拉列表中可以选择一种插入音频的方式，如图6-19所示。

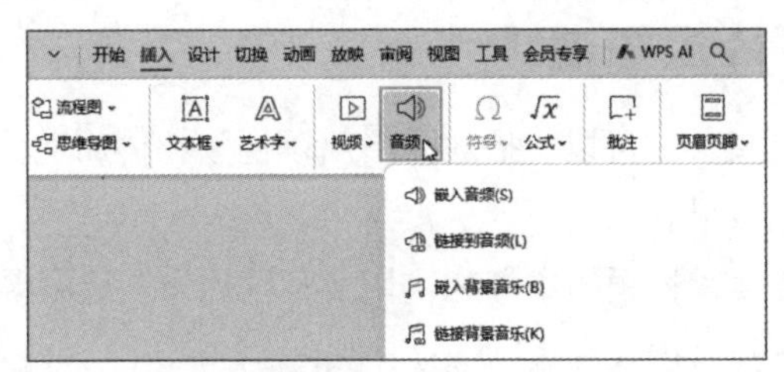

图 6-19

动手练 为幻灯片添加背景音乐

为幻灯片添加背景音乐可以在播放幻灯片时营造出更符合主题的氛围。下面介绍具体操作方法。

Step 01 在演示文稿中打开第一页幻灯片。切换至“插入”选项卡，单击“音频”下拉按钮，在下拉列表中选择“嵌入背景音乐”选项，如图6-20所示。

Step 02 打开“从当前页插…”对话框，选择需要使用的音频文件，单击“打开”按钮，如图6-21所示。

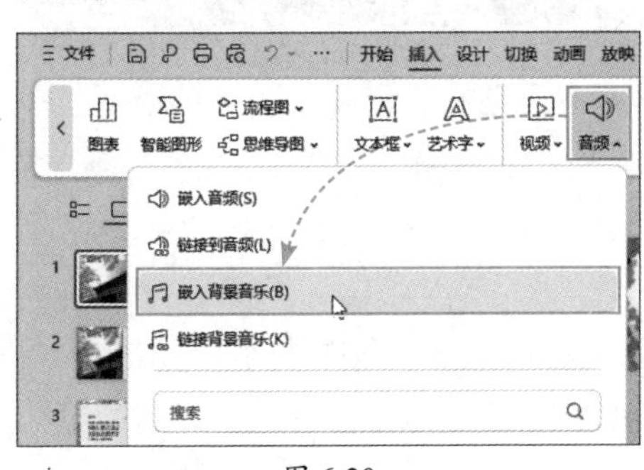

图 6-20

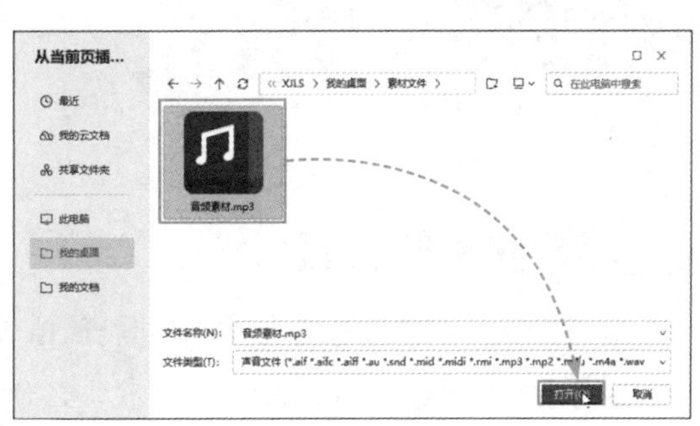

图 6-21

Step 03 当前幻灯片中随即显示一个小喇叭图标，将该图标拖动至幻灯片的合适位置，如图6-22所示。在“音频工具”选项卡中，可以对背景音乐的淡入、淡出、音量、开始方式等进行设置。

图 6-22

6.2.2 为幻灯片添加视频

为幻灯片添加视频文件，可以在播放时播放该视频，更加生动地展示作者的表述内容，加强幻灯片的表现效果。

Step 01 打开需要插入视频的幻灯片，切换至“插入”选项卡，单击“视频”下拉按钮，在下拉列表中选择“嵌入视频”选项，如图6-23所示。

Step 02 在随后打开的对话框中选择视频素材，单击“打开”按钮，即可将视频插入当前幻灯片中。调整好视频的大小和位置，单击视频下方工具栏中的“播放/暂停”按钮，可以播放视频，如图6-24所示。

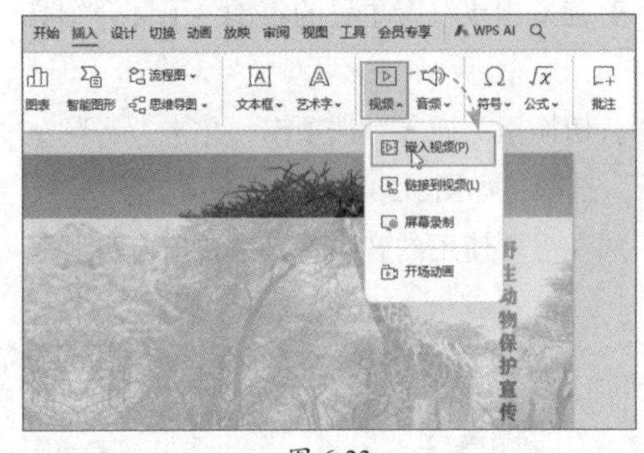

图 6-23

图 6-24

动手练 视频的剪裁

在演示文稿中还可对插入的视频进行简单剪辑，该操作对于音频文件同样适用。

Step 01 在幻灯片中选中视频对象，打开“视频工具”选项卡，单击“裁剪视频”按钮，如图6-25所示。

Step 02 打开“剪裁视频”对话框，将绿色滑块拖动到要保留的开始位置，将红色滑块拖动到要保留的结束位置，单击“确定”按钮，即可完成视频的裁剪，如图6-26所示。

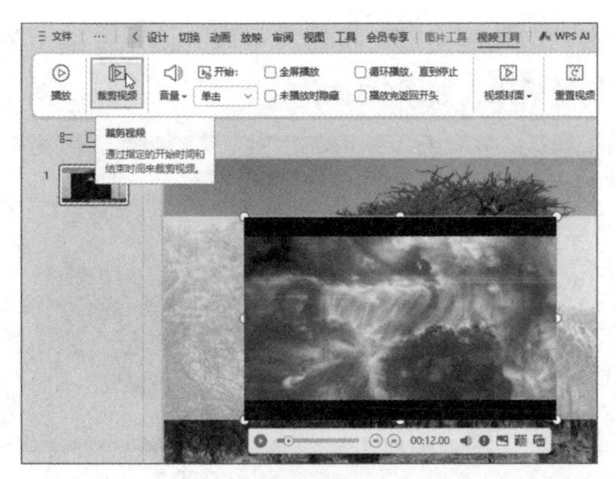

图 6-25

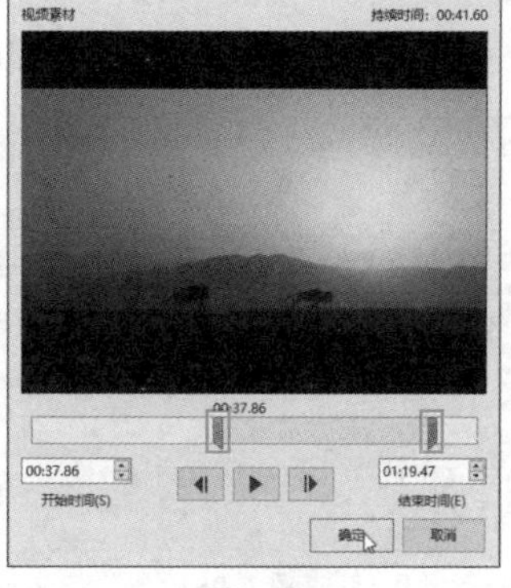

图 6-26

6.3 为幻灯片添加动画效果

除了音频和视频外，还可以为幻灯片添加转场效果，以及为幻灯片上的元素添加动画效果。下面介绍添加及设置的步骤。

6.3.1 为幻灯片添加转场效果

为了增强幻灯片的放映效果，让幻灯片更吸引观众，可以为页面添加转场效果。WPS演示提供了多种页面转场效果，在“切换”选项卡中的切换效果组内可以查看及应用这些效果，如图6-27所示。

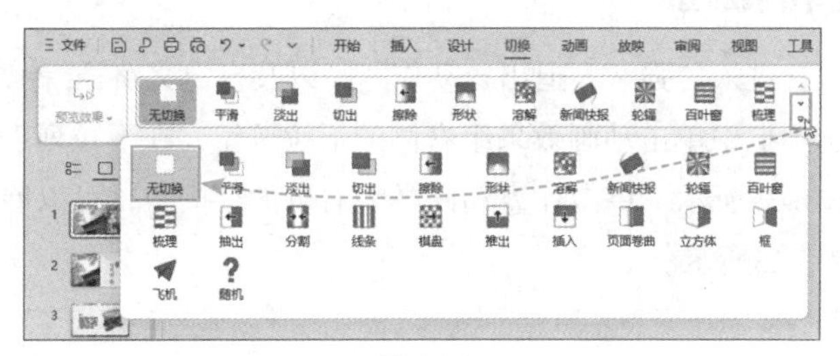

图 6-27

动手练 页面切换效果的制作

下面为幻灯片添加“分割”切换动画，并将动画效果应用到演示文稿中的所有幻灯中。

Step 01 打开需要添加切换动画的幻灯片，打开“切换”选项卡，单击页面切换列表右侧的下拉按钮，在下拉列表中选择“分割”选项，如图6-28所示。

Step 02 当前幻灯片随即应用所选切换动画，页面切换效果如图6-29所示。

Step 03 添加切换效果以后，在“切换”选项卡中单击“效果选项”下拉按钮，在下拉列表中选择“左右展开”选项，更改动画的方向，如图6-30所示。

Step 04 在“切换”选项卡中单击“应用到全部”按钮，可以为演示文稿中的剩余幻灯片全部应用与当前幻灯片相同的切换效果，如图6-31所示。

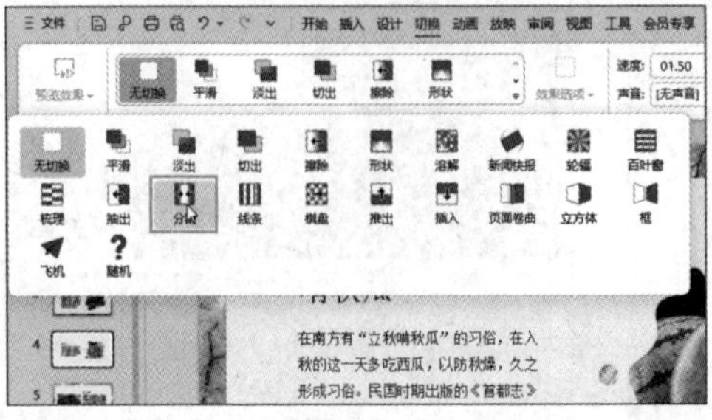

图 6-28

图 6-29

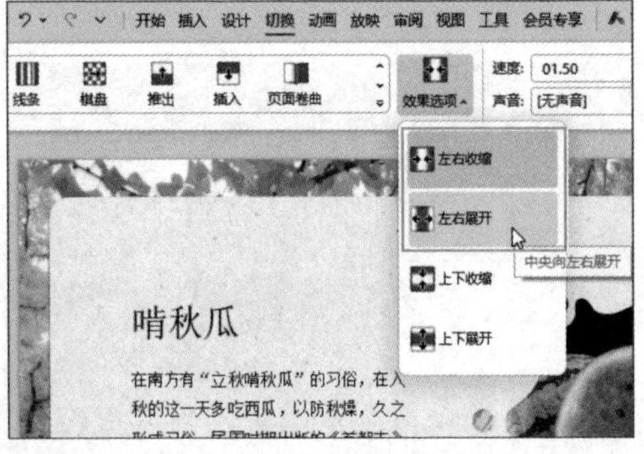

图 6-30

图 6-31

6.3.2 动画的添加

WPS演示中包含进入、强调、退出、动作路径以及自定义路径5种类型的动画。

在“动画”选项卡中单击动画效果组右侧的下拉按钮，在下拉列表中可以查看到这些动画类型，如图6-32所示。单击任意动画类型右侧的按钮，可以展开该类型下的更多动画选项，如图6-33所示。

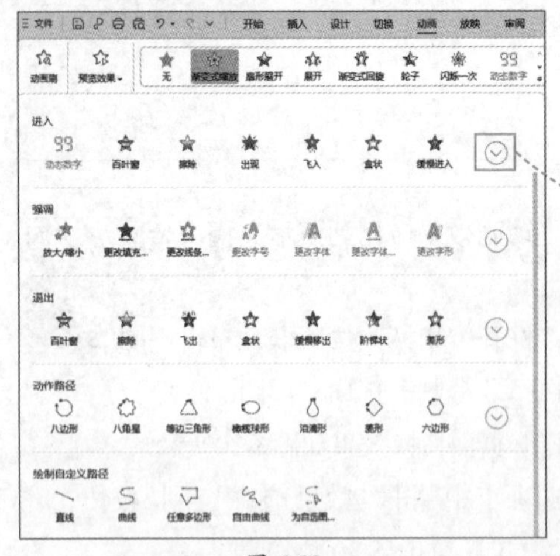

图 6-32

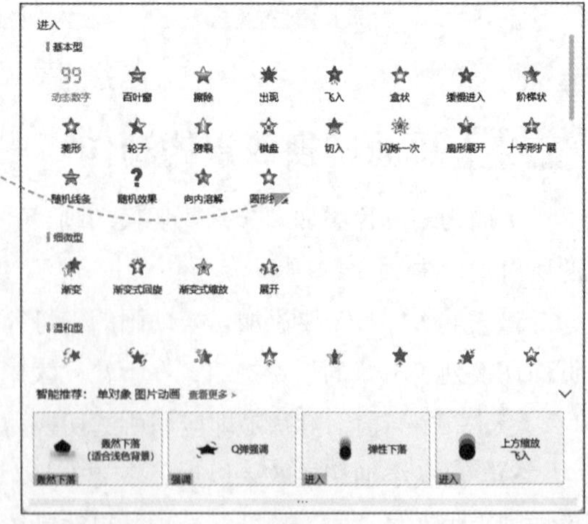

图 6-33

1. 进入动画

进入动画是指设计对象在页面中从无到有，以各种动画形式逐渐出现的过程。

Step 01 在幻灯片中，选择需添加动画的对象，打开“动画”选项卡，展开动画下拉列表，在“进入”组中选择一款合适的动画效果，如图6-34所示。

Step 02 被选中的对象随即应用所选动画，并自动播放该动画效果，如图6-35所示。

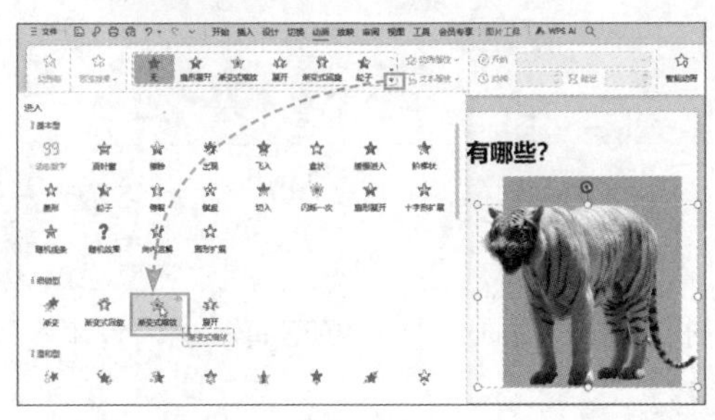

图 6-34

图 6-35

2. 退出动画

退出动画与进入动画相反，是指对象从有到无，以各种形式逐渐消失的过程。退出动画与进入动画是相互对应的，如图6-36和图6-37所示。

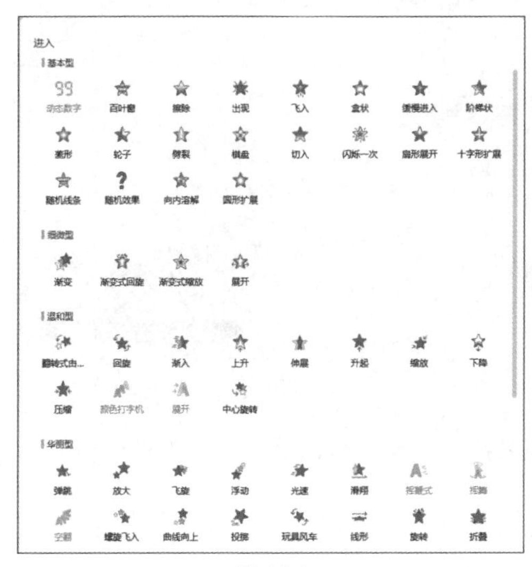

图 6-36

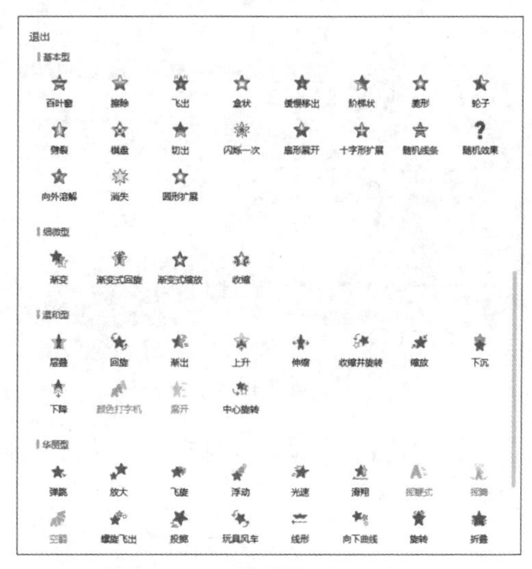

图 6-37

3. 强调动画

如果需要对某对象进行重点强调，可以使用强调动画。

Step 01 选中需要添加动画的对象，打开“动画”选项卡，展开动画列表，在“强调”组中选择一款合适的动画，如图6-38所示。

Step 02 所选对象随即应用该动画效果，如图6-39所示。

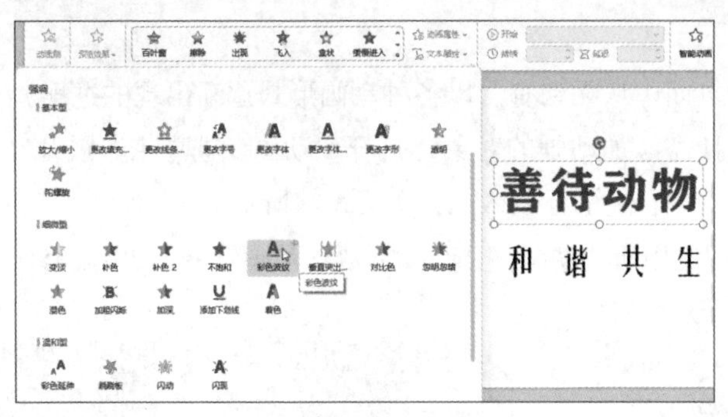

图 6-38

图 6-39

4. 路径动画

路径动画即让设计对象按照预设的轨迹进行运动的动画效果。WPS演示也内置了一些固定的动作路径，用户可以根据需要进行选择。

Step 01 选中需要添加动画的对象，打开“动画”选项卡，打开动画列表，在“动作路径”组中选择所需路径，如图6-40所示。

Step 02 所选对象随即会显示动作路径。其中，绿色三角形代表路径的起点，红色三角形代表路径的终点。按住鼠标拖动，调整好路径的起点和终点位置即可，如图6-41所示。

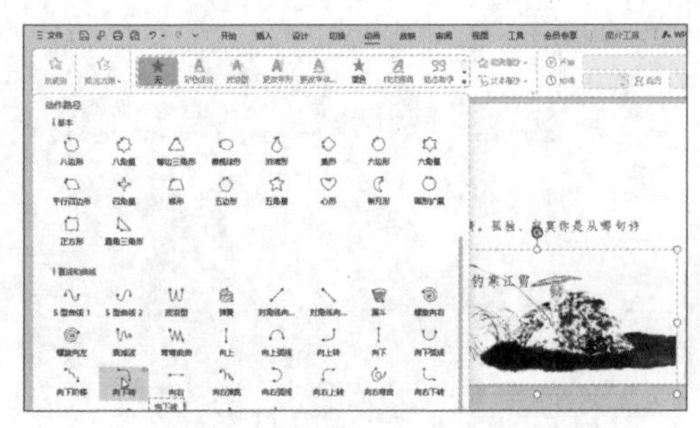

图 6-40

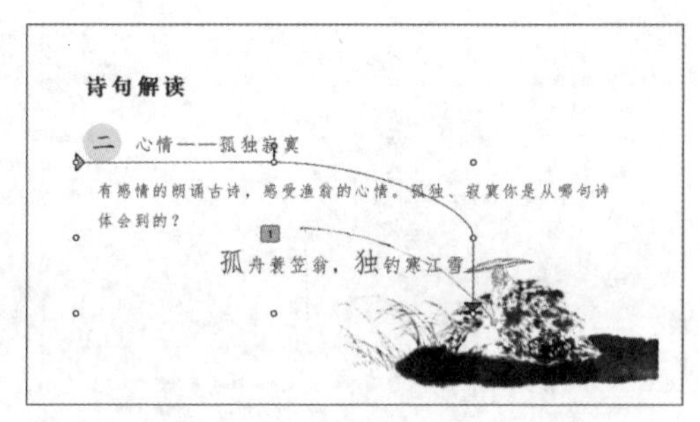

图 6-41

Step 03 在“动画”选项卡中单击“预览效果”按钮，可以对动画效果进行预览，如图6-42所示。

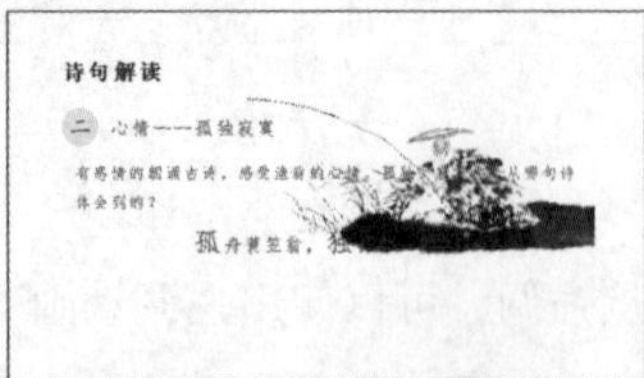

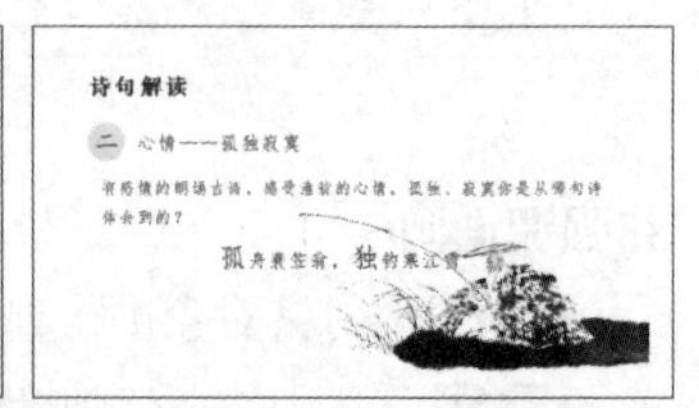

图 6-42

5. 绘制自定义路径动画

用户也可以手动绘制一条路径，使指定的对象沿着绘制的路径进行运动。绘制自定义路径的方法如下。

Step 01 选中需要添加路径动画的对象，打开“动画”选项卡。在动画列表中的“绘制自定义路径”组内选择“曲线”选项，如图6-43所示。

Step 02 将光标移动到幻灯片中，拖动鼠标绘制路径，如图6-44所示。

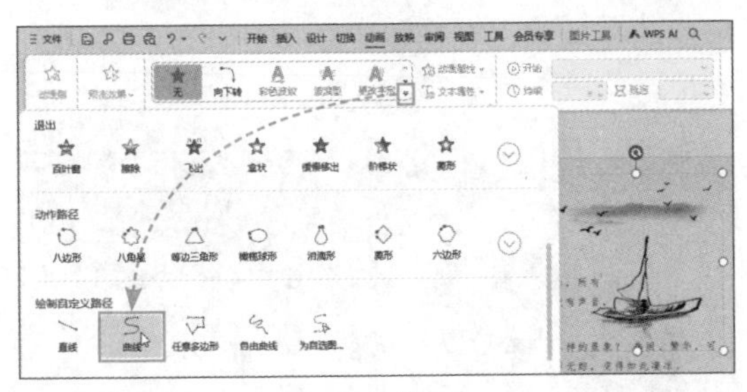

图 6-43

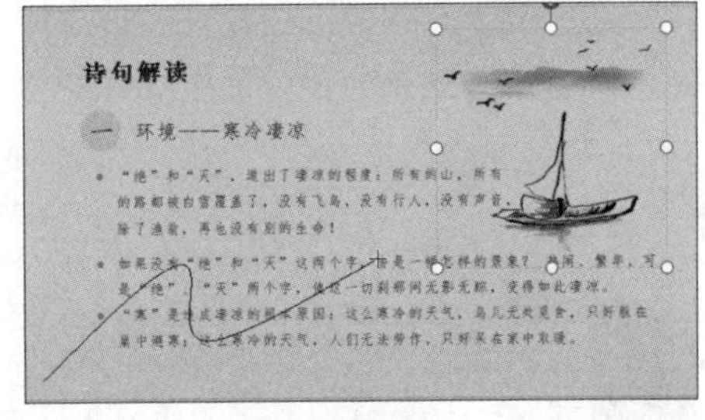

图 6-44

Step 03 绘制到终点时双击，如图6-45所示，即可完成动画路径的绘制，如图6-46所示。在“动画”选项卡中单击“预览效果”按钮，可以预览动画效果。

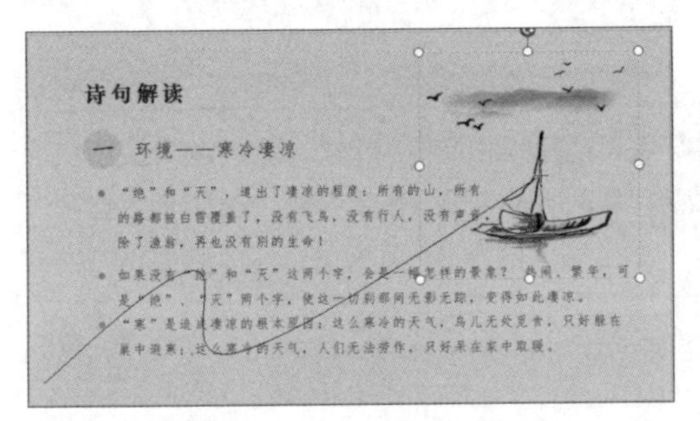

图 6-45

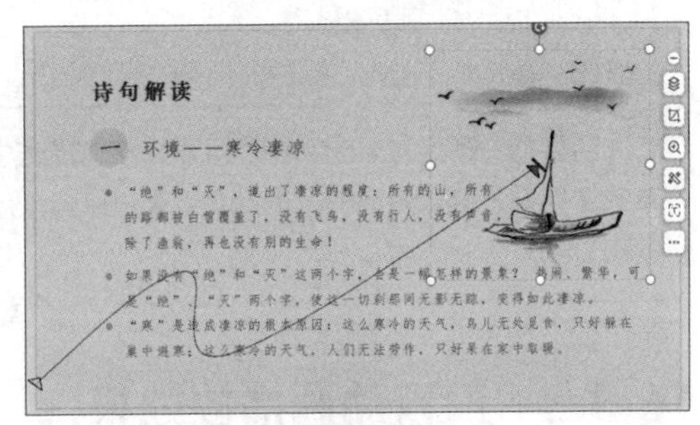

图 6-46

动手练 制作组合动画

一个对象可以同时应用多种动画，从而让动画效果更丰富。下面介绍组合动画的制作方法。

Step 01 选中需设置动画的对象，此处选择大象图片。打开“动画”选项卡，在动画列表中的“进入”组中选择“飞入”选项，如图6-47所示。

Step 02 保持图片为选中状态，在“动画”选项卡中单击“动画属性”下拉按钮，在下拉列表中选择“自左侧”选项，更改动画的飞入方向，如图6-48所示。

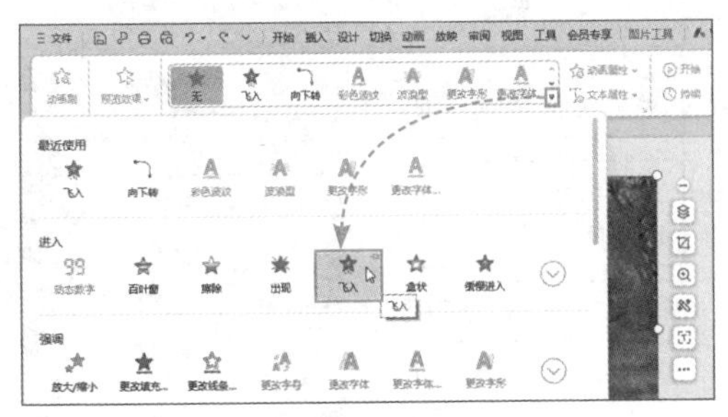

图 6-47

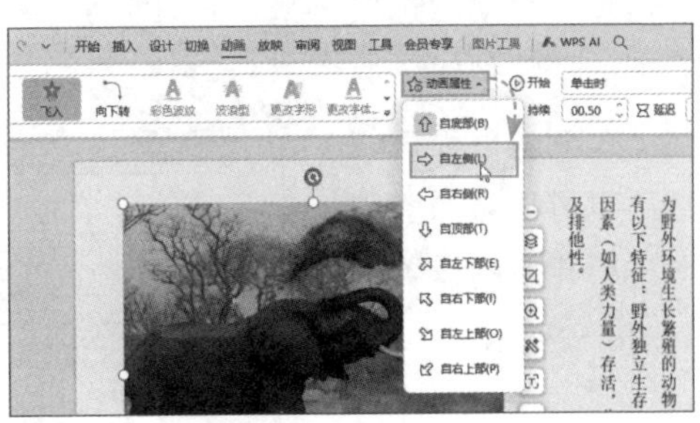

图 6-48

Step 03 在“动画”选项卡中单击“动画窗格”按钮，在打开的“动画窗格”中，单击“添加效果”下拉按钮，在下拉列表中选择“强调”组中的“跷跷板”选项，如图6-49所示。

Step 04 此时所选图片已经被添加了两种动画效果，在窗格中单击“播放”按钮，可以预览组合动画效果，如图6-50所示。

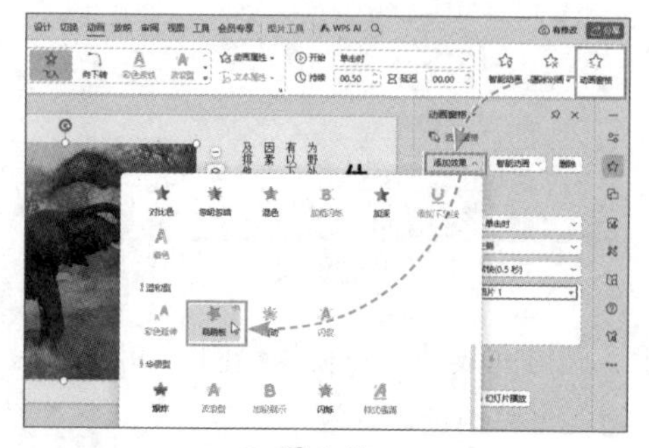

图 6-49

图 6-50

知识点拨

若要删除指定对象的动画，可以将该对象选中，在“动画”选项卡中单击“删除动画”按钮，系统随即打开警告对话框，询问是否要删除当前所选对象的所有动画，单击“是”按钮，即可删除动画。

6.3.3 设置动画播放效果

为幻灯片中的对象添加动画后，为了达到理想的播放效果，还需要对一些参数进行调整，例如设置动画的“开始”模式、“持续时间”“延时”等。

在“动画”选项卡中单击“动画窗格”按钮，打开“动画窗格”窗格，在该窗格中可以看到当前幻灯片中所添加的所有动画效果，通过窗格中提供的按钮和选项，可以对所选动画执行删除、调整动画播放顺序、设置开始方式、调整动画进入方向、设置动画播放速度等，如图6-51所示。

在动画列表中单击任意一个动画选项右侧的下拉按钮，通过下拉列表中提供的选项也可以对当前动画进行相应的设置，如图6-52所示。

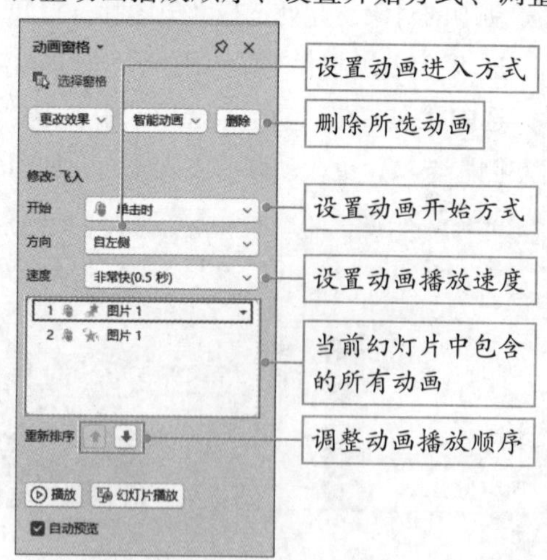

图 6-51

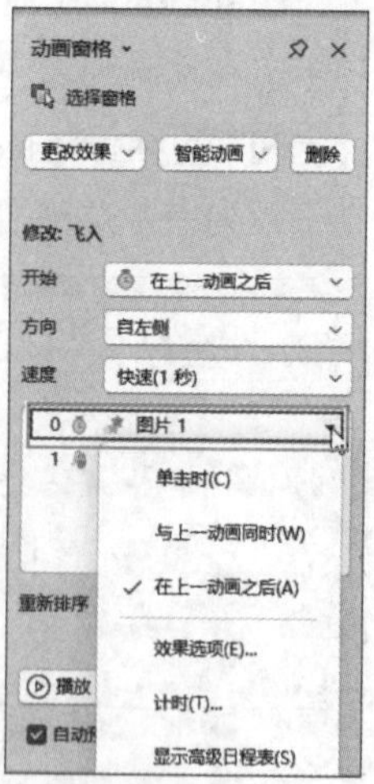

图 6-52

6.4 AI智能创作幻灯片

WPS AI具有智能创作功能，支持一键生成幻灯片。用户通过输入幻灯片主题或上传已有文档，可以自动生成包含大纲和完整内容的演示文稿，同时提供多种模板、配色方案和字体选择，以及扩写、改写等辅助功能，极大地提高演示文稿的制作效率和质量。

6.4.1 自动生成大纲

WPS AI会根据用户输入的主题先生成一份完整的大纲，然后再选择合适的模板创建演示文稿。下面介绍具体操作方法。

Step 01 启动WPS Office，在首页中单击“新建”按钮，在展开的菜单中选择“演示”选项。在打开的“新建演示文稿”页面中单击“智能创作”按钮，如图6-53所示。

Step 02 系统随即新建一份演示文稿，并弹出WPS AI窗口，输入主题“探索宇宙奥秘，外星文明是否存在”，单击“生成大纲”按钮，如图6-54所示。

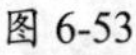
图 6-53

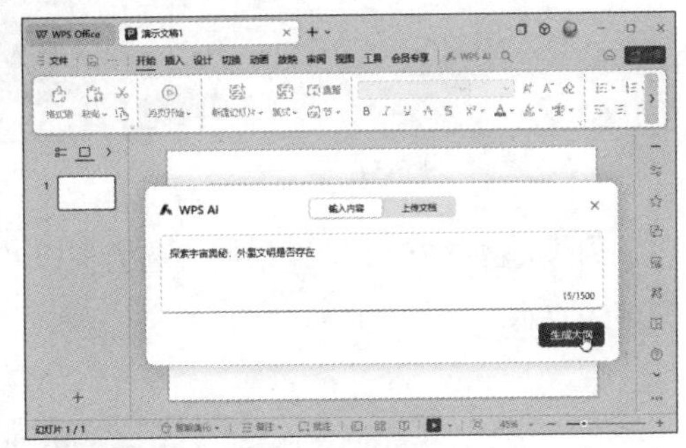

图 6-54

Step 03 WPS AI随即自动生成一份大纲，用户可以单击窗口右上角的“收起正文”或“展开正文”按钮，收起或展开大纲，以便对大纲的详情和结构进行浏览，如图6-55和图6-56所示。

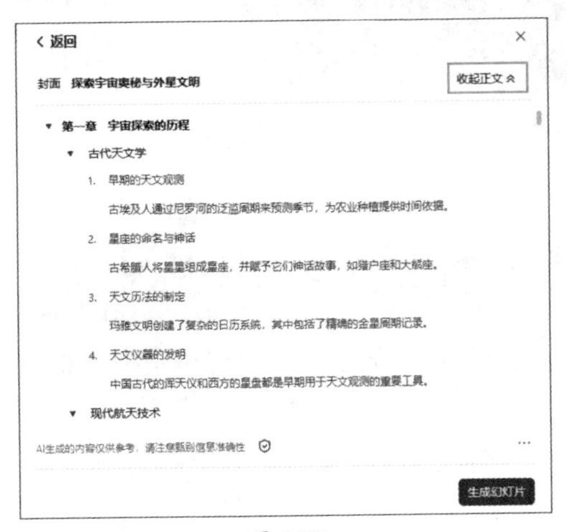

图 6-55

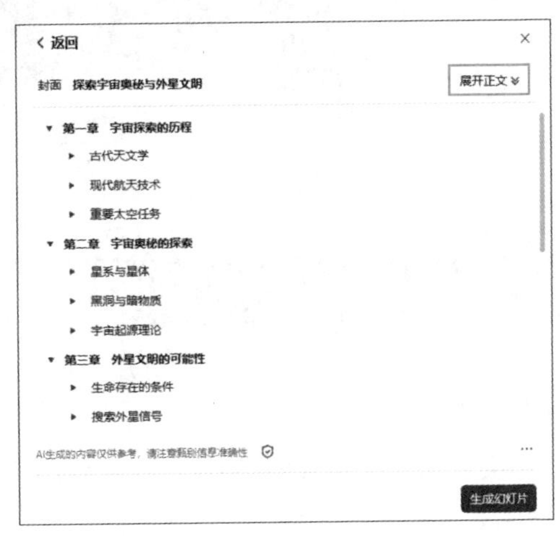

图 6-56

6.4.2 一键生成幻灯片

WPS AI可以将自动生成的大纲再一键生成幻灯片，下面介绍具体操作方法。

Step 01 根据6.4.1节的操作，生成大纲后，单击“生成幻灯片”按钮，如图6-57所示。

Step 02 在随后打开的窗口中会提供大量幻灯片模板，在窗口右侧选择一个合适的模板，单击“创建幻灯片”按钮，如图6-58所示。

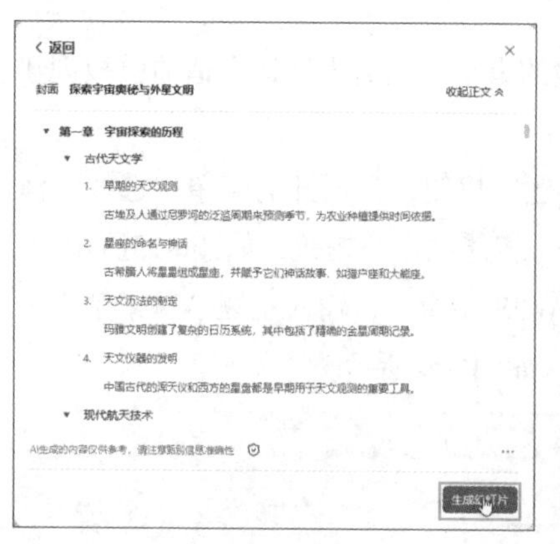

图 6-57

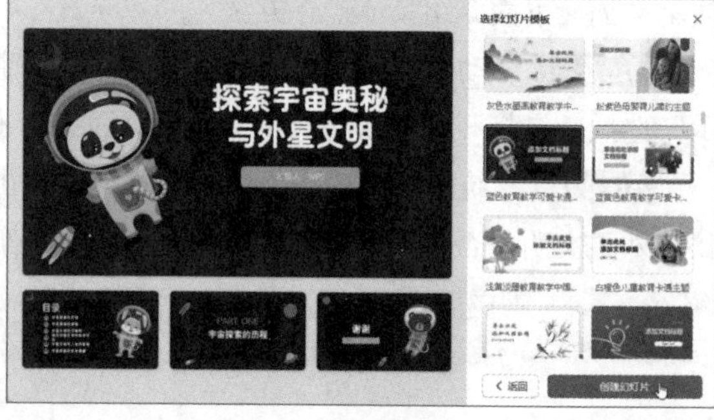

图 6-58

Step 03 WPS AI随即根据所选模板以及大纲内容自动生成一份完整的演示文稿，如图6-59所示。

图 6-59

知识拓展：幻灯片页面排版

本章对WPS 演示文稿和幻灯片的常见操作进行了详细介绍，下面综合使用文本框、图形、图片等元素制作一张幻灯片，并对幻灯片页面进行排版和美化。

Step 01 启动WPS Office，新建演示文稿。删除空白幻灯片中的标题占位符，如图6-60所示。

Step 02 打开“插入”选项卡，单击“文本框”下拉按钮，在下拉列表中选择“横向文本框”选项，如图6-61所示。

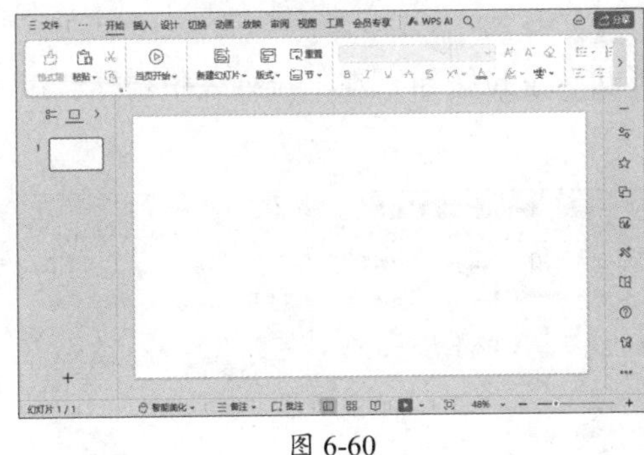

图 6-60

预设文本框
横向文本框(H)
竖向文本框(V)
其他样式
更多文本框

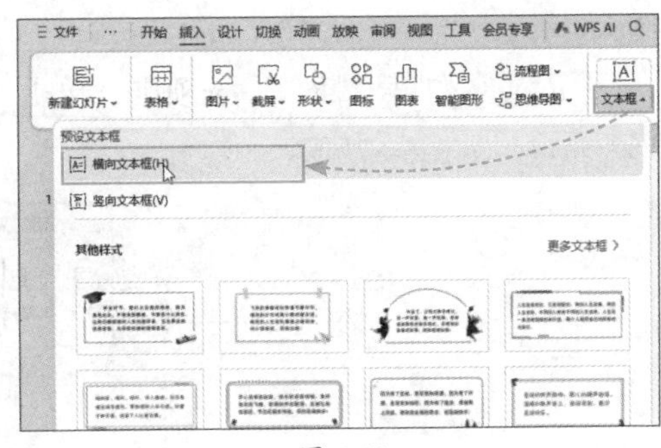

图 6-61

Step 03 在幻灯片中绘制一个文本框，并在文本框内输入文字，如图6-62所示。

Step 04 选中文本框中的内容，在“开始”选项卡中设置其字体为“方正粗黑宋简体”，字号为28，随后单击“行距”下拉按钮，在下拉列表中选择1.5选项，如图6-63所示。

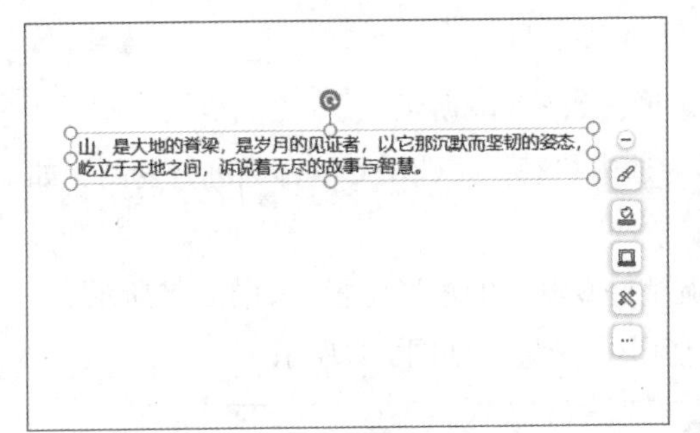

山，是大地的脊梁，是岁月的见证者，以它那沉默而坚韧的姿态，
屹立于天地之间，诉说着无尽的故事与智慧。

图 6-62

1.0
1.5
2.0
2.5
3.0
其他行距...
山，是大地的脊梁，是岁月
的见证者，以它那沉默而坚
韧的姿态，屹立于天地之间，
诉说着无尽的故事与智慧。

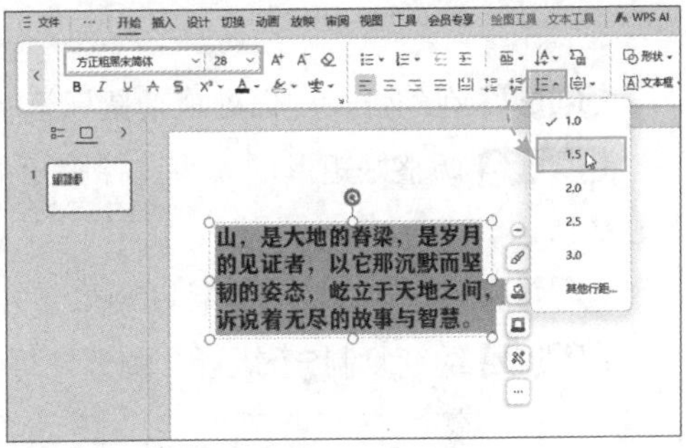

图 6-63

Step 05 单击文本框的边框位置，将文本框选中，打开“文本工具”选项卡，单击艺术字列表右侧的下拉按钮，在下拉列表中选择“填充-橙色，着色3，粗糙”选项，如图6-64所示。

Step 06 文本框中的文字随即应用所选择的艺术字样式，如图6-65所示。

文件
开始 插入 设计 切换 动画 放映 审阅 视图 工具 会员专享 绘图工具 文本工具
转智能图形
对齐文本
艺术字预设

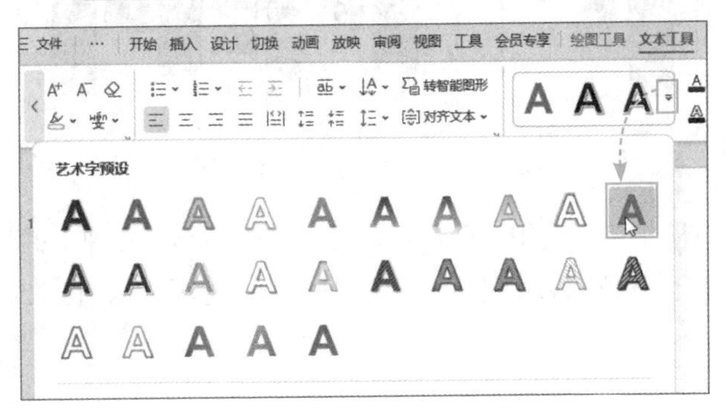

图 6-64

山，是大地的脊梁，是岁月
的见证者，以它那沉默而坚
韧的姿态，屹立于天地之间，
诉说着无尽的故事与智慧。

图 6-65

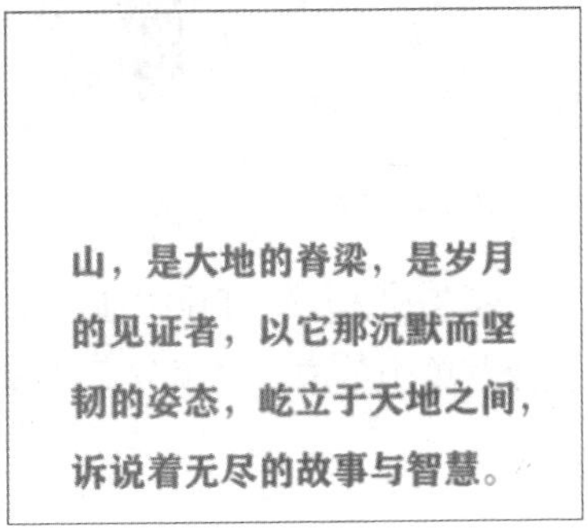

Step 07 参照上述步骤，继续向幻灯片中添加文本框，并输入“山”，设置其字体为“华为隶属”、字号为96号，并添加相同艺术字效果，最后调整好文本框的位置，如图6-66所示。

Step 08 打开“插入”选项卡，单击“形状”下拉按钮，在下拉列表中选择“矩形”选项，如图6-67所示。

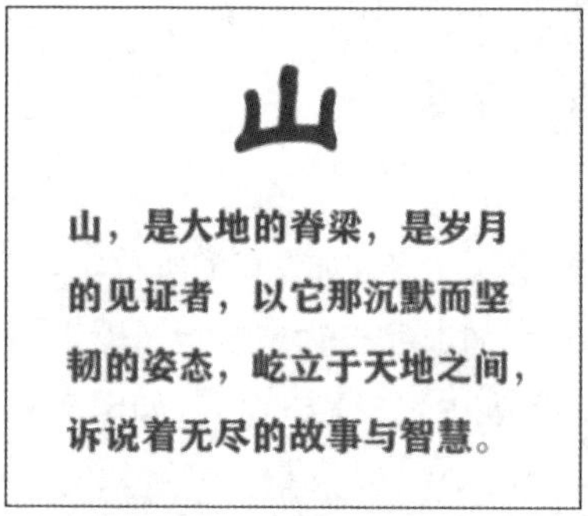

图 6-66

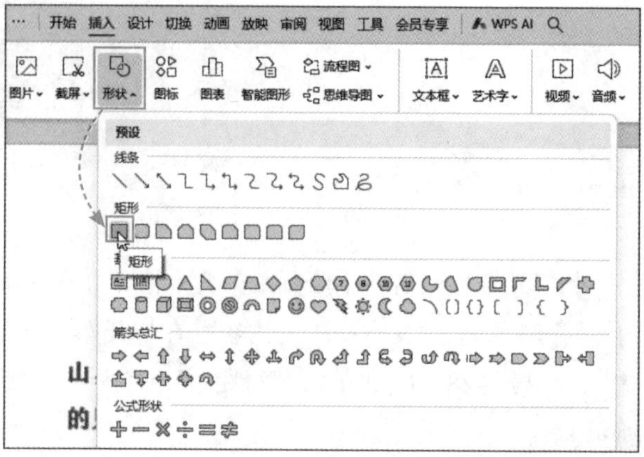

图 6-67

Step 09 在幻灯片空白处拖动鼠标绘制矩形，如图6-68所示。

Step 10 调整好矩形的大小，保持矩形为选中状态，按Ctrl+C组合键进行复制，如图6-69所示。

Step 11 按Ctrl+V组合键粘贴矩形，并调整好复制出的矩形位置，如图6-70所示。

Step 12 继续复制5个矩形并调整好每个矩形的位置，如图6-71所示。

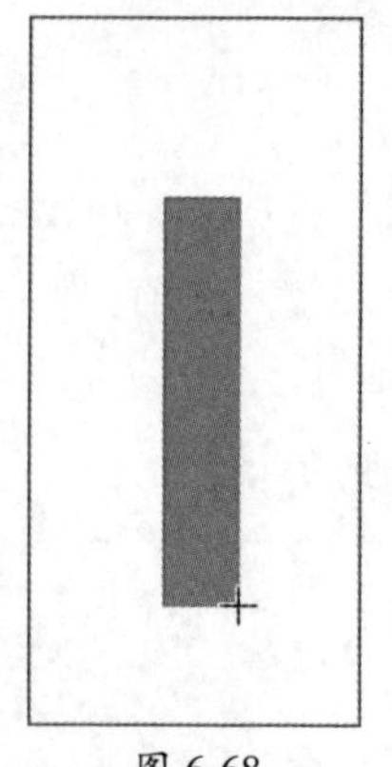

图 6-68

图 6-69

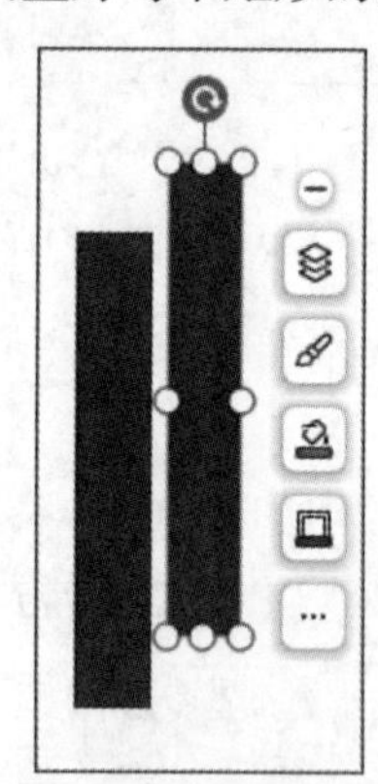

图 6-70

图 6-71

Step 13 在幻灯片中拖动鼠标将所有矩形选中，随后右击任意一个矩形，在弹出的快捷菜单中单击“轮廓”下拉按钮，在下拉列表中选择“无边框颜色”选项，如图6-72所示。

Step 14 保持所有矩形为选中状态，再次右击任意一个矩形，在弹出的快捷菜单中选择“组合”选项，将所有矩形组合为一个整体，如图6-73所示。

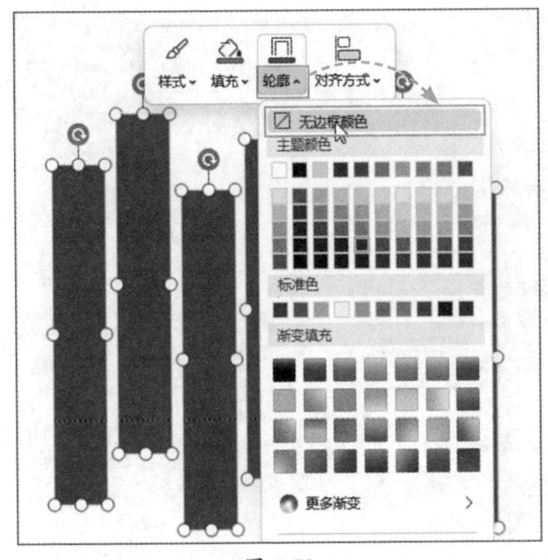

图 6-72

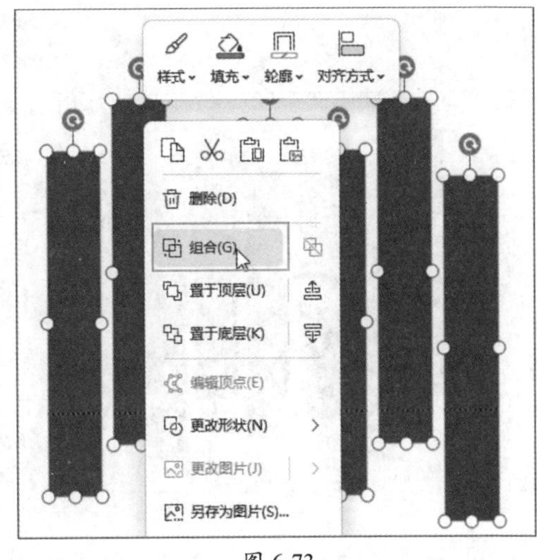

图 6-73

Step 15 右击组合图形，在弹出的快捷菜单中单击“填充”下拉按钮，在下拉列表中选择“图片或纹理”选项，在其下级列表中选择“本地图片”选项，如图6-74所示。

Step 16 打开“选择纹理”对话框，选择需要使用的图片，如图6-75所示，单击“打开”按钮。

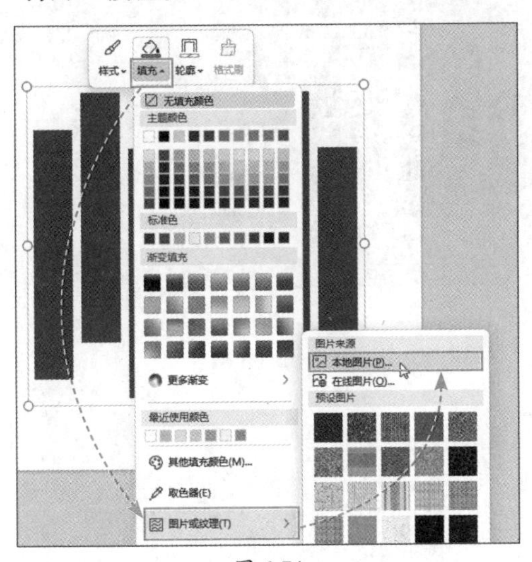

图 6-74

图 6-75

Step 17 组合图形随即被图片填充，效果如图6-76所示。

Step 18 打开“设计”选项卡，单击“背景”按钮，打开“对象属性”窗格，在“填充”组中选中“图片或纹理填充”单选按钮，随后单击“请选择图片”下拉按钮，在下拉列表中选择“本地文件”选项，如图6-77所示。

Step 19 在打开的对话框中选择需要使用的背景图片，单击“打开”按钮，将所选图片设置为幻灯片背景，最后在窗格中设置“透明度”为55%，如图6-78所示。

图 6-76

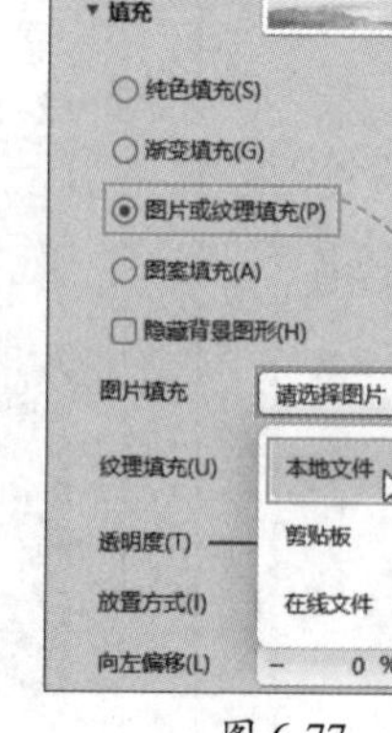

图 6-77

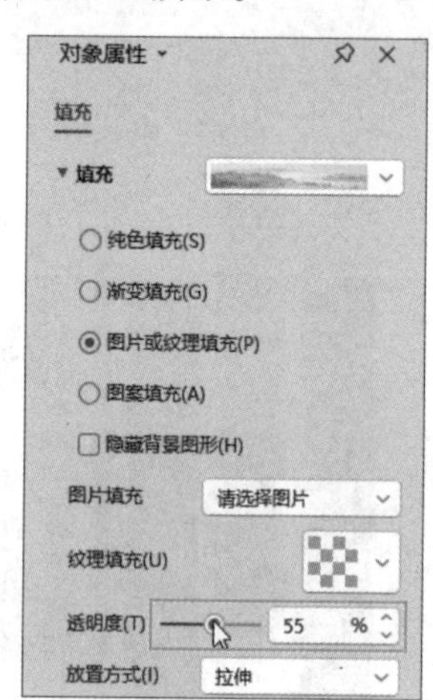

图 6-78

Step 20 至此完成幻灯片的制作和排版，最终效果如图6-79所示。

图 6-79

第7章 多媒体技术的应用

在计算机的众多技术当中，多媒体技术无疑是应用最广的技术之一，它可以将文本、图像、音频、视频和动画等多种媒体结合在一起，以创建出更加丰富的信息和娱乐内容，还可以用于创建网站、游戏、视频、音乐、图书、教育软件等。

7.1 多媒体技术的概念

“多媒体”一词译自英文Multimedia，该词又是由mutiple（多样的）和media（媒体）复合而成的。媒体原有两重含义：一是指存储信息的实体，如磁盘、光盘、磁带、半导体存储器等，中文常译作媒质；二是指传递信息的载体，如数字、文字、声音、图形等，中文译作媒介。

与多媒体对应的一词是单媒体（Monomedia），从字面上看，多媒体就是由单媒体复合而成的。

在计算机系统中，多媒体是指将两种或两种以上媒体组合在一起的一种人机交互式信息交流和传播媒体。使用的媒体包括文字、图片、照片、声音、动画和影片，以及程序提供的互动功能。

7.1.1 多媒体技术的定义

多媒体技术是利用计算机把文字、图形、影像、动画、声音及视频等媒体信息数字化，并将其整合在一定的交互式界面上，使计算机具有交互展示不同媒体形态的能力。它极大地改变了人们获取信息的传统方法，符合人们在信息时代的阅读方式。多媒体技术的发展改变了计算机的使用领域，使计算机由办公室、实验室中的专用品变成了信息社会的普通工具，广泛应用于工业生产管理、学校教育、公共信息查询、商业广告、军事指挥与训练，甚至家庭生活与娱乐等领域。

7.1.2 多媒体技术的特点

多媒体技术不是各种信息媒体的简单复合，而是一种把多种形式的信息结合在一起，并通过计算机进行综合处理和控制，能支持完成一系列交互式操作的信息技术。多媒体技术具有以下特点。

- **集成性：**能够对信息进行多通道统一获取、存储、组织与合成。
- **控制性：**多媒体技术以计算机为中心，综合处理和控制多媒体信息，并按用户的要求以多种媒体形式表现出来，同时作用于用户的多种感官。
- **交互性：**多媒体应用有别于传统信息交流媒体的主要特点之一。传统信息交流媒体只能单向、被动地传播信息，多媒体技术则可以实现人对信息的主动选择和控制。
- **非线性：**多媒体技术的非线性特点将改变人们传统的循序渐进的读写模式。以往人们的读写方式大都采用章、节、页的框架，循序渐进地获取知识，而多媒体技术将借助超文本链接（Hyper Text Link）的方法，把内容以一种更灵活、更具变化的方式呈现给用户。

- **实时性：**当用户给出操作命令时，相应的多媒体信息都能够得到实时控制。
- **信息使用的方便性：**用户可以按照自己的需要、兴趣、任务要求、偏爱和认知特点使用信息，任取图、文、声等信息表现形式。
- **信息结构的动态性：**“多媒体是一部永远读不完的书”，用户可以按照自己的目的和认知特征重新组织信息，增加、删除或修改节点，重新建立链接。

7.2 图像处理技术

图像处理技术使用计算机处理图像，以产生更加准确、更加生动的图像显示。它主要用于改变样式、增强对比度，以及简化或者增加图像的特征。

7.2.1 图像处理基础知识

图像处理是对图像进行分析、加工和处理，使其满足视觉、心理以及其他要求的技术。图像处理技术可以分为两类：模拟图像处理和数字图像处理。图像处理是信号处理在图像领域中的一个应用。图像处理可应用在摄影、印刷、卫星图像处理、医学图像处理、面孔图像处理、显微图像处理以及汽车障碍识别等领域。

1. 图像处理研究内容

数字图像处理技术包括图像增强、图像恢复、图像识别、图像编码、图像分割、图像描述等。

（1）图像增强

图像增强的目的是改善图像的视觉效果，是各种技术的汇集。常用的图像增强技术有对比度处理、直方图修正、噪声处理、边缘增强、变换处理和伪彩色等。

（2）图像恢复

图像恢复的目的是力求图像保持本来面目，用来纠正图像在形成、传输、存储、记录和显示过程中产生的变质和失真。图像恢复必须首先建立图像变质模型，然后按照其退化的逆过程恢复图像。

（3）图像识别

图像识别也称为模式识别，是对图像进行特征抽取，然后根据图形的几何及纹理特征对图像进行分类，并对整个图像作结构上的分析。图像识别的应用范围极其广泛，如工业自动控制系统、指纹识别系统及医学上的癌细胞识别等。

知识点拨

通常在识别之前要对图像进行预处理，包括滤除噪声和干扰、提高对比度、增强边缘、几何校正等。

（4）图像编码

图像编码的目的是解决数字图像占用空间大，特别是在数字传输时占用频带太宽的问题。图像编码的核心技术是图像压缩。对那些实在无法承受的负荷，需要利用数据压缩使图像数据达到有关设备能够承受的水平。评价图像压缩技术要考虑三个因素：压缩比、算法的复杂程度和重现精度。

（5）图像分割

图像分割是数字图像处理的关键技术之一。图像分割是将图像中有意义的特征部分提取出来，包括图像中的边缘、区域等，这是进一步进行图像识别、分析和理解的基础。

（6）图像描述

图像描述是图像识别和理解的必要前提。作为最简单的二值图像，可采用其几何特性描述物体的特性，一般图像的描述方法采用二维形状描述，有边界描述和区域描述两类方法。对于特殊的纹理图像采用二维纹理特征描述。

2. 图像处理的方法

图像处理技术包括点处理、组处理、几何处理和帧处理4种方法。

图像的点处理方法是处理图像最基本的方法，主要用于图像的亮度调整、图像对比度的调整，以及图像亮度的反置处理等。

图像的组处理方法处理的范围比点处理大，处理的对象是一组像素，因此又叫“区处理或块处理”。组处理方法在图像上的应用主要表现在检测图像边缘并增强边缘、图像柔化和锐化、增加和减少图像随机噪声等。

图像的几何处理方法是指经过运算，改变图像的像素位置和排列顺序，从而实现图像的放大与缩小、图像旋转、图像镜像，以及图像平移等效果的处理过程。

图像的帧处理方法是指将一幅以上的图像以某种特定的形式合成在一起，形成新的图像。其中，特定的形式是指经过“逻辑与”运算进行图像的合成、按照“逻辑或”运算关系合成、以“异或”逻辑运算关系进行合成、图像按照相加或者相减以及有条件的复合算法进行合成、图像覆盖或取平均值进行合成。图像处理软件通常具有图像的帧处理功能，并且以多种特定的形式合成图像。

3. 图像处理技术的分类

图像处理技术一般分为两类：模拟图像处理和数字图像处理。

模拟图像处理包括光学处理（利用透镜）和电子处理，如照相、遥感图像处理、电视信号处理等。模拟图像处理的特点是速度快，一般为实时处理，理论上可达到光速，并可同时并行处理。电视图像是模拟信号处理的典型例子，它处理的是25fps的活动图像。模拟图像处理的缺点是精度较差、灵活性差，很难有判断能力和非线性处理能力。

数字图像处理一般使用计算机处理或实时的硬件处理，因此也称为计算机图像处理。其优点是处理精度高，处理内容丰富，可进行复杂的非线性处理，有灵活的变通能力，一般来说只要改变软件就可以改变处理内容。其缺点是处理速度有待提高，特别是进行复杂的处理更是如此。

7.2.2 专业图像处理软件（Photoshop）

Photoshop软件主要处理以像素构成的数字图像，提供众多的编修与绘图工具，可以有效地进行图片编辑工作。Photoshop软件有很多功能，在图像、图形、文字、视频、出版等方面都有应用。

启动Photoshop 2020，在打开的软件界面中可以看到，整个界面分为菜单栏、选项栏、工具栏、文档编辑窗口以及功能面板几部分，如图7-1所示。

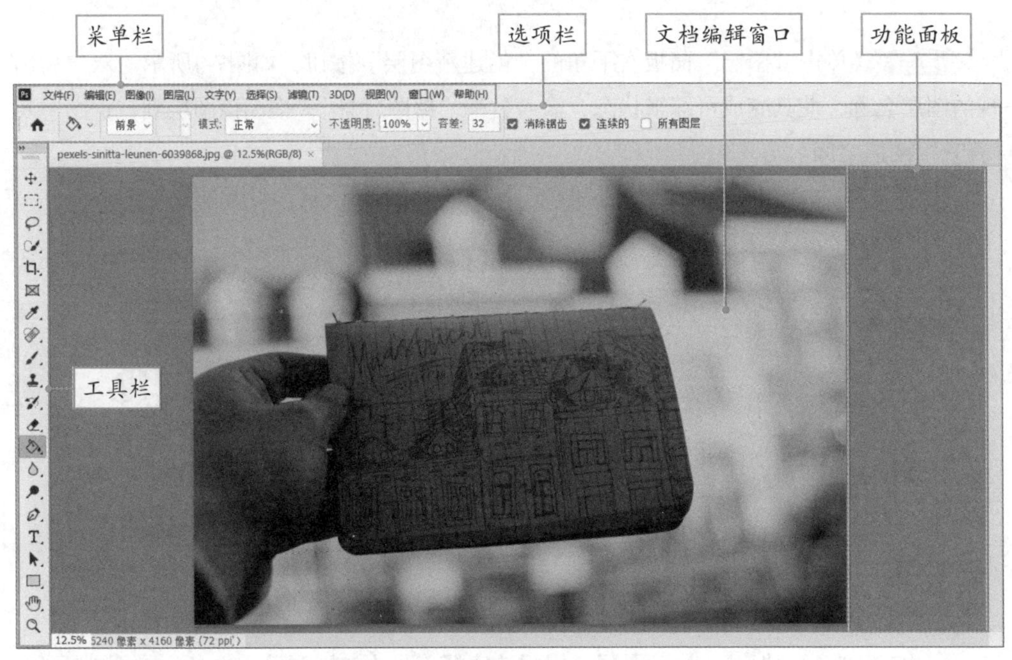

图 7-1

动手练 Photoshop软件抠图实例

下面以案例的形式介绍Photoshop软件的使用方法。

Step 01 启动Photoshop软件，将需要编辑的图像拖入虚线中，如图7-2所示。

注意事项 默认情况下，右侧的功能面板显示的是“学习”和“颜色”。用户可以单击“窗口”按钮，取消勾选“学习”复选框，勾选“图层”“历史记录”等常用面板复选框，并将对应的面板位置进行调整，可以调整到某个面板内，或者单独作为一个面板使用。

Step 02 在右下角的“背景”图层上右击，在弹出的快捷菜单中选择“复制图层”选项，如图7-3所示。在出现的“复制图层”对话框中，将新图层命名为“抠图”。

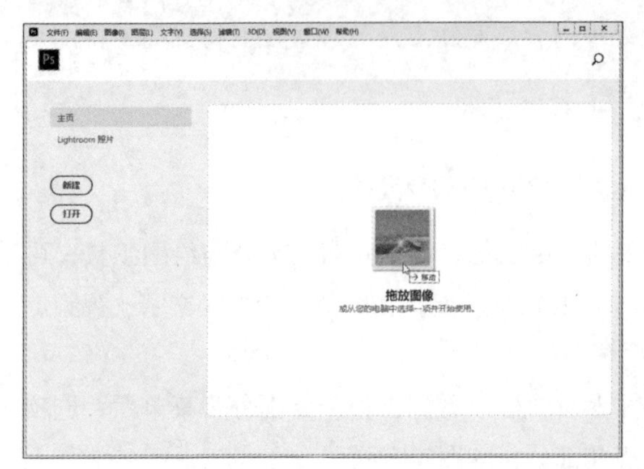

图 7-2

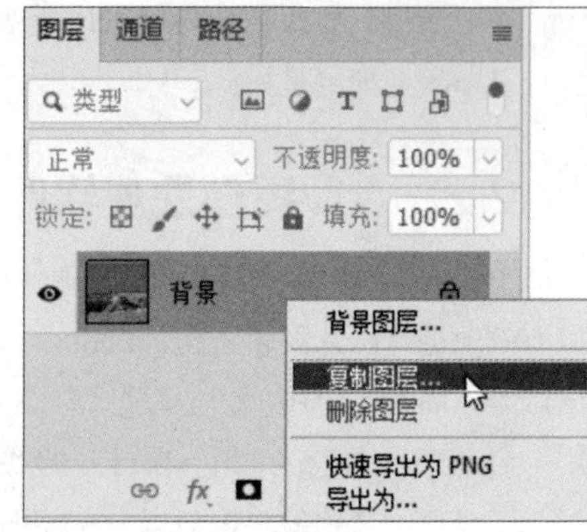

图 7-3

Step 03 单击“图层”面板右下角的“创建新图层”按钮，如图7-4所示。双击新出现的图层名称，使其变成可编辑状态，输入名称“抠图背景”，拖动该图层到“抠图”及“背景”图层之间。

Step 04 单击左下角的“设置前景色”按钮，如图7-5所示。设置前景色为金色。

图 7-4

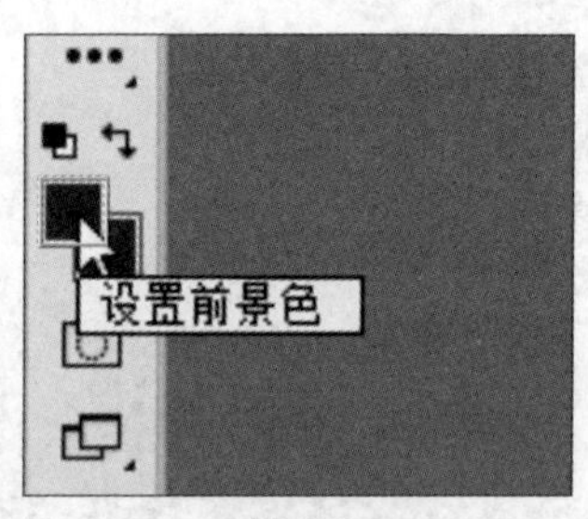

图 7-5

Step 05 在“工具箱”中找到并选择“油漆桶工具”选项，如图7-6所示。

Step 06 选中“抠图背景”图层，使用油漆桶工具为该图层涂上金色，如图7-7所示。

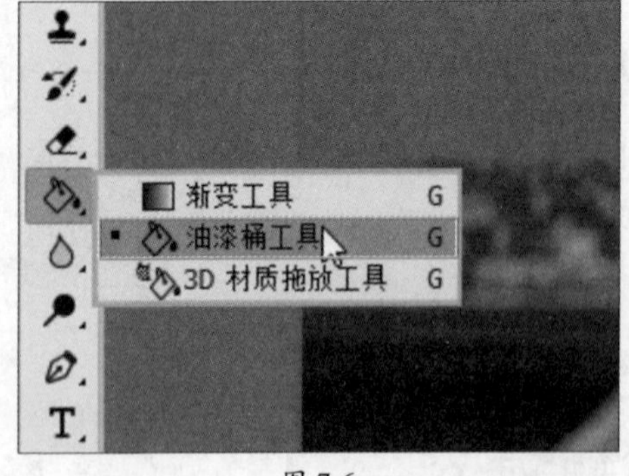

图 7-6

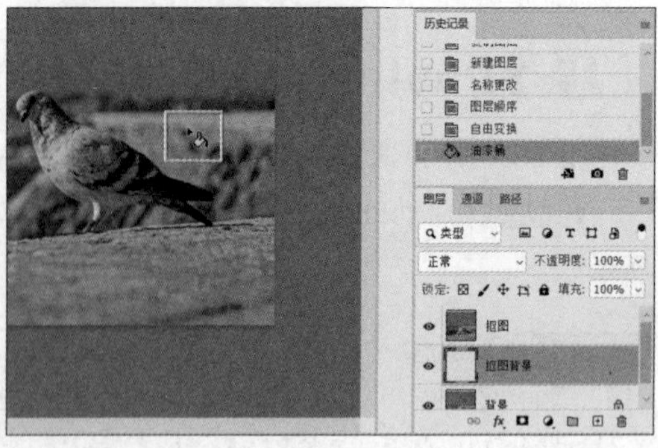

图 7-7

Step 07 单击“通道”选项卡，隐藏其他颜色，查看哪个通道是所抠图形与其他部分反差最大的，然后选择该通道，使其他通道变为不可见状态，如图7-8所示。

图 7-8

Step 08 在“工具箱”中找到“对象选择工具”并长按，在弹出的选项中选择“快速选择工具”选项，如图7-9所示。

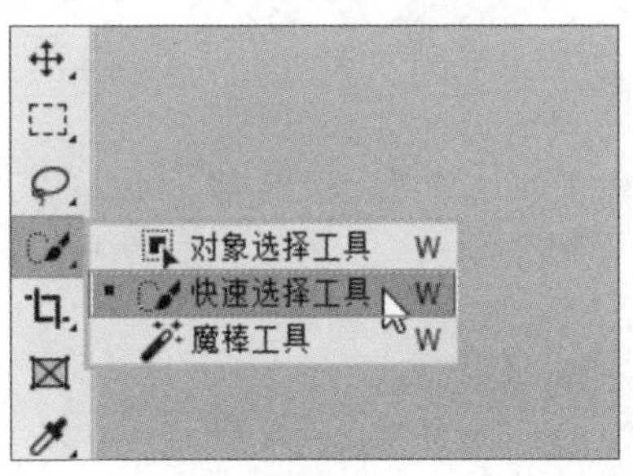

图 7-9

Step 09 完成鸽子轮廓的选择，如图7-10所示。

图 7-10

知识点拨

使用Alt键+鼠标滚轮可放大图片，使用空格键+鼠标拖曳可调整当前视图区域，调整编辑区域。单击或者按住鼠标拖动，可添加选择区域，按住Alt键执行上面的操作可减少区域。使用该方法，为局部图片做选择。根据所选区域的对比度，可以随时调节通道，以方便选取。

Step 10 在“图层”面板中单击“添加图层蒙版”按钮，如图7-11所示。

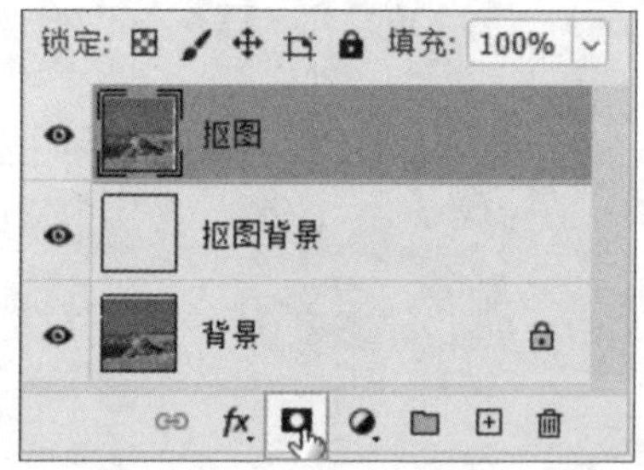

图 7-11

Step 11 其余部分会被蒙版盖住，完成抠图，如图7-12所示。

图 7-12

Step 12 将该图层拖曳到目标图片中，按Ctrl+T组合键调整大小，使用拖曳功能调整图片的位置，完成后的效果如图7-13所示。最后将图片保存即可。

图 7-13

7.2.3 其他图像处理小工具

除了Photoshop软件，常用的图像处理软件还有QQ截图以及Snagit截图处理工具。

1. QQ 截图的图像处理

QQ截图是腾讯QQ自带的截图软件，截取图片后，可以对图片进行简单的编辑，例如添加图形、说明、步骤、马赛克等，因为简单方便，应用也比较广泛。按Ctrl+Alt+A组合键启动截图功能，如图7-14所示，可以使用下方功能柄中的各种功能对图片进行编辑，如图7-15所示。

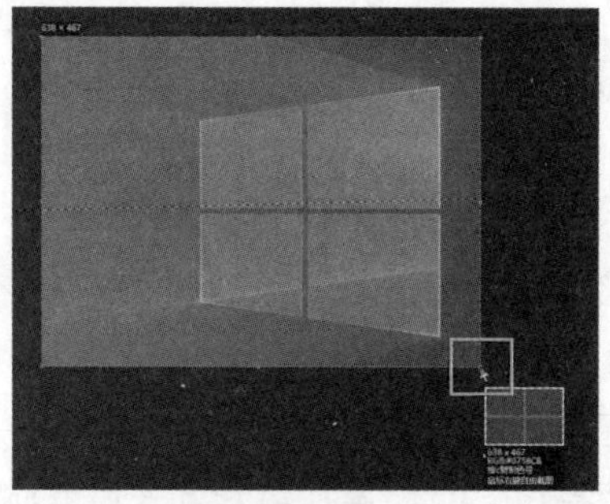

图 7-14

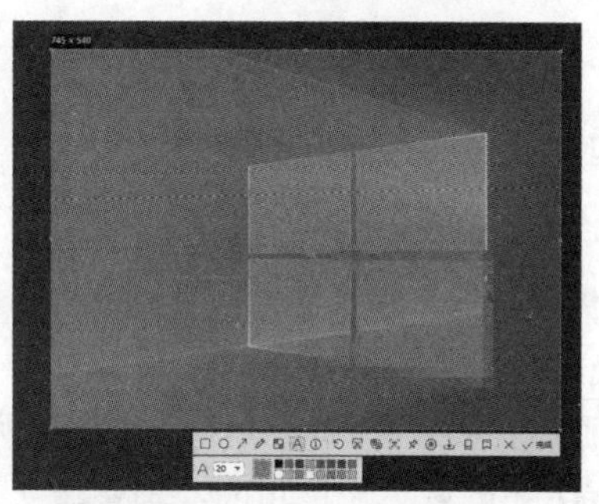

图 7-15

知识点拨

除了在图上进行标记外，QQ截图还可以识别图片中的文字、进行在线翻译、截取长图、录制范围内的操作等，非常方便。

2. 使用 Snagit 处理图像

Snagit是一款功能非常强大的屏幕录制及截图软件，主要作为屏幕的捕捉、录制、截取。其本身自带编辑器，截取之后可以用编辑器编辑，对截取的屏幕或视频进行自由编辑更改，多种效果能够满足每个人的截取需求。它支持全屏、窗口、滚动窗口等多种截取方式，还可以添加效果，如阴影、水印、相框、边框、滤镜、标题等。

Snagit除了处理本身的截图外，还可以在其中打开其他需要处理的图片，进行裁剪、标注、添加特效等，如图7-16和图7-17所示。

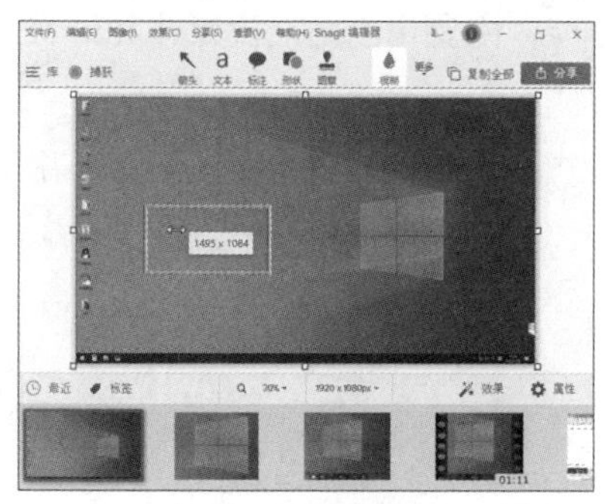

图 7-16

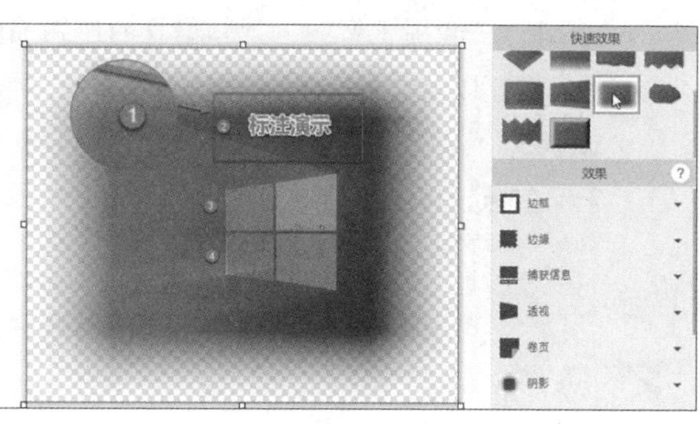

图 7-17

7.3 音视频处理技术

音视频处理技术是一种用于处理和编辑音频和视频信号的技术。它可以用于改变音频和视频的音调、音量、频率、混音、剪辑、添加特效等，还可以用于将音频和视频信号转换为其他格式，以便在不同的设备上播放。

7.3.1 常见音视频文件格式

音频或视频在计算机中以文件的形式存在。不同的采集、不同的编码，在计算机中所保存的音视频文件的格式也各不相同。下面介绍常见的音视频文件格式。

1. 常见的音频文件格式

- MP3：一种音频压缩技术，使用此格式存储的音频文件，可以大幅降低音频数据量，并提供较好的音质效果。
- WAV：也称为波形文件，该文件能记录各种单声道或立体声的声音信息，并能保证声音不失真，但文件占用的磁盘空间非常大。
- WMA：微软公司推出的一种音频文件格式。WMA在压缩比和音质方面都有着出色的表现，可以媲美MP3文件。
- FLAC：属于无损失音频文件压缩格式，使用此编码的音频数据几乎没有任何信息损失。
- MOV：macOS操作系统中常用的音频、视频封装格式文件，是QuickTime封装格式。目前，此格式文件在Windows操作系统中也较为常用。

2. 常见的视频文件格式

- AVI：微软公司发布的视频格式，AVI格式调用方便、图像质量好，压缩标准可任意选择，是应用最广泛、应用时间最长的格式之一。
- WMV：一种独立于编码方式的、在Internet上实时传播多媒体的技术标准，WMV的主要优点包括可扩充的媒体类型、本地或网络回放、可伸缩的媒体类型、流的优先级化、多语言支持、扩展性等。
- MP4：一套用于音频、视频信息的压缩编码标准，主要用于网上流媒体和语音的发送，以及电视广播。
- MOV：苹果公司开发的一种音频、视频文件格式，是常见的数字媒体类型，用于保存音频和视频信息。

7.3.2 录制音视频（Camtasia）

录制音视频使用比较多的、效果比较好的是Camtasia Recorder。该软件是TechSmith旗下一套专业的屏幕录像软件，具体使用方法如下。

动手练 微课视频的录制

Step 01 启动软件，默认启动的是Camtasia 2020，也就是编辑软件，用户登录后可以试用。在主界面中会启动讲解教程，单击左上角的“录制”按钮即可，如图7-18所示。当然，用户也可以直接在开始菜单中启动Camtasia Recorder 2020，如图7-19所示。

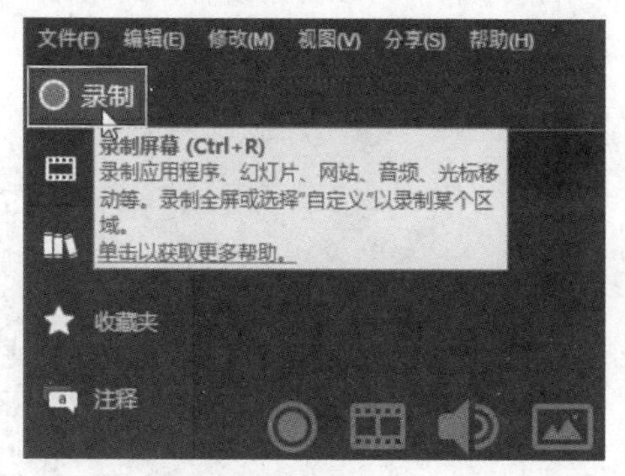

图 7-18

图 7-19

Step 02 启动后，界面下方出现Camtasia Recorder 2020主界面，如图7-20所示，如果设置的参数没有问题，单击rec按钮，即可启动录制。

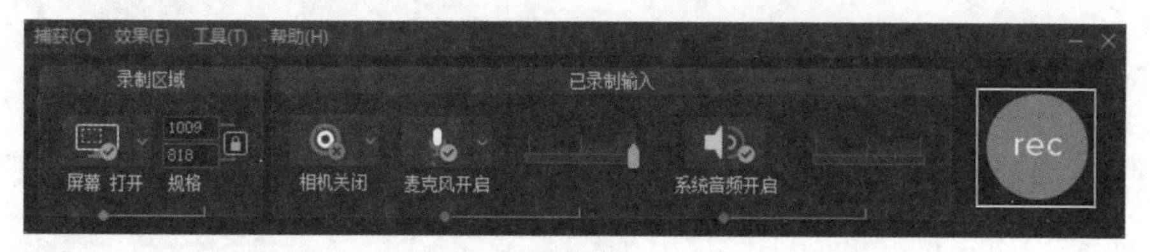

图 7-20

Step 03 此时屏幕中间出现倒计时3s提示，如图7-21所示，提醒用户做好录制准备，开始录制。

图 7-21

注意事项 录制过程中，按F9键可以暂停录制，按F10键可以结束录制。暂停后，可以查看当前录制的时间以及各录制参数，如果不需要，可以删除该录制，重新录制，如图7-22所示。

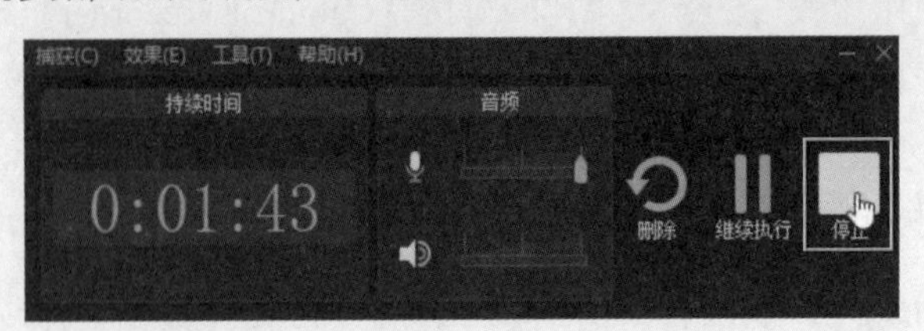

图 7-22

Step 04 停止录制后，会启动编辑软件，并将录制的内容载入其中供用户编辑，如图7-23所示。编辑完毕后，可以将视频导出为视频文件，可以分享或者在播放器中播放，如图7-24所示。

图 7-23

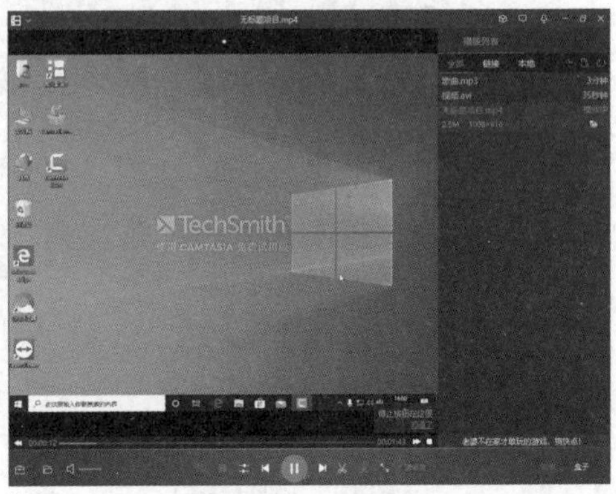

图 7-24

7.3.3 音视频编辑

视频录制完成后，可以像图片一样进行编辑，包括裁剪、添加特效、添加文字、调整声音、导出为其他格式等。常见的视频编辑软件有Camtasia、会声会影等。下面以Camtasia为例介绍视频编辑软件的使用方法。

动手练 微课视频的剪辑

使用Camtasia Recorder录制的视频可以直接在Camtasia中进行编辑，该软件也可以对其他格式的视频文件进行编辑和渲染。下面对一些编辑时常见的操作进行介绍。

知识点拨

Camtasia将所有可以编辑的素材都称为媒体，用户在编辑前需要将其放入媒体箱中。

Step 01 启动软件，将视频文件直接拖曳到“媒体箱”中，如图7-25所示。

Step 02 使用鼠标拖曳的方法，将所有视频文件按照顺序拖曳到“轨道1”后面的轨道中，如图7-26所示。

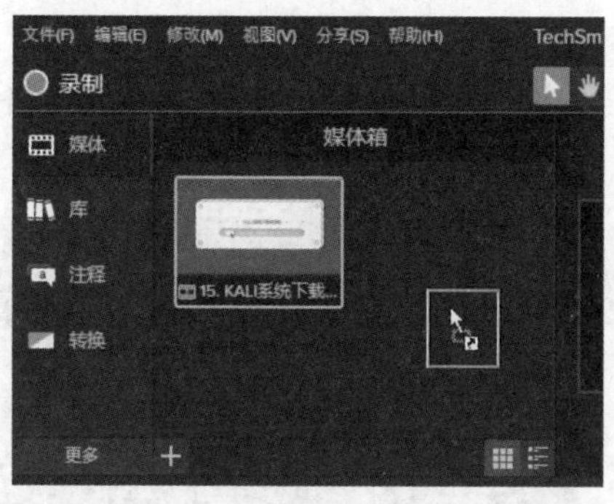

图 7-25

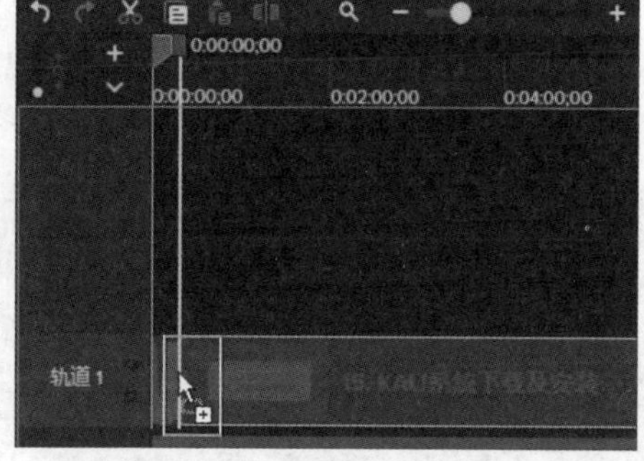

图 7-26

Step 03 在“轨道1”的视频中右击，在弹出的快捷菜单中选择“分开音频和视频”选项，如图7-27所示。

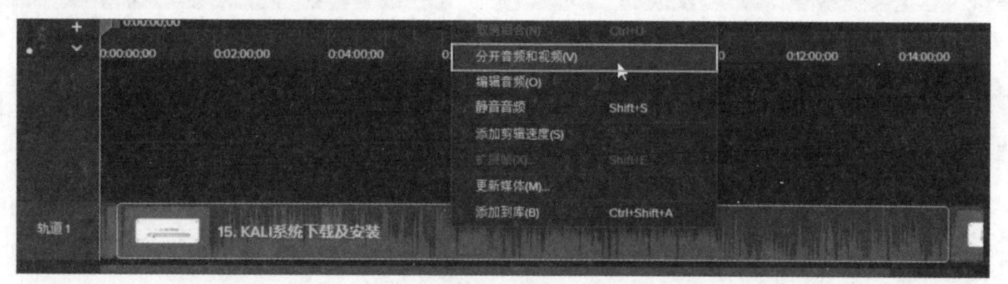

图 7-27

Step 04 界面上方会显示视频播放画面，按播放键即可播放。确定不想要的部分后，将绿色的指示标志定位到需要裁剪的初始部分，将红色的指示标志定位到裁剪的结束部分，在选定区域上右击，在弹出的快捷菜单中选择“剪切”选项，即可删除不需要的部分，如图7-28所示。

Step 05 选中音轨会出现绿色的提示线，通过向上或者向下拖动提示线，可以提高或者降低音量，如图7-29所示①。

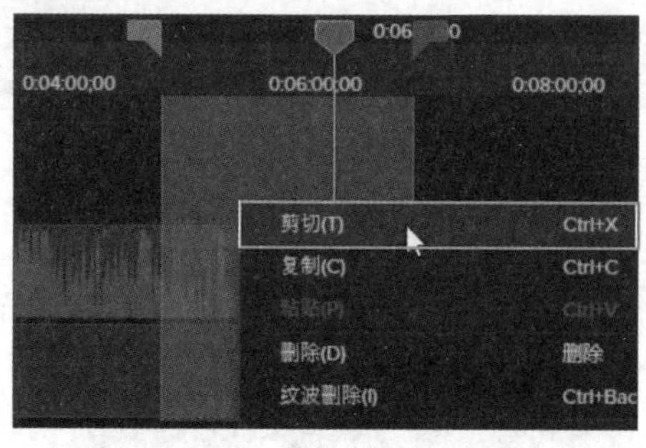

图 7-28

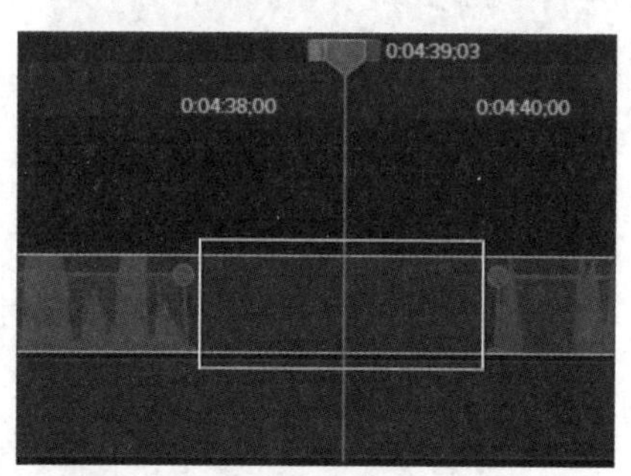

图 7-29

① 操作过程中的颜色标志请参照软件。

Step 06 如果噪声过大，可以加入降噪，在左侧选择“音效”选项，拖动“去噪”模块到音频轨道上，如图7-30所示。

Step 07 继续选中该视频段，在右侧的属性窗格中，添加“剪辑速度”。默认为1.00x，用户可以自由设置播放倍速，也可以在下方设置总体播放时间，而让软件自动调节倍速，如图7-31所示。

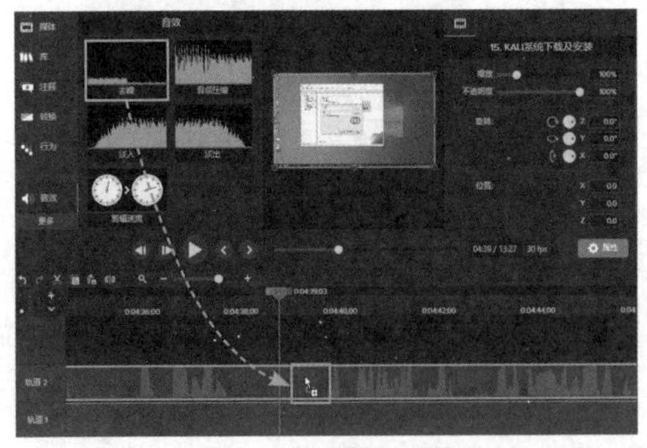

图 7-30

图 7-31

Step 08 选中视频轨道，来到需要添加转场动画的位置，在“转换”选项中，拖动需要的动画效果到两段视频之间，如图7-32所示。

Step 09 在轨道上找到需要添加注释的位置，在“注释”选项中找到需要的注释类型，拖动到视频画面中并输入文字，如图7-33所示。

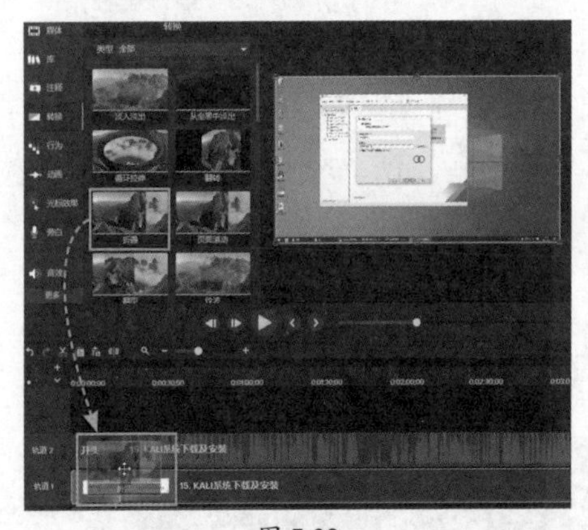

图 7-32

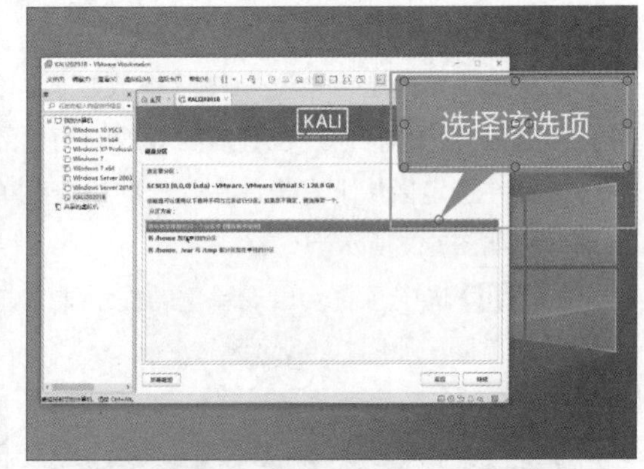

图 7-33

Step 10 在视频中显示特殊的组合键，以方便用户查看，如图7-34所示。

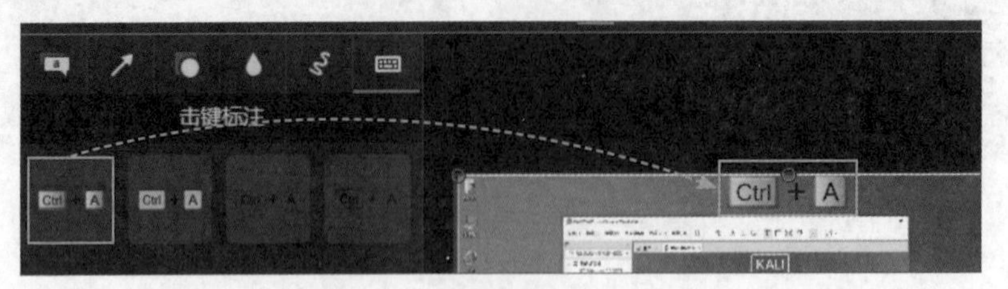

图 7-34

Step 11 还可以为视频添加特效，如图7-35所示。视频编辑完成后就可以进行导出，在界面右上角单击“分享”按钮，选择“本地文件”选项，如图7-36所示，保存为用户需要的格式。在设置过程中，还可以设置水印。

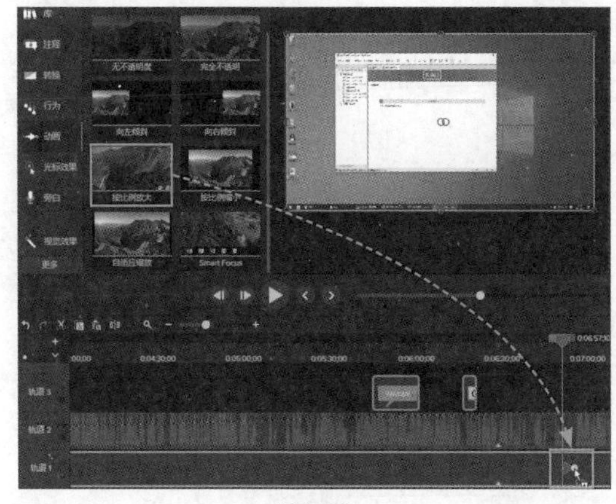

图 7-35

图 7-36

7.3.4 音视频格式转换

音视频转换是对音视频文件重新按照某种标准进行转码，将音视频转换成其他格式的文件，通过这种方法进行音视频文件的压缩、调整分辨率及码率等。常用的软件是格式工厂，下面介绍该软件的使用方法。

动手练 音视频文件的转码

Step 01 下载安装并启动“格式工厂”，在主界面中单击需要转换为的类型，如“->MP4”，如图7-37所示。

图 7-37

Step 02 将需要转换的文件拖到窗口中央，如图7-38所示。

图 7-38

Step 03 单击界面右上方的“输出配置”按钮，如图7-39所示。

图 7-39

Step 04 在弹出的界面中，设置视频输出的大小、编码、码率、音频、字幕等，完成后单击“确定”按钮，如图7-40所示。

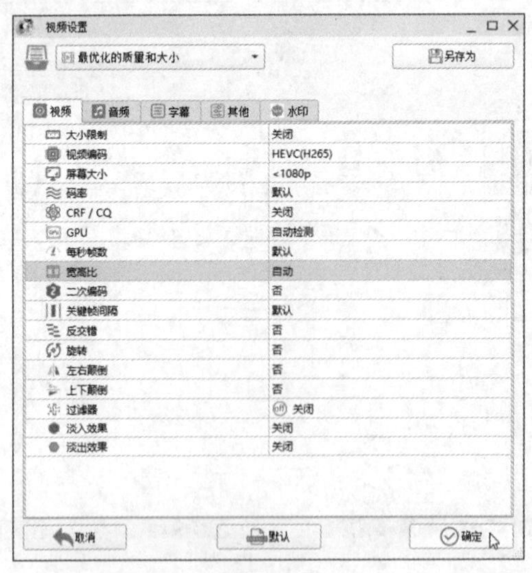

图 7-40

也可以单击“最优化的质量和大小”下拉按钮，在下拉列表中选择内置的一些配置组合。

Step 05 返回上一级界面，还可以执行“分割”“添加音乐”等操作，设置好输出位置后，单击“确定”按钮，返回即可。

Step 06 返回主界面后，单击“开始”按钮，启动转换，如图7-41所示。

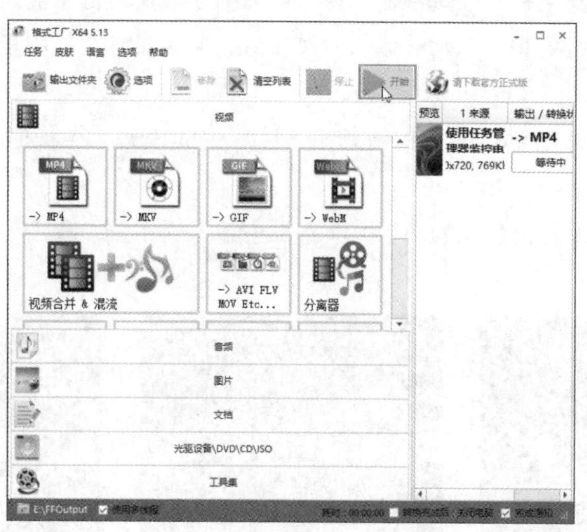

图 7-41

完成后，可以到对应的目录查看转换后的视频。

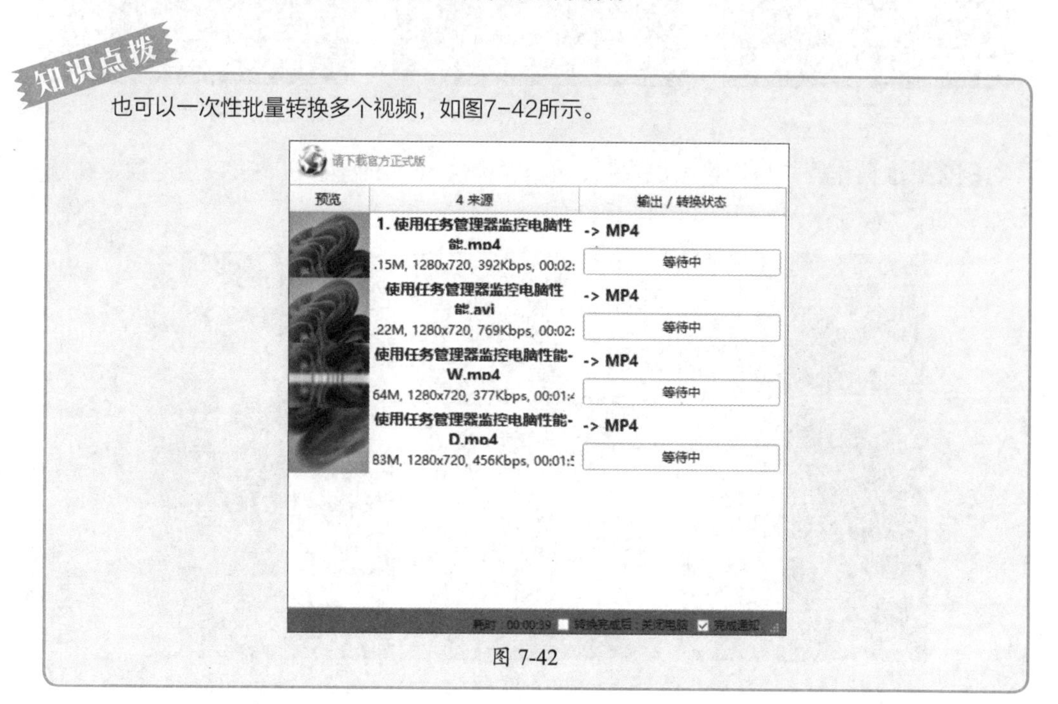

知识点拨

也可以一次性批量转换多个视频，如图7-42所示。

图 7-42

知识拓展：AIGC塑造神话角色

在创意无限的数字时代，AIGC技术正以前所未有的力量，为角色的创作插上翅膀。它融合了人工智能的智慧与游戏设计师的灵感，让每一个角色都跃然屏上，生动而独特。下面使用可灵AI的“文生视频”功能生成一个角色。

Step 01 登录可灵AI官网，在“首页”中选择“AI视频”选项。打开“AI视频”创作界面，切换到“文生视频”选项卡，在“创意描述”文本框中输入**提示词：狐妖头人身，青绿长袍轻扬，奇幻仙侠韵味浓，古风雅致，眼神灵动，穿梭于云雾缭绕的仙境之中**。如图7-43所示。

Step 02 设置好创意想象力和创意相关性、生成模式、生成时长、视频比例等参数，如图7-44所示。

Step 03 在“不希望呈现的内容”文本框中输入提示词，单击“立即生成”按钮，如图7-45所示。

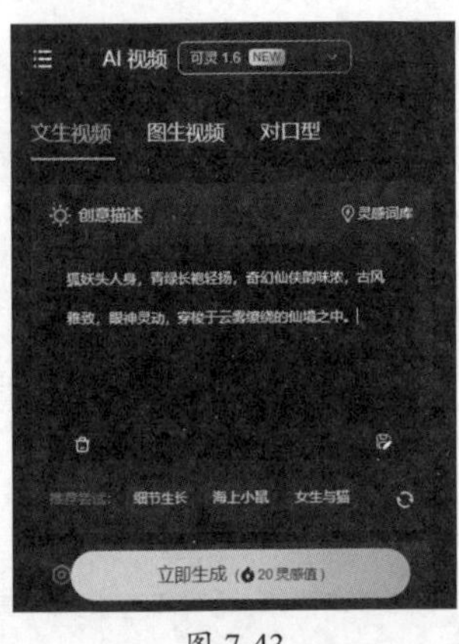

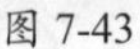
图 7-43

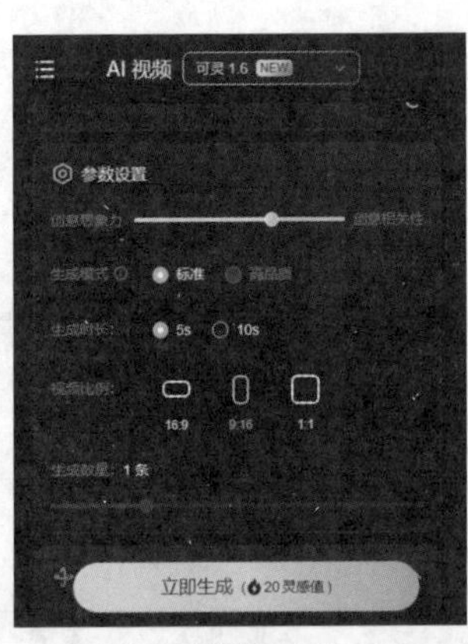

图 7-44

图 7-45

Step 04 稍作等待后即可生成视频，单击视频右下角的■按钮，可以全屏预览视频效果，如图7-46所示。

图 7-46

第 8 章 数据库技术

数据库技术在当今信息社会中扮演着至关重要的角色。它不仅是数据存储和管理的基础设施，更是支持现代应用程序、网站、商业系统和人工智能平台的核心技术。本章将介绍数据库技术的相关知识。

8.1 认识数据库

随着数字化转型的不断推进，各行各业的数据量快速增长，从结构化的数据到复杂的多媒体文件，再到物联网产生的海量数据，数据库的作用从简单的数据存储扩展为支持复杂的数据分析、实时查询、高并发访问等功能。

8.1.1 数据库的概念

数据库简单来说就是一个电子化的仓库，是一个有组织的数据集合，专门用于系统化地存储和管理数据，例如文字、数字、图片、视频等。数据库不仅存储数据，还对数据进行组织，使之便于访问、修改、查询和分析。数据可以来自各方面，包括企业的业务数据、用户的行为数据、社交媒体内容、物联网设备的数据等。数据库本质上是一个文件系统，但它比传统文件系统更为复杂，能够支持结构化数据存储以及高效的数据操作。

8.1.2 数据库的出现和发展

数据库技术的出现与发展过程，是一段伴随计算机技术和信息系统需求变化不断演进的历史。数据库技术从最初的数据存储方式逐渐演化为一个复杂的体系，以满足数据管理日益增长的需求。

1. 初期文件系统管理阶段

计算机早期，数据主要以文件的形式存储在磁盘或磁带上。这种文件系统存储方式简单直观，但数据量和复杂性增加时，文件系统的缺陷会逐渐显现。例如，文件系统缺乏统一的数据管理功能，容易出现数据冗余、不一致等问题，且无法有效支持并发操作。为解决这些问题，数据库管理系统（DBMS）概念应运而生。

2. 层次数据库和网状数据库阶段（20 世纪 60 年代）

20世纪60年代，随着大型企业对数据处理需求的增加，IBM等公司推出了早期的层次数据库（Hierarchical Database）和网状数据库（Network Database）系统。层次数据库采用树形结构组织数据，每个节点有一个父节点和若干子节点。这种结构简单，但缺乏灵活性，尤其在复杂关系和查询时存在不足。

知识点拨

网状数据库是比层次数据库更灵活的系统，允许一个节点有多个父节点，这使得网状数据库能够表示更复杂的关系。网状数据库采用图结构组织数据。但其查询语言复杂，导致数据管理的难度较高。

3. 关系型数据库阶段（20 世纪 70 年代）

20世纪70年代，关系模型由IBM研究员埃德加·科德（Edgar F. Codd）提出，他的论文奠定了关系数据库的基础。关系模型使用表格结构表示数据，行和列分别代表记录和属性，并引入了关系代数，用于查询数据。这一模型极大简化了数据存储和访问的逻辑，使数据操作更加直观和灵活。

关系型数据库系统（RDBMS）的问世使得SQL（Structured Query Language）成为标准的查询语言，用户可以通过SQL简化对数据的操作。20世纪80年代，Oracle、IBM DB2和Microsoft SQL Server等商用关系型数据库系统逐渐成为主流，被广泛应用于企业数据管理和业务处理。

4. 面向对象数据库阶段（20 世纪 80—90 年代）

随着面向对象编程（OOP）的普及，数据和对象的关系逐渐引起关注，面向对象数据库（Object-Oriented Database, OODB）开始出现。面向对象数据库的设计思想是将数据库中的实体视为对象，使其具备OOP特性（如继承、多态等）。OODB更适合存储复杂数据结构，尤其是多媒体数据和科学数据。

5. NoSQL 与大数据时代（21 世纪初期）

随着互联网、社交媒体和物联网的兴起，数据类型和规模发生了根本性变化。NoSQL数据库应运而生，专为处理非结构化和半结构化数据设计。NoSQL数据库不要求数据有固定的结构，支持更灵活的存储和扩展，适合大规模数据的高并发访问。NoSQL的出现大大丰富了数据库技术体系，尤其在高并发、可扩展和实时数据处理场景下表现出色。

6. 分布式数据库与云数据库阶段（2010 年至今）

进入云计算时代后，数据的分布式存储和处理成为数据库技术发展的关键趋势。分布式数据库通过将数据分布在多个物理节点上，实现数据的高可用性和容错性。Google Spanner和Amazon DynamoDB 等分布式数据库系统是这一领域的代表。

与此同时，云数据库成为新的发展方向，数据库服务逐渐从自建转向云平台，用户可以通过云服务访问数据库，省去安装、管理、扩展的复杂操作。主流云服务商（如AWS、Google Cloud和Microsoft Azure）都提供数据库即服务（DBaaS）的解决方案，这种模式使企业能够更加灵活、经济地管理和使用数据库资源。

8.1.3 数据库的功能

数据库系统的功能非常丰富，主要包括数据存储与管理、数据查询、数据一致性与完整性、数据安全、事务管理以及数据备份与恢复等。

1. 数据存储与管理

数据库的首要功能是存储和管理数据。数据库能够以结构化方式存储数据，通过表、视图、索引等结构组织数据，以便于高效存取和更新。数据库还会通过优化数据存储布局（如行存储和列存储）来提高存取速度，并支持存储和检索大量结构化、半结构化和非结构化数据。

2. 数据查询

数据库系统通常提供强大的查询功能，允许用户使用查询语言（如SQL）来访问和操作数据。SQL（结构化查询语言）是关系型数据库的标准查询语言，通过它可以进行数据的筛选、排序、分组、聚合等操作。数据库的查询优化器会根据查询条件自动优化查询路径，提高查询效率。

3. 数据一致性与完整性

数据库系统通过多种机制来确保数据的一致性和完整性，避免数据冗余和不一致。数据库中的完整性约束（如主键、外键和唯一性约束）能够维护数据间的正确关系。例如，外键约束保证关联表之间的数据一致性。此外，数据库还通过事务机制保证在并发操作和异常情况下，数据状态的完整性。

4. 数据安全

数据安全是数据库系统的重要功能，尤其在企业和金融等敏感数据应用中尤为关键。数据库系统提供用户认证、访问控制和权限管理等安全机制，防止未授权的用户访问、篡改或破坏数据。高级数据库还可以通过加密技术进一步保护数据安全，防止数据在存储和传输过程中被截获。

5. 事务管理

事务（Transaction）是数据库的一系列操作步骤，事务的执行遵循原子性、一致性、隔离性和持久性（ACID）特性。事务管理功能确保数据库在并发访问或系统崩溃时依然保持数据一致。事务管理通过锁机制、日志和回滚功能来实现，即便系统遇到异常情况也能恢复数据库的完整状态。

6. 数据备份与恢复

数据库系统提供数据备份和恢复功能，以确保数据在系统故障、硬件损坏或其他灾难性事件中依然能够被恢复。备份通常有完整备份、增量备份和差异备份等不同策略，数据库管理员可以根据需求设定备份频率。数据库的恢复功能可以将数据恢复到最近的稳定状态，从而避免数据丢失。

7. 并发控制

数据库系统必须支持多个用户或应用程序同时访问数据。并发控制是指在多用户环境中管理数据的一致性和完整性，常用的技术包括乐观锁和悲观锁。并发控制通过锁机制确保事务之间不会互相影响，从而在高并发情况下也能提供稳定的数据服务。

8. 数据分析和优化

数据库不仅提供基础的存储和管理功能，还逐步支持数据分析和查询优化。现代数据库系统集成了许多分析工具，用户可以执行复杂的数据挖掘、分析和报表生成等操作。此外，数据库优化器会自动分析查询模式、生成最优执行计划，进而减少查询时间，提高数据库性能。

9. 数据库扩展性与分布式功能

现代数据库系统支持分布式架构和扩展性，能够在多个服务器之间分配数据存储和处理负载。通过分片（sharding）、复制和分布式事务等机制，数据库可以应对数据量和访问量的快速增长。这种扩展性功能非常适合大规模数据处理和高并发访问的需求。

10. 日志管理

日志管理记录数据库中所有操作的详细日志，包括插入、更新和删除等操作。日志记录不仅用于事务的回滚与恢复，还能帮助管理员追踪历史操作，支持审计和故障排查。

11. 数据库监控与性能管理

数据库提供监控和性能管理功能，以便管理员监测数据库的状态、负载、响应时间等指标。现代数据库系统通常配备监控仪表盘，管理员可以直观地了解数据库运行状况并进行性能调优，以确保数据库高效、稳定地运行。

8.1.4 数据库的特点

数据库系统的特点体现在其高效、安全、灵活和一致性等多方面。以下是数据库的主要特点。

1. 数据共享与独立性

数据库通过集中存储数据，使多个用户和应用程序能够共享数据，同时保持数据的独立性。这种独立性允许开发者在不影响应用程序的情况下优化数据库性能，从而增强数据管理的灵活性。

知识点拨

数据独立性分为物理独立性和逻辑独立性。物理独立性指的是数据库结构的物理存储方式可以变化，而不会影响应用程序。逻辑独立性指的是数据模型或表结构的变化不会影响数据库用户和应用程序的访问方式。

2. 数据的一致性与完整性

数据库系统通过一致性约束（如主键、外键和唯一性约束）保证数据的一致性和完整性。一致性功能使得数据库可以在高并发环境下保持数据准确且无冗余，避免数据冲突和不一致。

3. 高效的数据存储和检索

数据库系统采用索引、查询优化等技术，能够高效地存储和检索数据。索引加速了数据库的查询和访问速度，查询优化器则根据数据量、查询频率等参数自动选择最优执行计划。这些功能保证了数据库在处理大量数据时仍能提供快速的响应能力，是数据库高性能的核心优势之一。

4. 并发控制与事务管理

数据库支持并发控制，能够在多用户访问的环境下保证数据一致性。并发控制通过锁机制和事务隔离级别实现，确保多个用户的操作不会相互干扰。事务管理使数据库操作具备ACID特性（原子性、一致性、隔离性和持久性），保证数据库在并发、高负载条件下的稳定性和可靠性。

5. 数据安全性与权限管理

数据库系统具备严格的安全控制机制，包括用户认证、访问权限控制和数据加密。权限管理功能确保只有获得授权的用户才能访问特定数据，防止未授权访问和数据泄露。数据库系统还支持数据的备份与恢复，进一步提升数据的安全性。

6. 数据冗余与恢复能力

数据库通过数据冗余机制（如复制、快照和分布式存储）以及备份功能确保数据的高可用性和可靠性。即使在系统崩溃、硬件故障等情况下，数据库也能通过恢复机制将数据恢复到稳定状态，减少业务中断风险。

7. 可扩展性

现代数据库，尤其是分布式数据库和NoSQL数据库，具备良好的扩展性。分布式数据库可以横向扩展，通过增加节点来处理更大规模的数据和用户请求，而不影响系统性能。这种扩展能力适用于大数据和高并发环境，如社交媒体、电子商务平台等。

8. 数据模型灵活性

数据库系统支持多种数据模型，不同类型的数据库可以处理不同的数据结构。

9. 自动化管理与监控

现代数据库系统提供自动化管理和监控功能，如自动备份、自动调优和实时监控。数据库管理员可以通过这些工具查看系统的健康状态、负载情况和响应时间，及时排查故障。这种自动化功能大大简化了数据库维护工作，提高了数据库的运维效率。

8.1.5 数据库的结构

一个完整的数据库系统通常由以下几个关键部分组成，各部分在数据库的高效、安全和可靠运行中起着不同的作用。

1. 数据库

数据库是系统的核心部分，用于存储实际数据。数据库是一个数据的集合，通常包含多张表，每张表由若干行（记录）和列（字段）组成。数据库的存储结构根据数据模型而不同，在关系型数据库中，数据以表格形式存储；在NoSQL数据库中，数据可能以文档、键值对或图的结构存储。

2. 数据库管理系统

数据库管理系统（DBMS）是数据库的软件平台，负责数据库的创建、维护和管理。它提供用户与数据库之间的接口，通常包括查询语言（如SQL）和管理工具，使用户可以创建表、插入和查询数据、更新记录、删除记录等。DBMS还包括事务管理、并发控制、数据备份、恢复等功能，以确保数据的一致性、安全性和高效访问。

知识点拨

常见的DBMS有关系型数据库，例如MySQL、Oracle、SQL Server、PostgreSQL等；NoSQL数据库，例如MongoDB、Cassandra、Redis等。

3. 数据库用户

数据库用户是被授权访问和操作数据库的人员。用户权限可以通过DBMS进行管理，不同用户可能拥有不同的权限，例如普通用户可以读取和写入数据，而管理员用户还可以修改表结构和数据库设置。这种权限控制确保数据的安全性和访问的合理性。

4. 数据库应用程序

数据库应用程序是基于数据库构建的各种软件或系统，例如网站、客户关系管理（CRM）系统、企业资源计划（ERP）系统等。应用程序通常通过DBMS访问数据库，在应用程序中进行数据的增删改查操作。数据库应用程序可以帮助用户完成具体的业务需求，并且实现数据的集中管理和存储。

5. 数据库管理员

数据库管理员（DBA）负责数据库的整体维护和管理。其职责包括数据库的规划、设计、实施、监控和性能优化，确保数据库的安全性和完整性。DBA还负责备份和恢复机制的设置，防止数据丢失。DBA通过权限管理、用户管理和日志审计等措施保证数据库的安全。

8.2 数据模型

数据库中的数据模型可以将复杂的现实世界中的要求反映到计算机数据库中的物理世界，它分为两个阶段，由现实世界开始，经历信息世界至计算机世界，从而完成整个转换。

8.2.1 认识数据模型

数据模型是描述数据的结构、属性和相互关系的理论框架。它是数据库设计的基础，定义了数据的组织方式、数据之间的联系以及如何访问这些数据。随着技术的演进，不同类型的数据模型应运而生，每种模型都有不同的特点，适用于不同的数据存储和处理需求。

数据模型是数据特征的抽象表示，从抽象层次上描述系统的静态特征、动态行为和约束条件，为数据库系统的信息表示与操作提供一个抽象的框架。数据模型所描述的内容有三部分：数据结构、数据操作与数据的约束条件。

- **数据结构：** 所研究的对象类型的集合，包括与数据类型、内容、性质有关的对象，以及与数据之间联系有关的对象。描述系统的静态特性。
- **数据操作：** 对数据库中各种对象（型）的实例（值）允许执行的操作的集合，包括操作的含义、符号、操作规则及实现操作的语句等。它用于描述系统的动态特性。
- **数据的约束条件：** 一组完整性规则的集合。完整性规则是给定的数据模型中数据及其联系所具有的制约和依存规则，用以限定符号数据模型的数据库状态及状态的变化，以保证数据的正确、有效和相容。

8.2.2 数据模型的类型

数据模型按照不同的应用层次，分为以下三种类型。

- **概念数据模型：** 简称概念模型，是对客观世界复杂事物的结构描述及它们之间的内在联系的刻画。概念模型主要有E-R模型（实体联系模型）、扩充的E-R模型、面向对象模型及谓词模型等。
- **逻辑数据模型：** 又称数据模型，是一种面向数据库系统的模型，该模型着重于在数据库系统一级的实现。逻辑数据模型主要有层次模型、网状模型、关系模型、面向对象模型等。
- **物理数据模型：** 又称物理模型，是一种面向计算机物理表示的模型，此模型给出了数据模型在计算机中的物理结构表示。

8.2.3 常见的数据模型

数据库管理系统常见的数据模型有层次模型、网状模型和关系模型三种。

- **层次模型：** 基本结构是树形结构，每棵树有且仅有一个无双亲结点，称为根；树中除根外所有结点有且仅有一个双亲，如图8-1所示。
- **网状模型：** 层次模型的一个特例，从图论上看，网状模型是一个不加任何条件限制的无向图，如图8-2所示。

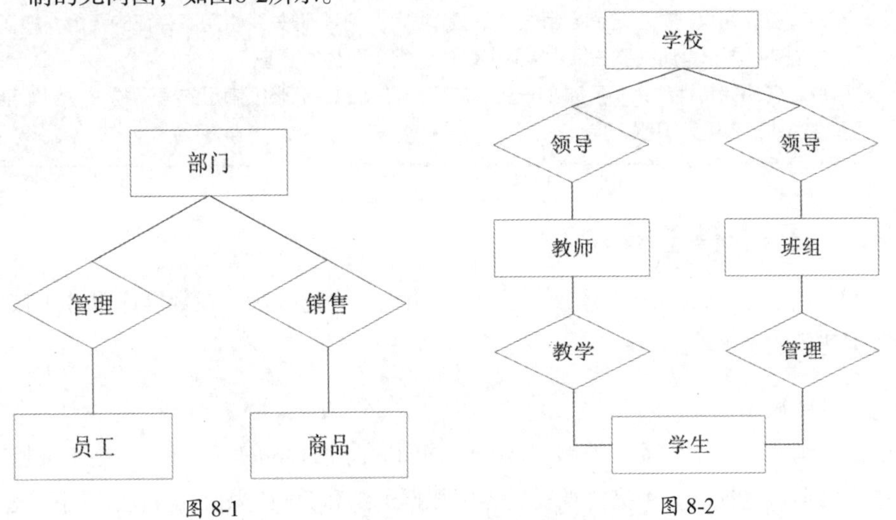

图 8-1　　图 8-2

- **关系模型：** 采用二维表来表示，简称表，由表框架及表的元组组成。一张二维表就是一个关系，如表8-1所示。

表 8-1

学号	姓名	性别	班级	籍贯
2023001	马鹏	男	播音01班	北京
2023002	徐晓磊	男	表演03班	安徽省合肥市
2023003	周毅	男	管理02班	湖南省长沙市
2023004	田文文	女	新闻04班	江苏省南京市

二维表的表框架由n个命名的属性组成，n称为属性元数。每个属性有一个取值范围称为值域。表框架对应关系的模式，即类型的概念。在表框架中按行可以存放数据，每行数据称为元组。实际上，一个元组由n个元组分量组成，每个元组分量是表框架中每个属性的投影值。

- **主码：** 又称为关键字、主键，简称码、键，表中一个属性或几个属性的组合。其值能唯一地标识表中一个元组的，称为关系的主码或关键字，例如学生的学号。主码属性不能取空值。
- **外部关键字：** 或称为外键，在一个关系中含有与另一个关系的关键字相对应的属性组，称为该关系的外部关键字。外部关键字可以取空值，或者用外部表中对应的关键字值。

知识点拨

关系模型中允许定义以下三类数据约束。

- **实体完整性约束**：要求关系的主键中属性值不能为空值，因为主键是唯一决定元组的，如为空值，则其唯一性就成为不可能了。
- **参照完整性约束**：关系之间相互关联的基本约束，不允许关系引用不存在的元组，即在关系中的外键要么是所关联关系中实际存在的元组，要么为空值。
- **用户定义的完整性约束**：反映某一具体应用所涉及的数据必须满足的语义要求，例如某个属性的取值范围为0～100等。

8.2.4 E-R模型简介

E-R模型提供不受任何DBMS约束的面向用户的表达方法，在数据库设计中被广泛用作数据建模的工具。

1. 认识 E-R 模型

E-R模型全称为实体-关系模型（Entity-Relationship Model），是一种用于数据库设计的概念模型。它提供一种描述现实世界中数据组织和关联的图形化方法，用于表示实体、属性和联系之间的关系。简单来说，E-R模型就是用图形化的方式来描述一个系统中的数据结构。

2. E-R 模型的核心

E-R模型的核心元素包括实体（Entity）、属性（Attribute）和关系（Relationship）。

（1）实体

实体是现实世界中可以独立存在的对象或概念，它们通常对应数据库中的表。每个实体有一个或多个属性，这些属性描述实体的特征。例如，“学生”是一个实体，其属性可能包括学号、姓名、年龄等。

（2）属性

属性是实体的特征或描述，通常与数据库表中的列相对应。属性可以是简单的（如名字、编号）或复合的（如地址由街道、城市和邮政编码组成）。

（3）关系

关系是不同实体之间的联系或相互作用。例如，“学生”和“课程”之间的关系可能是“选修”，表示学生选择了某些课程。关系可以是1对1、1对多或多对多的形式。

3. E-R 模型的类型

根据实体及其属性的特点，E-R模型可以细分为不同的类型。

- **弱实体（Weak Entity）：**弱实体依赖于其他实体存在，无法独立存在。它们通常没有足够的属性来唯一标识自己，因此需要通过与其他实体的关系来获取唯一标识。
- **多值属性（Multivalued Attribute）：**某些属性可能具有多个值，如一个学生可能有多个电话号码。这些多值属性需要额外的实体来表示。
- **复合属性（Composite Attribute）：**某些属性由多个子属性组成，如地址可以由街道、城市和邮政编码组成，这些属性一起构成复合属性。

4. E-R 模型图

E-R模型使用一种非常直观的图的形式表示，这种图称为E-R模型图，图中分别以不同的图形代表不同的含义。

- **实体集：**用矩形表示，在矩形内写上该实体集的名字。
- **属性：**用椭圆形表示，在椭圆形内写上该属性的名称。
- **联系：**用菱形表示，在菱形内写上联系名。
- **实体集与属性间的连接关系：**用无向线段表示。
- **实体集与联系间的连接关系：**用无向线段表示。

常见的E-R模型图如图8-3所示。

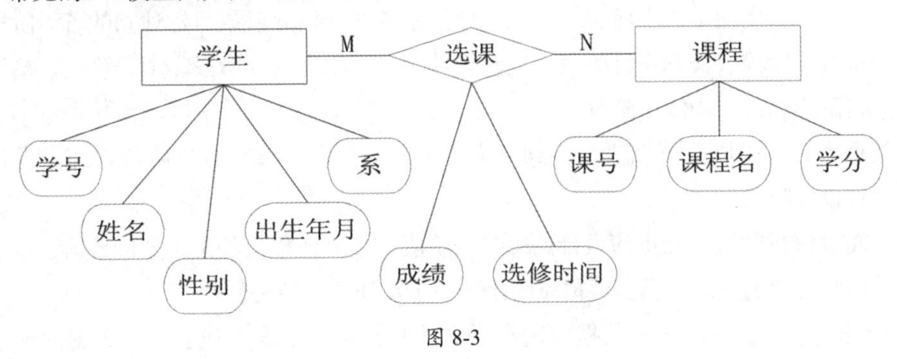

图 8-3

> **知识点拨**
>
> E-R模型主要应用于数据库设计的初步阶段，帮助设计人员以可视化的方式表示数据结构，为后续的数据库实现（如表结构创建）提供基础。此外，E-R模型图还广泛用于需求分析阶段，帮助业务人员和开发人员沟通、理解数据库设计。

构建E-R模型图的一般步骤如下。

- **识别实体：**确定哪些对象或概念在数据库中需要表示。
- **确定属性：**为每个实体选择合适的属性进行描述。
- **识别关系：**确定实体之间的关系，以及关系的类型（1对1、1对多、多对多）。
- **绘制E-R模型图：**根据识别出的实体、属性和关系，用符号绘制E-R模型图。

5. E-R 模型的扩展

随着数据库技术的发展，E-R模型也进行了扩展和补充，形成以下几种派生的模型。

- **扩展E-R模型（Enhanced E-R Model, EER）**：增加了对复杂对象、继承等概念的支持，适用于更加复杂的数据库设计需求。
- **对象-关系模型（Object-Relational Model）**：结合了面向对象和关系型数据库的特点，增强了E-R模型的表示能力。

8.3 数据库设计与管理

数据库应用系统中的一个核心问题就是设计一个能满足用户要求，且性能良好的数据库，这就是数据库设计。数据库设计有两种方法：面向数据的方法和面向过程的方法。面向数据的方法是以信息需求为主，兼顾处理需求；面向过程的方法是以处理需求为主，兼顾信息需求。

8.3.1 数据库设计概述

由于数据在系统中稳定性高，因此面向数据的设计方法已成为主流。数据库设计目前一般采用生命周期法，即将整个数据库应用系统的开发分解成目标独立的若干阶段，包括需求分析阶段、概念设计阶段、逻辑设计阶段、物理设计阶段、编码阶段、测试阶段、运行阶段和进一步修改阶段。

数据库设计阶段又可以进一步细分为需求分析阶段、概念分析阶段、逻辑设计阶段、物理设计阶段。

- **需求分析阶段**：数据库设计的第一个阶段，主要任务是收集和分析数据，这一阶段收集到的基础数据和数据流图是下一步设计概念结构的基础。
- **概念分析阶段**：分析数据间内在语义关联，在此基础上建立一个数据的抽象模型，形成E-R模型图。
- **逻辑设计阶段**：将E-R模型图转换成指定RDBMS中的关系模式。
- **物理设计阶段**：对数据库内部物理结构作调整并选择合理的存取路径，以提高数据库访问速度及有效利用存储空间。

8.3.2 数据库概念设计

数据库概念设计的目的是分析数据间内在语义关联，在此基础上建立一个数据的抽象模型。数据库概念设计的方法有两种。

- **集中式模式设计法**：根据需求由一个统一的机构或人员设计一个综合的全局模式。适合于小型或并不复杂的单位或部门。

- **视图集成设计法：**将系统分解成若干部分，对每部分进行局部模式设计，建立各部分的视图，再以各视图为基础进行集成。比较适合大型与复杂的单位，是现在使用较多的方法。

概念设计的过程包括选择局部应用、视图设计以及视图集成。其中，选择局部应用需要根据系统情况，在多层的数据流图中选择一个适当层次的数据流图，将这组图中的每一部分对应一个局部应用，以该层数据流图为出发点，设计各自的E-R模型图。

视图设计包含如下三种次序。

- **自顶向下：**先从抽象级别高且普遍性强的对象开始，逐步细化、具体化和特殊化。
- **由底向上：**先从具体的对象开始，逐步抽象、普遍化和一般化，最后形成一个完整的视图设计。
- **由内向外：**先从最基本与最明显的对象开始，逐步扩充至非基本、不明显的对象。

视图集成是将所有局部视图统一与合并成一个完整的数据模式。视图集成的重点是解决局部设计中的冲突，常见的冲突主要有如下几种。

- **命名冲突：**有同名异义或同义异名。
- **概念冲突：**同一概念在一处为实体，而在另一处为属性或联系。
- **域冲突：**相同的属性在不同视图中有不同的域。
- **约束冲突：**不同的视图可能有不同的约束。

注意事项 视图经过合并生成E-R模型图时，其中还可能存在冗余的数据和冗余的实体间联系。

8.3.3 数据库逻辑设计

数据库逻辑设计的基本方法是将E-R模型图转换成指定RDBMS中的关系模式，此外还包括关系的规范化以及性能调整，最后是约束条件设置，包括命名与属性域的处理、非原子属性处理以及联系的转换。

8.3.4 数据库物理设计

数据库物理设计的主要目标是对数据库内部物理结构作调整，并选择合理的存取路径，以提高数据库访问速度及有效利用存储空间。在现代关系数据库中已大量屏蔽了内部物理结构，因此留给用户参与物理设计的余地并不多，一般RDBMS中留给用户参与物理设计的内容包括索引设计、集簇设计和分区设计。

8.3.5 数据库管理

数据库是一种共享资源，它需要维护与管理，这种工作称为数据库管理，实施此项管理的人则称为数据库管理员。数据库管理一般包括数据库的建立、数据库的调整、数据库的重组、数据库安全性控制与完整性控制、数据库的故障修复、数据库监控。

数据库的建立包括两部分内容：数据库模式的建立及数据加载。

- **数据库模式的建立：**该工作由DBA负责完成。DBA利用RDBMS提供的工具或DDL语言先定义数据库名、申请空间资源、定义磁盘空间等，然后定义关系及相应属性、主键及完整性约束，再定义索引、聚簇、用户访问权限和视图等。
- **数据加载：**在数据库模式建立后即可加载数据，除了利用DDL语言加载数据以外，DBA也可编制一些数据加载程序来完成数据加载任务。

数据库建立后并经过一段时间运行，往往会产生一些不适应的情况，此时需要对其作相应的修改与调整。数据库的修改与调整一般由DBA完成，调整包括以下内容。

- 修改或调整关系模式与视图，使其能够适应用户的需要。
- 修改或调整索引与集簇，使数据库性能与效率最佳。
- 修改磁盘分区、调整数据库缓冲区大小以及调整并发度，使数据库性能更好。

数据库中的数据一旦遭受破坏能及时进行恢复，RDBMS一般都提供此种功能，并由DBA负责执行故障恢复功能。DBA需随时观察数据库的动态变化，并在发生错误、故障或产生不适应情况时随时采取措施，如数据库死锁、对数据库的误操作等，同时还需监视数据库的性能变化，在必要时对数据库作调整。

动手练 下载并安装MySQL数据库

MySQL是一种广泛使用的开源关系型数据库管理系统（RDBMS）。作为一款高效、可靠且易用的数据库系统，MySQL已成为许多应用程序（如Web应用、企业级系统）中不可或缺的组成部分，特别是在LAMP（Linux、Apache、MySQL、PHP）开源组合中具有关键地位。MySQL免费开源，易于学习和使用；运行速度快、性能优异，特别适合高并发场景；丰富的存储引擎选择，灵活性高；活跃的社区支持和广泛的用户基础。下面介绍MySQL的下载与安装。

1. MySQL 的下载

MySQL需要到其官网中下载，下面介绍下载的方法。

Step 01 在官网中进入downloads选项卡，找到并单击MySQL Community(GPL) Downloads链接，如图8-4所示。

Step 02 在列表中根据不同的系统或版本选择不同的下载链接，这里单击MySQL Installer for Windows链接，如图8-5所示。

Step 03 在弹出的界面中选择版本，默认为“8.0.40”，单击文件较大的安装包下载链接后的Download按钮，如图8-6所示。

Step 04 单击No thanks…链接，不登录，仅下载，如图8-7所示。

图 8-4

图 8-5

知识点拨

MySQL有多个版本发布，如开源的社区版、Oracle维护的商业版。社区版是开源的，适用于大多数Web应用和中小型企业；商业版提供了额外的功能和支持，适用于对性能、可靠性有更高需求的企业应用。Oracle目前维护MySQL的更新与发展，持续发布安全补丁和新功能。

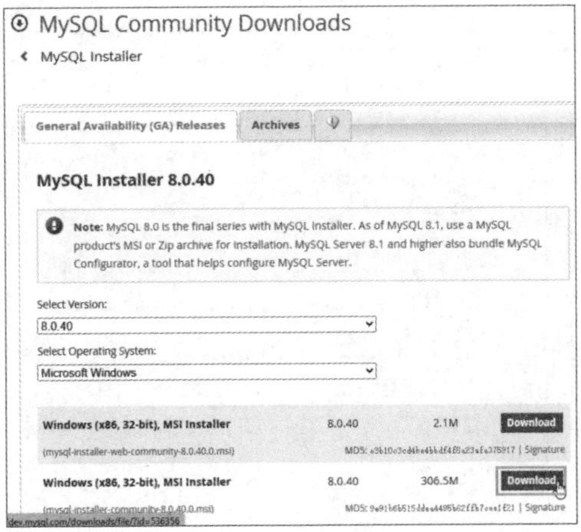

图 8-6

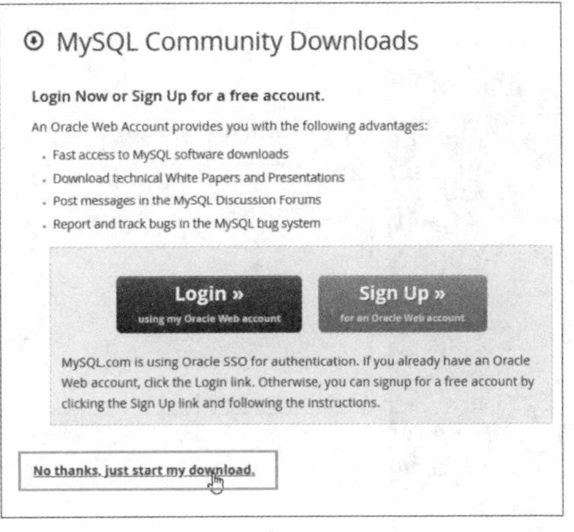

图 8-7

随后会启动浏览器的下载对话框，选择合适的位置保存即可。

知识点拨

MySQL现在共有3个大版本，默认是8.0系列，该系列是当前的稳定版本，并不断获得更新和错误修复，适合需要稳定性且计划长期使用的项目。并且具有较强的兼容性，广泛适用于生产环境中常见的需求。

另外两个非默认版本：8.4将设置为下一个长期支持版本，相当于当前的测试版；9.0是一个创新版本，更新频率高，会加入新功能，类似于开发版，适合尝鲜用户使用。

2. MySQL 的安装

MySQL的安装配置选项较多，下面讲解一些关键步骤，其他的步骤使用向导提供的默认配置，继续安装即可。建议新手用户使用默认的安装路径（建议计算机名和用户名都是英文），以免出错。

Step 01 在刚才下载的位置找到安装包，双击启动安装。安装程序会自动安装MySQL Installer，并通过该程序安装其他的组件。启动后弹出安装类型，这里选择Custom选项，自定义安装，单击Next按钮。

Step 02 展开左侧的项目，根据实际情况选择需要安装的组件。展开并选择MySQL Server 8（数据库主程序）、Workbench（编辑控制台）、Shell界面后，单击绿色向右箭头添加到安装列表中，单击Next按钮，如图8-8所示。

> **知识点拨**
>
> Workbench是MySQL自带的控制台，用来对数据库进行各种操作。如果使用第三方编辑工具，也可以不安装，Shell也是同样处理。

Step 03 接下来单击Execute按钮，进行程序的初始化和输出，完成后单击Next按钮，如图8-9所示。

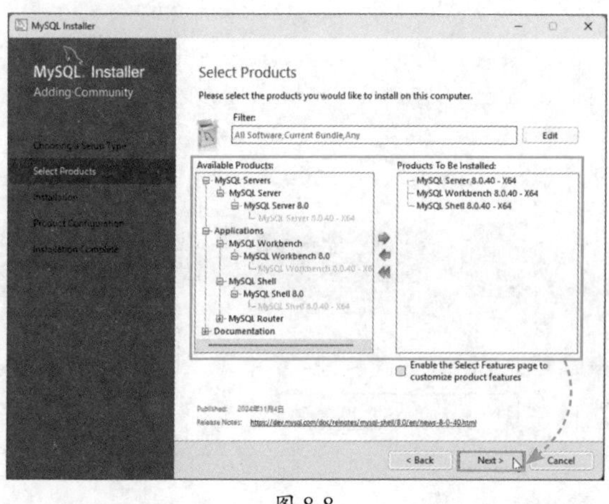

图 8-8

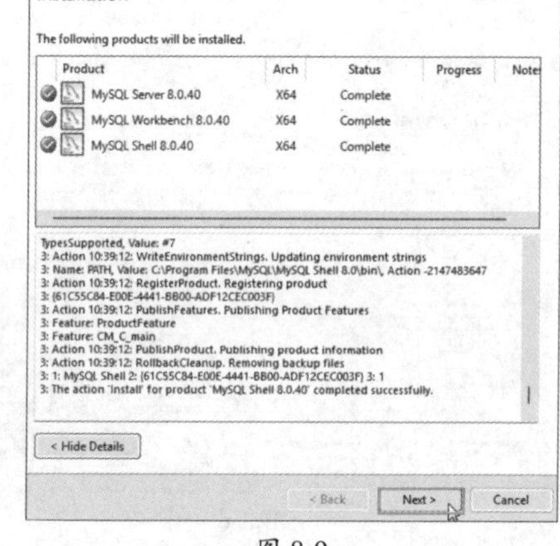

图 8-9

Step 04 接下来对MySQL参数进行配置，配置完毕才能启用。在类型和网络中，使用默认配置，端口也保持默认的3306，单击Next按钮，如图8-10所示。

Step 05 接下来设置验证方式，保持默认，在配置密码界面，设置Root用户的密码，完成后单击Next按钮，如图8-11所示。

Step 06 配置服务的名称，保持默认，单击Next按钮，如图8-12所示。

Step 07 最后让数据库按照配置进行初始化，完成后单击Finish按钮，如图8-13所示。接下来保持默认，直到完成安装。

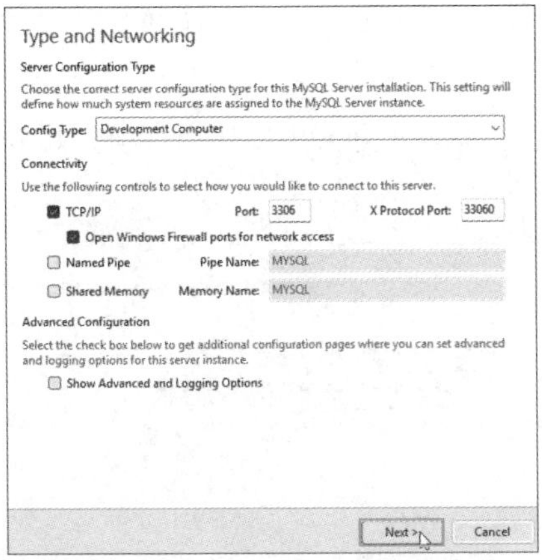

图 8-10

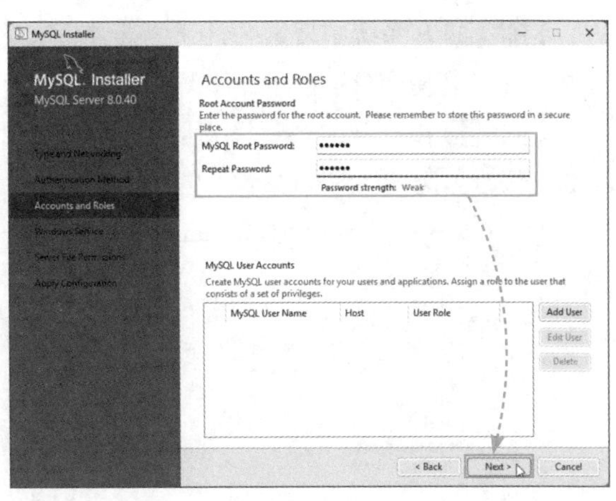

图 8-11

知识点拨

MySQL本身并没有中文，默认的Shell也是英文的，用户所说的中文指的是控制台或者数据库管理工具。默认的Workbench本身也是英文的，可以对主界面进行汉化，但是效果并不好。如果用户要使用中文控制台，可以选择第三方的管理工具，如Navicat等。关于Navicat的下载与安装，将在“知识拓展”板块进行介绍。

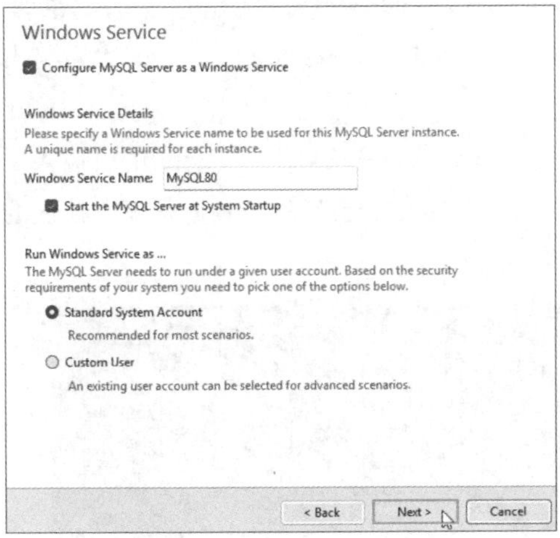

图 8-12

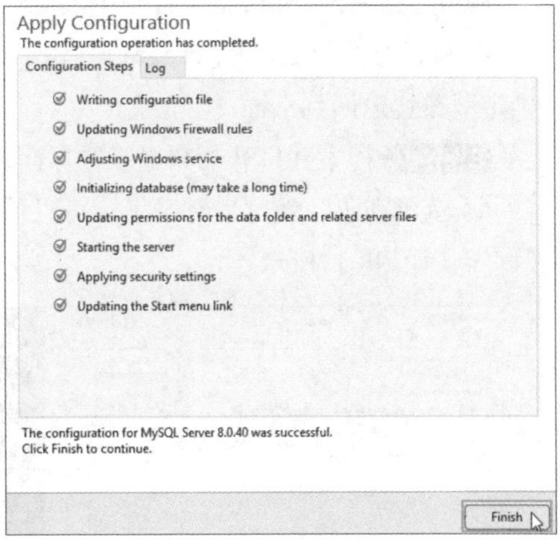

图 8-13

知识点拨

如果初始化过程中出现问题，可以单击log选项卡，查看出错的位置及原因，然后根据出错信息进行修改。

3. MySQL 环境的配置与验证

MySQL安装完毕后可以直接使用。如果很多第三方工具需要连接数据库，可能会直接使用系统环境变量和路径来访问MySQL。如果没有进行环境配置，可能报错。建议将MySQL的程序路径加入系统变量中。

Step 01 在系统中搜索并打开“查看高级系统设置”，在打开的“系统属性”对话框中单击“环境变量”按钮，如图8-14所示。

Step 02 在打开的“环境变量”对话框中双击“系统变量”中的Path选项，打开Path的修改界面，如图8-15所示。

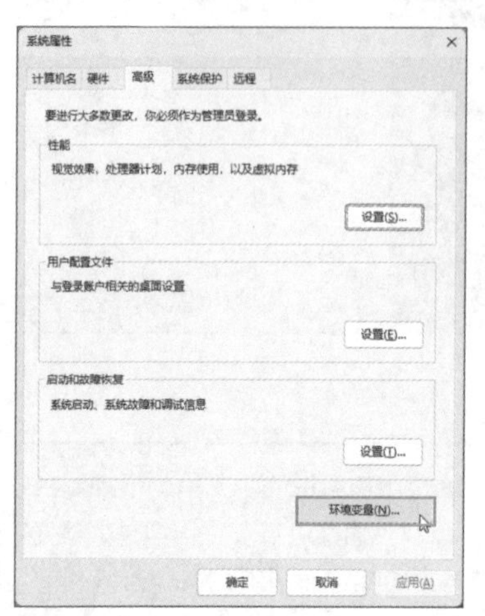

图 8-14

图 8-15

Step 03 将MySQL安装目录中的bin目录的路径添加到其中，如图8-16所示。如果默认安装，路径就是“C:\Program Files\MySQL\MySQL Server 8.0\bin”。完成后单击“确定”按钮返回到桌面。

Step 04 搜索并打开命令提示符界面，输入“mysql -u root -p”，按Enter键后输入设置的MySQL密码，就可以登录了。可以使用“show databases;”命令来查看其中默认的数据库，如图8-17所示。

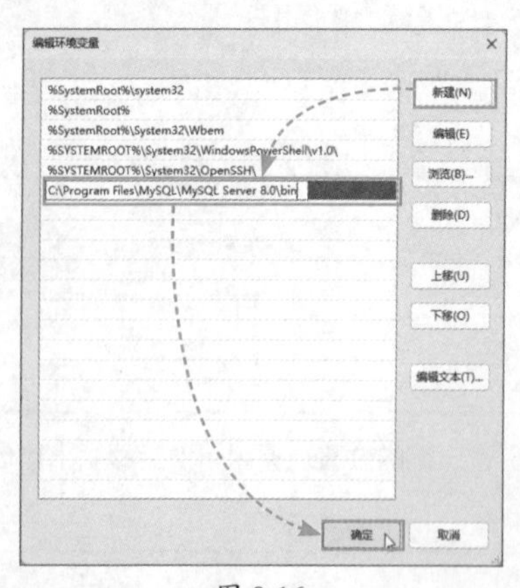

图 8-16

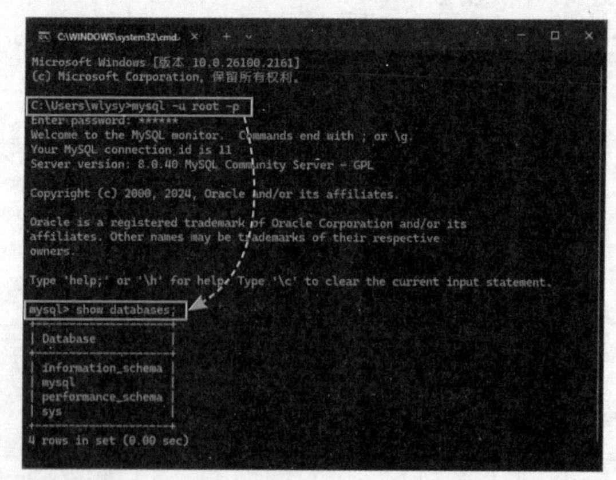

图 8-17

知识点拨

命令需要注意语法，尤其是空格。MySQL中命令后需要带上“;”。更多的MySQL使用方法建议参照相关书籍或视频教程进行学习。

知识拓展：Navicat的安装及与数据库的连接

如果使用中文的数据库管理工具，第三方的Navicat是一个不错的选择。下面介绍下载及使用该工具连接数据库的方法。

Step 01 进入Navicat中文网站，在“产品”中找到“Navicat 17 for MySQL”，单击“免费试用”按钮，如图8-18所示。

Step 02 选择任意位置，单击“直接下载”按钮，如图8-19所示。

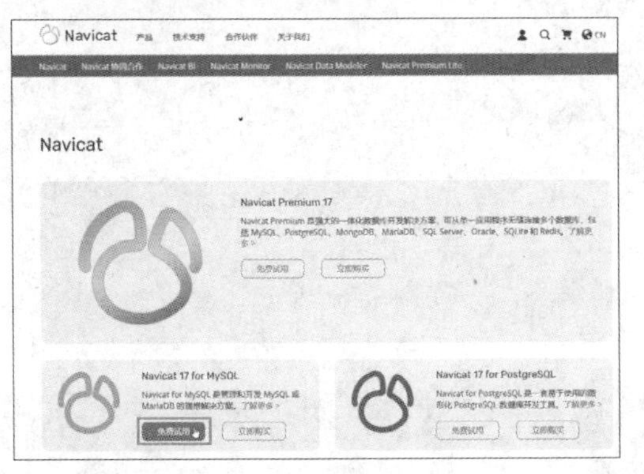

图 8-18

图 8-19

Step 03 在下载对话框中选择合适位置，启动下载。下载完毕后，双击安装包进行安装即可。

Step 04 在桌面双击图标，启动该软件，单击“连接”按钮，设置数据库名称、主机地址或主机名，输入数据库密码，单击“确定”按钮，如图8-20所示。如果配置正确，数据库也工作正常，就可以连接上。

Step 05 接下来可以对数据库进行各种操作，如创建、查询、删除、添加表等，如图8-21所示。

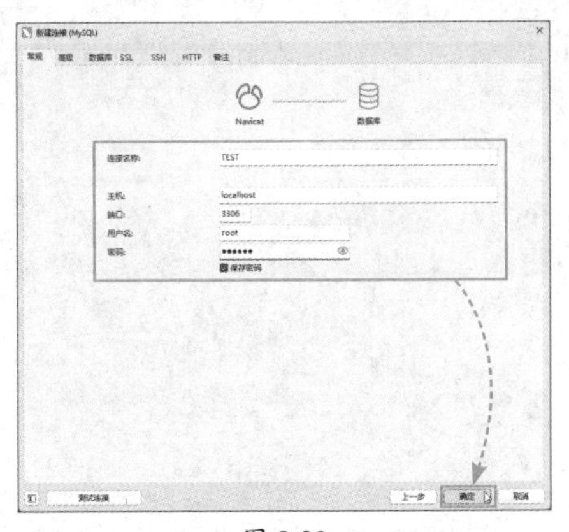

图 8-20

图 8-21

因为是中文界面，所以使用起来更加方便。建议结合教程进行各种操作。

第9章

计算机网络与信息安全

计算机网络随着计算机技术的发展而产生，在“互联网+”战略以及“提速降费”的影响下，我国的互联网产业进入了高速发展的时期。本章从计算机网络的概念开始，介绍计算机网络的分类、组成、Internet和信息安全等相关知识。通过本章内容的学习，读者将对计算机网络有一个完整的了解。

9.1 计算机网络概述

计算机网络的定义为，以能够相互共享资源的方式互联起来的、自治计算机系统的集合，主要指利用线缆、无线技术、网络设备等，将不同位置的计算机连接起来，通过共同遵守的协议、网络操作系统、管理系统等，实现硬件、软件、资源、数据信息的传递、共享的一整套功能完备的系统。由处于核心的网络通信设备（主要是路由器）、软件以及各种线缆组成的结构，叫作通信子网，主要目的是传输及转发数据；而所有互联的设备，无论是提供共享资源的服务器，还是各种访问资源的终端，都叫作资源子网，负责提供及获取资源。

9.1.1 计算机网络的形成与发展

计算机网络不是凭空出现的，而是计算机科学技术发展到一定阶段，有了互相传递数据的需求才产生的。一般可以将计算机网络的发展分为4个阶段。

第一阶段是计算机终端阶段。该阶段的主要特征是以大型计算机为中心，将可以操作的计算机以及可以进行科学计算的终端通过通信线缆连接到中心计算机，构成以中心计算机为中心的、简单的网络体系。

第二阶段是计算机互联阶段。随着大型主机、程控交换技术的出现与发展，提出了对大型主机资源远程共享的要求。该阶段的网络已经摆脱了中心计算机的束缚，多台独立的计算机通过通信线路互联，任意两台主机间通过约定好的“协议”传输信息。这时的网络也称为分组交换网络，该阶段的网络多以电话线路以及少量的专用线路为基础。

第三阶段是计算机网络标准化阶段。随着网络规模越来越大，通信协议也越来越复杂。各计算机厂商以及通信厂商都采用自家的通信协议，在网络互访方面给用户造成了很大的困扰。基于此原因，1984年，国际标准化组织制定了一种统一的网络分层结构——OSI参考模型，将网络分为七层结构。在OSI七层模型中，规定了设备之间必须在对应层之间沟通。

第四阶段是信息高速公路建设阶段。20世纪90年代中期开始，互联网进入高速发展阶段，发展出了以Internet为代表的第四代计算机网络。第四代计算机网络也可以称为信息高速公路（高速、多业务、大数据量）。

知识点拨

第四代计算机网络使用了很多技术，包括宽带综合业务数字网技术、ATM技术、帧中继技术、高速局域网技术等。在高速网络的带动下产生了很多网络应用，如电视电话会议、网络购物系统等。

9.1.2 计算机网络的分类

计算机网络按照网络覆盖范围，可以分为局域网、城域网和广域网。

1. 局域网

局域网的范围一般为10km以内，例如一个校园园区、一栋办公大楼、一个运动中心，最常见的是家庭局域网和公司局域网。特点是分布距离近、范围相对较小、用户相对较少、传输速度快、组建费用较低、易于实现、维护方便。速度为100～1000Mb/s。

2. 城域网

如某高校在某地的多个校区、某公司在城区的所有分公司、某连锁机构的所有门店，甚至一整座城市，都叫作城域网。城域网中数据传输延时相对较小，主要的传输载体为光纤。相对于局域网，城域网范围为10～100km，传输扩展距离更长、覆盖更广、规模更大、传输速度更快。技术和局域网类似，但费用较高，需要运营商的支持。

3. 广域网

广域网的范围通常为几十到几千千米，可以连接多个城市，甚至国家。通过海底光缆的架设，可以跨几个洲，形成洲际型网络。广域网采用的技术包括分组交换、卫星通信等。广域网是现在覆盖最广、通信距离最远、技术最复杂、建设费用最高的网络。人们日常接触的Internet就是广域网的一种。

9.1.3 计算机网络的拓扑

拓扑学是几何学的一个分支，拓扑结构是一种逻辑结构，通常用拓扑图表示。不考虑远近、线缆长度、设备大小等物理问题，通过简单的示意图形就可以绘制出整个网络结构。通过拓扑图对网络进行规划、设计、分析，方便交流以及排错。计算机网络按照拓扑结构可以分为以下5种。

1. 总线型拓扑

总线型网络拓扑使用单根传输线作为传输介质，所有的节点都直接连接到传输介质上，如图9-1所示，这根线就叫总线。总线型网络的工作原理是采用广播的方式，一台节点设备开始传输数据时，会向总线上所有的设备发送数据包，其他设备接收后，校验包的目的地址是否和自己的地址一致，如果相同，则保留，如果不一致，则丢弃。带宽共享，每台设备只能获取1/N的带宽。

2. 星状拓扑

星状拓扑以网络设备为中心，其他节点设备通过中心设备传递信号，中心设备执行集中式通信控制。常见的中心设备是集线器或者比较常见的交换机，如图9-2所示。星状拓扑结构简单，添加/删除节点方便，容易维护，升级方便。但中心依赖度高，对于中心设备的要求较高，如果中心节点发生故障，整个网络将会瘫痪。

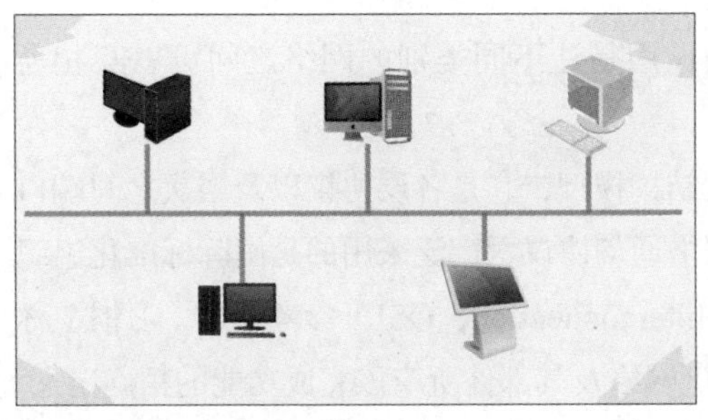
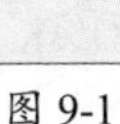
图 9-1

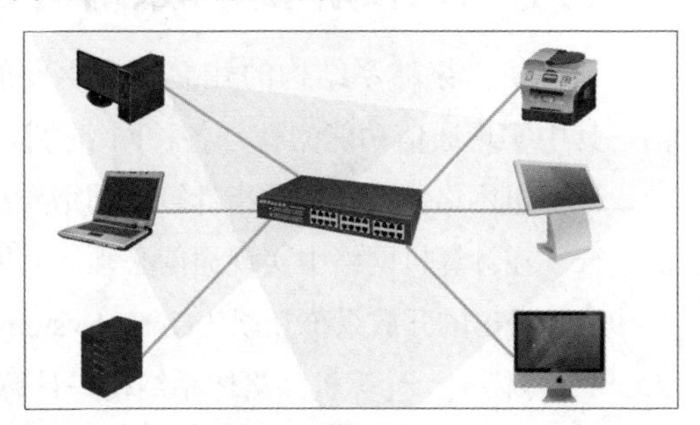
图 9-2

3. 环状拓扑

如果把总线型网络首尾相连，就是一种环状拓扑结构，如图9-3所示，其典型代表是令牌环局域网。在通信过程中，同一时间，只有拥有令牌的设备可以发送数据，然后将令牌交给下游的节点设备，从而开始新一轮的令牌传输。环状拓扑的一个节点坏掉，网络就无法通信，排查困难，扩充节点时网络必须中断。

4. 树状拓扑

树状拓扑属于分级集中控制，在大中型企业中比较常见。将星状拓扑按照一定标准组合起来，就变成了树状拓扑结构，如图9-4所示。该结构按照层次方式排列而成，非常适合主次、分等级层次的管理系统。

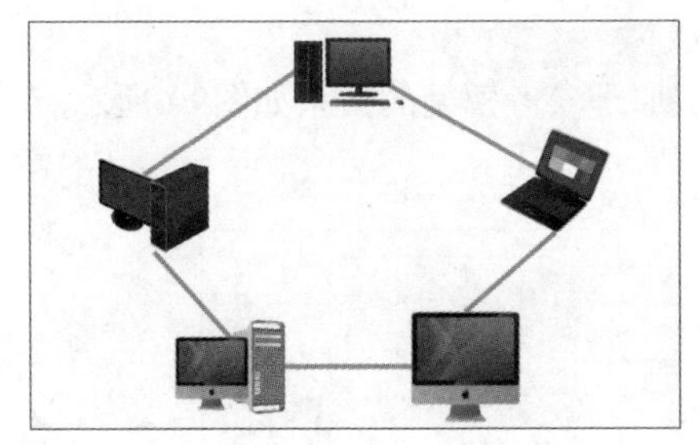
图 9-3

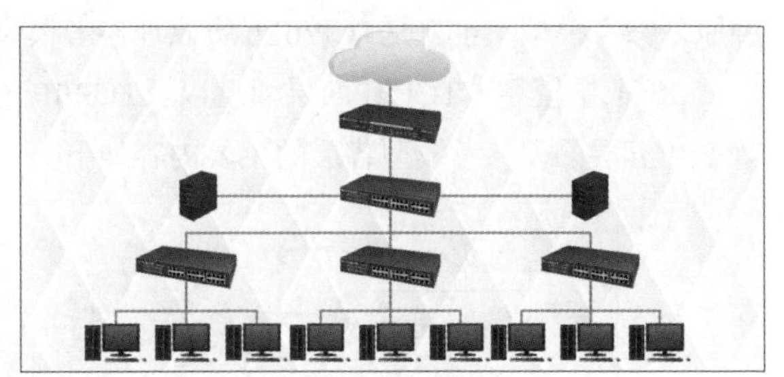
图 9-4

5. 网状拓扑

网状拓扑没有以上4种拓扑结构那么明显的规则，节点的连接是任意的，没有规律。网状拓扑的优点是系统可靠性高，但由于结构复杂，必须采用路由协议、流量控制等方法。广域网中大多数采用的是网状拓扑结构，如图9-5所示。

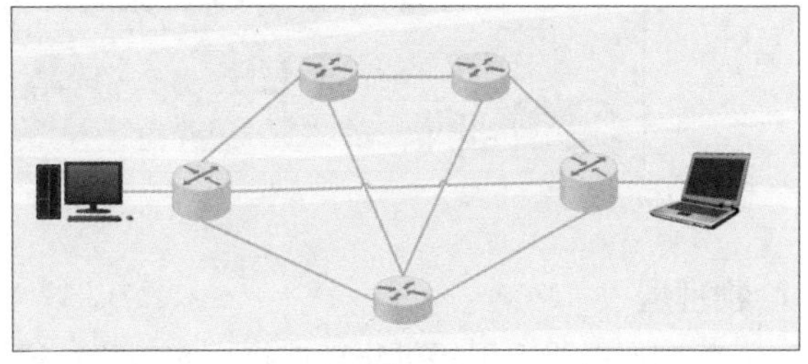
图 9-5

9.1.4 计算机网络体系结构与网络协议

计算机网络体系结构的建立，最主要的作用是让不同类别的网络之间可以互相通信，其中实现通信功能的就是各种网络协议。

计算机网络体系结构是指计算机网络层次结构模型，它是各层协议以及层次之间端口的集合。在计算机网络中实现通信必须依靠网络通信协议，广泛采用的是国际标准化组织于1997年提出的开放系统互联（Open System Interconnection，OSI）参考模型，习惯上称为OSI参考模型。计算机网络体系结构是计算机网络及其部件所应该完成功能的精确定义。

OSI参考模型没有考虑任何一组特定的协议，所以OSI更具有通用性。

TCP/IP（Transmission Control Protocol/Internet Protocol）译为传输控制协议/互联网协议，又名网络通信协议，是Internet最基本的协议。Internet国际互联网络的基础，由网络层的IP协议[①]和传输层的TCP协议组成。TCP/IP是最常用的一种协议，也可以算是网络通信协议的一种通信标准协议，同时它也是最复杂、最庞大的一种协议。

OSI参考模型是在协议开发前设计的，具有通用性。TCP/IP是先有协议集然后建立模型，不适用于非TCP/IP网络。OSI参考模型有七层结构，而TCP/IP有四层结构。为了学习完整体系，一般采用一种折中的方法，综合OSI参考模型与TCP/IP的优点，采用一种原理参考模型，也就是TCP/IP五层原理参考模型。

OSI七层模型、TCP/IP四层模型以及TCP/IP五层原理参考模型的关系如图9-6所示。TCP/IP五层原理参考模型各层的主要内容如下。

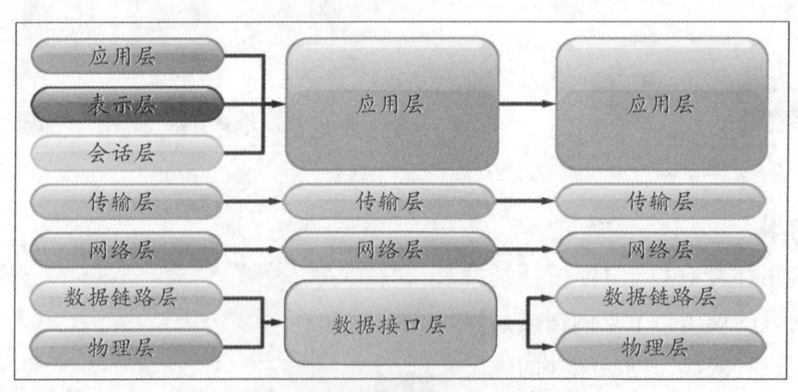

图 9-6

1. 物理层

物理层是为上层提供物理连接，实现比特流的透明传输。物理层定义通信设备与传输线路接口的电气特性、机械特性、应具备的功能等。

①为避免引起歧义，本书使用IP协议、TCP协议的叫法。

2. 数据链路层

数据链路层将源自网络层的数据按照一定的格式分割成数据帧，然后将帧按顺序送出，等待由接收端送回的应答帧。该层的主要作用是链路的建立、拆除以及分离，使用的协议有SLIP、PPP、X.25和帧中继等。

3. 网络层

网络层处理来自传输层的分组发送请求，进行数据包的封装与解封，用于异构网络的连接，选择去往目的地的最优路径，然后将数据报发往适当的网络接口，并且管理流控、拥塞等问题。网络层的协议有IP协议、ICMP协议、IGMP协议等。

4. 传输层

传输层是一个端到端，即主机到主机的层次。传输层负责将上层数据分段，并提供端到端的、可靠的（TCP）或不可靠的（UDP）传输。此外，传输层还要处理端到端的差错控制和流量控制问题。该层使用的协议包括TCP协议和UDP协议。

5. 应用层

应用层是OSI参考模型的最高层，是用户与网络的接口，用于确定通信对象，并确保有足够的资源用于通信。该层使用的协议包括文件传输（FTP）、远程操作（Telnet）、电子邮件服务（SMTP）、网页服务（HTTP）等。

9.1.5 计算机网络的组成

和计算机系统类似，计算机网络的组成包括网络硬件以及网络软件。

1. 网络硬件

网络硬件包括网络通信设备、传输介质、服务器、网络终端设备。

（1）通信设备

通信设备也就是常说的网络设备，包括交换机（Switch）、路由器、网卡、无线设备、调制解调器等。

交换机意为“开关”，是一种用电（光）信号转发数据的网络设备。它可以为接入交换机的任意两个网络节点提供独享的电信号通路，工作在数据链路层，最常见的交换机是以太网交换机。公司或者家用的交换机主要提供大量可以通信的传输端口，以方便局域网内部设备共享上网使用；或者在局域网中，各终端之间或者终端与服务器之间提供数据高速传输服务。

路由器作为网络层的设备，是互联网的枢纽设备，是连接因特网中局域网、广域网必不可少的。它会根据网络情况自动选择和设定路由表，以最佳路径发送数据包。

网卡是所有联网设备所必须具备的，网卡有网络连接、链路管理、帧的封装与解封、数据缓存、数据收发、串行/并行转换、介质访问控制等功能。

无线设备主要依靠无线电进行数据传输，无需传输介质，更具灵活性。无线设备包括无线接入点（AP）、无线控制器（AC）、无线网桥和无线网卡等。

调制解调器用来将数字信号转换为模拟信号，从而在同轴电缆、双绞线以及光纤设备中传输。

（2）传输介质

计算机网络使用的传输介质包括常见的传输电信号的双绞线、传输光信号的光纤等。

无线设备传输时，可以使用无线电波、微波、红外线等。

（3）服务器

服务器是计算机的一种，它比普通计算机更加专业化，运行更稳定，网络吞吐量更高。服务器在网络中为其他终端设备（如普通计算机、网络智能设备）提供计算或者应用服务。服务器具有长时间的可靠运行、冗余备份系统、强大的数据吞吐能力，以及更好的扩展性。

（4）网络终端设备

人们接触比较多的就是网络终端设备。网络终端设备连接网络，相互间进行网络通信，并可以使用各种网络资源。

2. 网络软件

网络软件包括网络设备使用的软件以及网络终端使用的软件。网络设备使用的软件，除了系统软件外，还包括各种网络通信协议。网络终端使用的软件更加丰富，除了网络操作系统外，还有各种网络应用。网络软件除了保证设备本身的资源管理、调配外，还通过各种网络协议保证网络的连接，以及数据的有效传输。

9.1.6 结构化布线与组网方法

结构化布线与组网方法是网络规划过程中需要特别考虑的。

1. 结构化布线

大中型企业的网络布线设计需要考虑很多因素：怎样设计布线系统，系统有多少信息量，多少语音点，怎样通过水平干线、垂直干线、楼宇管理子系统把它们连接起来，需要选择哪些传输介质（线缆），需要哪些线材（槽管），其材料价格如何，施工有关费用需多少，等等。一般的线路系统由以下几种系统组成。

- **工作区子系统：** 信息插座到用户终端设备这一段。
- **水平布线子系统：** 楼层配线间到信息插座，通常由超五类双绞线组成。需要高速传输的可采用六类及以上双绞线，过远的可以考虑光纤。

- **建筑物主干子系统：** 整栋楼的配线间至各楼层配线间，包括配线架、跳线等。一般采用光纤，或者超六类及以上的双绞线。
- **建筑群布线子系统：** 建筑群配线间至各建筑总配线间，多采用光纤。

布线施工应当与装修同时进行，尽量将电缆管槽埋藏于地板或装饰板之下，信息插座也要选用内嵌式，将底盒埋藏于墙壁内。

布线设计时，应当综合考虑电话线、有线电视电缆、电力线和双绞线的布设。弱电线和电力线不能离双绞线太近，以避免对双绞线产生干扰，但也不宜离得太远，相对位置保持20cm左右即可。如果在房屋建设时已经布好网络，并在每个房间预留了信息点，则应根据这些信息点的位置考虑和计算机的位置的配对关系等。

信息点数量适当冗余。在布线过程中，要根据信息点的数量和未来的发展趋势选择有冗余量的产品，并根据未来的发展留下冗余接口。

注意事项：在选择信息插座的位置时，也要非常注意，既要便于使用，不能被挡住，又要比较隐蔽，不能太显眼。信息插座与地面的垂直距离应不少于20cm。

2. 中小型局域网组建

中小型局域网的网络拓扑图如图9-7所示。

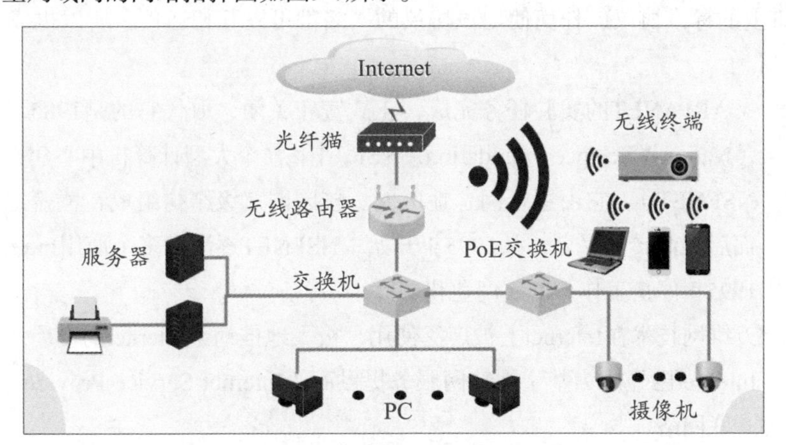

图 9-7

实际连接设备时，光纤接入光纤猫中，光纤猫的网线接入路由器的WAN口，路由器的LAN口连接到交换机上，其他有线设备都接入到交换机上。如果有无线设备，可以直接接入无线路由器中，PoE交换机为摄像机提供网络连接和电能，并接入到交换机中。

在无线路由器中，设置网络参数以便拨号上网，并对局域网的IP地址分配范围进行设置，即可完成中小型局域网的组建。

9.2 Internet基础

前面介绍了广域网的相关知识，日常使用的Internet（因特网）就是广域网的一种，下面介绍Internet的相关知识。

9.2.1 Internet的发展

20世纪60年代，美国国防部高级研究计划局（Advanced Research Projects Agency，ARPA）为了防止一旦发生战争，中心型网络的核心计算机被摧毁，可能造成所有的指挥中心全部瘫痪的情况，提出了一种分散型的指挥系统，互相独立，且地位相等，即第二代计算机网络。

20世纪60年代末，ARPA资助并建立了ARPANET（ARPA网），将位于洛杉矶的加利福尼亚大学、位于圣芭芭拉的加利福尼亚大学、斯坦福大学，以及位于盐湖城的犹他州州立大学的计算机主机连接起来。该阶段通过专门的通信交换机和线路进行连接，采用分组交换技术，从而形成了Internet的雏形。

20世纪70年代，人们开始意识到网络互联的问题，1983年，TCP/IP协议成为ARPANET上的标准协议，任何使用该协议的网络都可以互相通信，所以也成为Internet的诞生时间。

1990年，ARPANET的实验任务完成，正式宣布关闭，取代它的是1985年美国国家科学基金会（National Science Foundation，NSF）围绕6个大型计算机中心建设的国家科学基金网（NSFNET）。它由主干网、地区网、校园网三级结构组成，覆盖主要的大学和研究所，而后逐渐转为私营。从1993年开始，NSFNET逐渐被多个商用Internet主干所代替，并于1995年停止工作，彻底商业化。

1994年万维网技术在Internet上被广泛使用，极大地推动了Internet的发展。

目前，Internet已经成为基于因特网服务提供商（Internet Service Provider，ISP）的多层次结构互联网络。

知识点拨

我国主要的ISP有三个：中国电信、中国移动、中国联通。

9.2.2 Internet的协议

Internet采用TCP/IP协议，该协议包括TCP协议和IP协议两种。

1. TCP 协议

TCP协议是一种面向连接的、可靠的、基于字节流的传输层通信协议。TCP协议旨在适应支持多网络应用的分层协议层次结构。 连接到不同但互联的计算机通信网络的主计算机中的成对进程之间，依靠TCP协议提供可靠的通信服务。TCP协议假设其可以从较低级别的协议获得简单的、可能不可靠的数据报服务。原则上，TCP协议能够在从硬件连接到分组交换或电路交换网络的各种通信系统之上操作。

2. IP 协议

IP协议是为终端在网络中相互连接进行通信而设计的协议，是TCP/IP体系中的网络层协议。设计该协议的目的是提高网络的可扩展性：一是解决网络互联问题，实现大规模、异构网络的互联互通；二是分割顶层网络应用和底层网络技术之间的耦合关系，以利于两者的独立发展。根据端到端的设计原则，IP协议只为主机提供一种无连接的、不可靠的、尽力而为的数据报传输服务。

简单来说，现在的网络设备只要包括网络层、数据链路层、物理层，也遵循每一层相应的协议，就可以认为它们之间能够互相通信。实际也是如此。不管其他上层协议如何，只需要这三层，数据包就可以在互联网中畅通无阻。正是因为IP协议的优势，Internet网才得以迅速发展成为世界上最大的、开放的计算机通信网络。因此，IP协议也可以叫作Internet网协议。

9.2.3 地址与域名服务

在Internet中，通过路由器能将成千上万个不同类型的物理网络连接到一起，形成一个超大规模的网络。为了保证数据能在Internet中传输，到达指定的目的节点，必须给每个节点一个全局唯一的地址标识，这就是IP协议中的IP地址（Internet Protocol Address）。另外，为了方便在Internet中访问万维网资源，还需要域名服务的支持。

1. IP 地址

IP地址是IP协议的一个重要组成部分。IP地址是指互联网协议地址，又称为网际协议地址。IP地址是IP协议提供的一种统一的地址格式，它为互联网上的每一个网络和每一台主机分配一个逻辑地址，以此来屏蔽物理地址的差异。

最常见的是IPv4地址，IPv4地址通常用32位的二进制表示，被分隔成4个8位的二进制数，也就是4字节。IP地址通常使用点分十进制的形式表示（a.b.c.d），每位的范围是0～255，例如常见的192.168.0.1。Internet委员会定义了5种IP地址类型，以适应不同容量、不同功能的网络。根据地址的第一段，0～126为A类，128～191为B类，192～223为C类，224～239为D类，240～255为E类。另外有几段特殊的IP地址给予保留。

- **A类：** 10.0.0.0～10.255.255.255、100.64.0.0～100.127.255.255。
- **B类：** 172.16.0.0～172.31.255.255。
- **C类：** 192.168.0.0～192.168.255.255。

IPv4地址已经分配完毕，现在开始启用并向IPv6地址过渡，另外可以采用网络地址转换技术，将保留IP地址转换为公网可以传输的IP地址。IPv6采用128位地址长度，几乎可以不受限制地提供地址。

知识点拨

在IPv6的设计过程中，除解决地址短缺的问题以外，还考虑了性能的优化：端到端IP连接、服务质量（QoS）、安全性、多播、移动性、即插即用等。

2. 域名服务

可以通过IP地址访问主机。随着主机越来越多，点分十进制的数字表示的服务器不容易被记住，而且容易产生错误，所以人们发明了一种命名规则，用字符来与某IP相对应，通过字符串就可以访问该服务器资源，这种有规则的字符串叫作域名。而记录字符串与IP的对应表所存放的，并提供转换服务的服务器叫作DNS（Domain Name System）服务器。

Internet网采用树状层次结构的命名方法，任何一个连接在Internet网上的主机或路由器，都有一个唯一的层次结构的名字，即域名。域名的结构由标号序列组成，各标号之间用点隔开，例如“主机名.…….二级域名.顶级域名”。

比较常见的顶级域名有com（公司和企业）、net（网络服务机构）、org（非营利性组织）、edu（教育机构）、gov（政府部门）、mil（军事部门）、int（国际组织）。另外还有国家级别的域名，如cn（中国）、us（美国）、uk（英国）等。

企业、组织和个人都可以申请二级域名，如常见的baidu、qq、taobao等都属于二级域名。

通过上面的三者就可以确定一个域。通常输入的www，指的其实是主机的名字。因为习惯问题，常常将提供网页服务的主机标识为www；提供邮件服务的叫作mail；提供文件服务的叫作ftp。使用时，主机名加上本区的域名，如www.baidu.com、www.taobao.com。

9.2.4 Internet接入技术

用户连接到Internet中，可以使用多种技术，包括xDSL、小区宽带、FTTx技术等。

1. xDSL

所谓xDSL技术，是用数字技术对模拟电话用户线进行改造，使其能够承载宽带业务。标准模拟电话信号的频带被限制为300～3400kHz，但用户线本身实际可通过的信号频率仍然超过1MHz。xDSL技术就把0～4kHz的低频段频谱留给传统电话使用，而把原来没有被利用的高频段频谱留给用户上网使用。比较常见的是ADSL（Asymmetric Digital Subscriber Line，非对称数字用户线）。随着电话线路的落寞，该技术使用的范围也慢慢变小。

2. 小区宽带

小区宽带一般指的是光纤到小区，在小区内部使用以太网技术和设备（交换机），通过网线入户，小区居民共享上网。由于多人共用一根光纤上网，在上网高峰期会对网络质量有较大影响。由于以太网设备都放置在小区中，所以使用网线入户，并且所有设备都需要使用电能。出于网络质量、安全及成本的综合考虑，小区宽带基本退出了历史舞台。

3. FTTx 技术

随着光纤成本越来越低，光纤连接Internet已经成为主流。FTTx是一个统称，前面介绍的小区宽带就是FTTx的一种。现在基本使用FTTH（Fiber To The Home）。光纤到家指光纤一直铺设到用户家庭，是居民接入Internet的最佳解决方案，不仅节能方便，而且非常安全。

9.3 网络信息安全基础

信息安全问题一直是人们关注的，随着互联网的发展，以及网络应用的爆发式增长，网络信息安全问题更加突出。现在网络信息安全问题已经跨越了国界，是世界范围的难题。网络管理是一个动态的长期过程，网络管理的内容、信息安全指标、安全防御技术等也将在本节进行讲述。

9.3.1 网络管理简介

计算机网络管理采用某种技术和策略，对网络上的各种网络资源进行检测、控制和协调，并在网络出现故障时及时进行报告和处理，从而实现尽快恢复，保证网络正常高效运行，达到充分利用网络资源的目的，并保证向用户提供可靠的通信服务。网络管理体系包括以下几方面。

- **网络管理工作站：** 整个网络管理的核心，通常是一个独立的、具有良好图形界面的高性能工作站，并由网络管理员直接操作和控制。所有向被管设备发送的命令都是从网络管理工作站发出的。
- **被管理设备：** 网络中有很多被管理设备（包括设备中的软件），可以是主机、路由器、打印机、集线器、交换机等，每一个被管理设备中可能有许多被管理对象。
- **管理信息库：** 大规模复杂网络环境中，网络管理需监控来自不同厂商的设备，这些设备的系统环境、信息格式可能完全不同。因此，对被管理设备的管理信息的描述需要定义统一的格式和结构，这就是管理信息库。
- **代理程序：** 每一个被管理设备中都运行着一个程序，以便和网络管理工作站中的网络管理程序进行通信，这个程序称为网络管理代理程序，简称代理。

- **网络管理协议**：网络管理程序和代理程序之间通信的规则，是两者之间的通信协议。

9.3.2 网络管理的基本功能

网络管理的基本功能包括故障管理、计费管理、配置管理、性能管理、安全管理。

1. 故障管理

故障管理是网络管理最基本的功能之一。当网络发生故障时，必须尽快找出故障发生的确切位置，将网络其他部分与故障部分隔离，以确保网络其他部分不受干扰地继续运行；重新配置或重组网络，尽可能降低由于隔离故障后对网络带来的影响，修复或替换故障部分，将网络恢复为初始状态。对网络组成部件状态的监测是网络故障检测的依据。不严重的简单故障或偶然出现的错误通常被记录在错误日志中，一般需做特别处理，严重一些的故障则需要通知网络管理器，即发出报警。因此网络管理器必须具备快速和可靠的故障监测、诊断和恢复功能。

2. 计费管理

在有偿使用的商业网络上，计费管理功能统计有哪些用户、使用何种信道、传输多少数据、访问什么资源等信息；另一方面，计费管理功能还可以统计不同线路和各类资源的利用情况。由此可见，计费管理的根本依据是用这些信息制定一种用户可接受的计费方法。商业网络中的计费系统还要包含诸如每次通信的开始和结束时间、通信中使用的服务等级，以及通信中的另一方等更详细的计费信息，并且能够随时查询这些信息。

3. 配置管理

计算机网络由各种物理结构和逻辑结构组成，这些结构中有许多参数、状态等信息需要设置并协调。另外，网络运行在多变的环境中，系统本身也经常要随着用户的增减或设备的维修而调整配置。网络管理系统必须具有足够的手段支持这些调整的变化，使网络更有效地工作，这些手段构成了网络管理的配置管理功能。配置管理功能至少应包括识别被管理网络的拓扑结构、标识网络中的各种现象、自动修改指定设备的配置、动态维护网络配置数据库等内容。

4. 性能管理

性能管理的目的是在使用最少的网络资源和具有最小延迟的前提下，确保网络能提供可靠连接的通信能力，并使网络资源的使用达到最优。网络的性能管理有监测和控制两大功能，监测功能实现对网络中的活动进行跟踪，控制功能实施相应调整来提高网络性能。性能管理的具体内容：从被管对象中收集与网络性能有关的数据；分析和统计历史数据；建立性能分析的模型；预测网络性能的长期趋势，并根据分析和预测的结果对网络拓扑结构、某些对象的配置和参数作出调整，逐步达到最佳运行状态。如果需要作出调整，还要考虑扩充或重建网络。

5. 安全管理

安全管理的目的是确保网络资源不被非法使用，防止网络资源由于入侵者攻击而遭受破坏，其主要内容包括：与安全措施有关的信息分发，如密钥的分发和访问权设置等；与安全有关的通知，如网络有非法侵入，无权用户对特定信息的访问；安全服务措施的创建、控制和删除；与安全有关的网络操作事件的记录、维护和查询日志管理工作，等等。一个完善的计算机网络管理系统必须制定网络管理的安全策略，并根据这一策略设计实现网络安全的管理系统。

9.3.3 网络安全简介

网络安全是指网络系统的硬件、软件及其系统中的数据受到保护，不因偶然的或者恶意的原因而遭到破坏、更改、泄露，系统连续、可靠、正常地运行，网络服务不中断。

安全的基本含义：客观上不存在威胁，主观上不存在恐惧，即客体不担心其正常状态受到影响。可以把网络安全定义为，一个网络系统不受任何威胁与侵害，能正常地实现资源共享功能。要使网络能正常地实现资源共享功能，首先要保证网络的硬件、软件能正常运行，然后要保证数据信息交换的安全。从9.3.1节和9.3.2节可以看到，由于资源共享的滥用，导致了网络的安全问题，因此网络安全的技术途径就是要实行有限制的共享。

9.3.4 网络信息安全指标

通俗地说，网络信息安全与保密主要是指保护网络信息系统，使其没有危险、不受威胁、不出事故。从技术角度来说，网络信息安全与保密的目标主要表现在系统的可靠性、可用性、保密性、完整性、不可抵赖性、可控性等方面。

1. 可靠性

可靠性是网络信息系统能够在规定条件下和规定的时间内完成规定的功能特性。可靠性是系统安全的最基本要求之一，是所有网络信息系统的建设和运行目标。网络信息系统的可靠性测度主要有三种：抗毁性、生存性和有效性。

知识点拨

可靠性主要表现在硬件可靠性、软件可靠性、人员可靠性、环境可靠性等方面。

2. 可用性

可用性是网络信息可被授权实体访问并按需求使用的特性，即网络信息服务在需要时，允许授权用户或实体使用的特性，或者是网络部分受损或需要降级使用时，仍能为授权用户提供有效服务的特性。可用性是网络信息系统面向用户的安全性能。可用性还应该满足：身份识别与确认、访问控制、业务流控制、路由选择控制、审计跟踪。

3. 保密性

保密性是网络信息不被泄露给非授权的用户、实体或程序，即防止信息泄露给非授权个人或实体，信息只为授权者使用的特性。保密性是在可靠性和可用性的基础上，保障网络信息安全的重要手段。最常使用的手段是数据的加密技术。

4. 完整性

完整性是网络信息未经授权不能进行改变的特性，即网络信息在存储或传输过程中，保持不被偶然或蓄意地删除、修改、伪造、乱序、重放、插入等破坏和丢失的特性。完整性是一种面向信息的安全性，它要求保持信息的原样，即信息的正确生成、正确存储和传输。

5. 不可抵赖性

不可抵赖性也称不可否认性，在网络信息系统的信息交互过程中，确信参与者的真实统一性。利用信息源证据可以防止发信方不真实地否认已发送信息，利用递交接收证据可以防止收信方事后否认已经接收的信息。

6. 可控性

可控性是对网络信息的传播及内容具有控制能力的特性。

9.3.5 安全防御技术

彻底根除网络威胁基本是不可能的，只能尽可能增强网络安全性，将入侵成本提高到让黑客望而却步。网络安全是一项复杂的系统工程，涉及技术、设备、管理和制度等多方面，安全解决方案的制定需要从整体上进行把握。网络安全解决方案是综合各种计算机网络信息系统安全技术，将安全操作系统技术、防火墙技术、病毒防护技术、入侵检测技术、安全扫描技术等综合起来，形成一套完整的、协调一致的网络安全防护体系。常见的主要对策有以下几种。

- **建立安全管理制度：** 提高包括系统管理员和用户在内的人员的网络技术素质和专业修养。
- **网络访问控制：** 访问控制是网络安全防范和保护的主要策略，主要任务是保证网络资源不被非法使用和访问。访问控制涉及的技术比较广，包括入网访问控制、网络权限控制、目录级控制以及属性控制等多种手段。

- **数据的备份与恢复：** 针对重要数据要做到定期备份，在遇到重大灾难时可以随时进行恢复，将损失降至最低。
- **加密及身份验证技术：** 密码技术是信息安全的核心技术，密码手段为信息安全提供了可靠保证。基于密码的数字签名和身份认证是当前保证信息完整性的最主要方法之一，密码技术主要包括数字签名以及密钥管理等。
- **切断威胁途径：** 部署网络防御手段和措施，包括使用防火墙技术和入侵检测系统，通过各种策略提高应对网络攻击的能力。
- **修补系统漏洞：** 及时发现及修复系统和软件漏洞，预防黑客利用漏洞进行网络攻击和探测。

9.4 计算机安全与病毒防护

除了网络安全外，最重要的网络终端设备——计算机也应提高其安全性。下面介绍计算机安全以及病毒的防护。

9.4.1 计算机安全的定义

国际标准化委员会对计算机安全的定义是，为数据处理系统采取的和管理的安全保护，保护计算机硬件、软件、数据不因偶然的或恶意的原因而遭到破坏、更改、泄露。

中国公安部计算机管理监察司对计算机安全的定义是，计算机安全是指计算机资产安全，即计算机信息系统资源和信息资源不受自然和人为有害因素的威胁和危害。

9.4.2 计算机存储数据的安全

计算机安全中最重要的是存储数据的安全，其面临的主要威胁包括计算机病毒、非法访问、硬件损坏等。

计算机病毒是附在计算机软件中的、隐蔽的小程序，会破坏正常的程序和数据文件。恶性病毒可使整个计算机软件系统崩溃，数据全毁。

非法访问是指盗用者盗用或伪造合法身份，进入计算机系统，私自提取计算机中的数据，或进行修改、转移、复制等。防止的办法一是增设软件系统的安全机制，二是对数据进行加密处理，三是在计算机内设置操作日志。

计算机存储器硬件损坏，使得计算机存储数据读不出来是常见的事。防止这类事故的发生有几种办法，一是定期进行备份，二是在计算机中使用RAID技术。

9.4.3 计算机硬件的安全

计算机在使用过程中，对外部环境有一定的要求，即计算机周围的环境应尽量保持清洁，温度和湿度应该合适，电压稳定，以保证计算机硬件可靠地运行。计算机安全的另外一项技术是加固技术，经过加固技术生产的计算机防震、防水、防化学腐蚀，可以使计算机在野外全天候运行。

从系统安全的角度看，计算机的芯片和硬件设备也会对系统安全构成威胁，例如计算机内部信息外泄、计算机系统灾难性崩溃。

计算机里的每一个部件都是可控的，所以叫作可编程控制芯片，如果掌握了控制芯片的程序，就能控制计算机芯片。只要能控制，那么它就是不安全的。因此，在使用计算机时要注意做好计算机硬件的安全防护。

知识拓展：常见的计算机防护策略

计算机及计算机网络威胁关乎每个人的信息和设备安全，接下来介绍一些常见的计算机防护策略。

1. 安装杀毒软件

对于一般用户而言，首先要做的就是为计算机安装一套杀毒软件，并定期升级安装的杀毒软件，打开杀毒软件的实时监控程序。

2. 安装个人防火墙

安装个人防火墙以抵御黑客的袭击，最大限度地阻止网络中的黑客访问用户的计算机，防止他们更改、复制、毁坏重要信息。防火墙在安装后要根据需求进行详细配置。

3. 有效管理密码

在不同的场合使用不同的密码，如网上银行、电子邮件、聊天室以及一些网站的会员等，应尽可能使用不同的密码，以免因一个密码泄露导致所有资料外泄。对于重要的密码（如网上银行的密码）一定要单独设置，且不要与其他密码相同。

设置密码时要尽量避免使用有意义的英文单词、姓名缩写、生日、电话号码等容易泄露的字符作为密码，最好采用字符、数字和特殊符号混合的密码。建议定期修改自己的密码，这样可以确保即使原密码泄露，也能将损失降至最低。

4. 警惕不明软件及程序

应选择信誉较好的下载网站下载软件，将下载的软件及程序集中放在非引导分区的某个目录，在使用前最好用杀毒软件查杀病毒。

不要打开来历不明的电子邮件及其附件，以免遭受病毒邮件的侵害，这些病毒邮件通常都会以带有噱头的标题来吸引用户打开其附件，如果下载或运行了其附件，就会受到感染。也不要接收和打开来历不明的QQ、微信等发来的文件。

5. 防范流氓软件

对将要在计算机上安装的共享软件进行甄别选择。在安装共享软件时，应该仔细阅读各步骤出现的协议条款，特别留意那些有关安装其他软件行为的语句。

6. 仅在必要时共享

一般情况下不要设置文件夹共享，如果是共享文件则应该设置密码，一旦不需要共享应立即关闭。共享时访问类型一般设置为只读，不要将整个分区设置为共享。

7. 定期备份

数据备份的重要性毋庸讳言，无论防范措施做得多么严密，也无法完全防止受到网络威胁的情况出现。如果遭到致命攻击，操作系统和应用软件可以重装，而重要的数据只能靠用户日常备份。

第 10 章 计算机网络前沿技术

随着互联网的发展，互联网新技术层出不穷。现阶段的热门技术包括云计算、大数据、虚拟现实技术（Virtual Reality，VR）、物联网技术及应用，它们之间也有内在联系。本章主要介绍这几种技术的特点以及应用。

10.1 云计算技术

云计算最初的目标是对资源的管理，包括计算资源、网络资源以及存储资源，按照用户的需求合理配置这几种资源，以满足用户的实际需要。云计算的众多优势之一是用户只需为实际用量付费，无须购买和维护自己的物理数据中心和服务器，能够更快、更高效地进行扩大或缩小。

10.1.1 云计算的概念

云计算是分布式计算的一种，指的是通过网络"云"将巨大的数据计算处理程序分解成无数个小程序，然后通过多部服务器组成的系统进行处理和分析，这些小程序得到结果并返回给用户。云计算早期就是简单的分布式计算，解决任务分发，并进行计算结果的合并。因而，云计算又称为网格计算。通过这项技术，可以在很短的时间内（几秒钟）完成对数以万计的数据的处理，从而实现强大的网络服务。

现阶段的云计算服务已经不单单是一种分布式计算，而是分布式计算、效用计算、负载均衡、并行计算、网络存储、热备份冗杂和虚拟化等计算机技术混合演进并跃升的结果。

1. 云计算部署模型

云计算部署模型包括公有云、私有云和混合云。

- 公有云由第三方云服务提供商运营，它们通过互联网提供计算、存储和网络资源，使企业能够根据其独特的要求和业务目标访问共享的按需资源。
- 私有云由单个组织构建、管理和拥有，并以非公开方式托管在自己的数据中心（通常称为"本地"）内。私有云可提供更强的数据控制、安全和管理功能，同时内部用户仍能够受益于共享的计算、存储和网络资源池。
- 混合云结合了公有云和私有云模型，使企业能够利用公有云服务，并仍可保持私有云架构中常见的安全和合规功能。

2. 云计算的优势

相较于其他的计算方式，云计算具有以下优势。

- **性价比较高：** 云计算让用户无须购买硬件、软件，以及在设置运行现场数据中心（包括服务器机架、用于供电和冷却的全天不间断电力、管理基础结构的IT专家）方面进行资金投入。
- **速度快：** 大多数云计算服务作为按需自助服务提供，通常只需单击几下鼠标，即可在数分钟内调配海量计算资源，赋予企业非常大的灵活性，并消除容量规划的压力。
- **动态扩展：** 即云计算服务弹性扩展能力。对于云而言，意味着能够在需要的时候从适当的地理位置提供适量的IT资源，例如更多或更少的计算能力、存储空间、带宽。

知识点拨

用户能够对计算机处理、内存和存储资源进行动态设置和取消设置，以满足不断变化的需求，而无须考虑使用率峰值的容量规划及工程设计。

- **提高效率**：现场数据中心通常需要大量的“机架和堆栈”、硬件设置、软件补丁和其他费时的IT管理事务。云计算避免了这些任务中的大部分，让IT团队可以把时间用来实现更重要的业务目标。
- **高可用性**：最大的云计算服务在安全数据中心的全球网络上运行，该网络会定期升级到最新的、快速高效的计算机硬件。与单个企业数据中心相比，它能提供多项益处，包括降低应用程序的网络延迟和提高缩放的经济性。
- **高可靠性**：云计算能够以较少的费用简化数据备份、灾难恢复和实现业务连续性，可以在云提供商网络中的多个冗余站点上对数据进行镜像处理。
- **高安全性**：许多云提供商提供广泛的、用于提高整体安全情况的策略、技术和控件，这些有助于保护数据、应用和基础结构免受潜在威胁。
- **虚拟化技术**：虚拟化突破了时间、空间的界限，是云计算最显著的特点，虚拟化技术包括应用虚拟和资源虚拟两种。

3. 云计算的用途

云计算提供可让组织受益的众多应用，以下是一些常见的使用场景。

- **基础架构扩缩**：许多组织（包括零售业组织）对计算能力的需求波动较大，云计算可以轻松适应这些波动。
- **数据存储**：云计算支持存储大量数据，从而提高数据的可访问性，简化数据分析，并让备份操作更轻松，从而让原本不堪重负的数据中心缓解压力。
- **大数据分析**：云计算提供近乎无限的资源，支持处理海量数据。
- **灾难恢复**：企业使用云计算安全地备份其数字资产，而不必构建更多的数据中心来确保发生灾难期间的连续性。
- **应用开发**：云计算可让企业开发者快速访问用于应用开发和测试的工具和平台，从而缩短应用的开发时间。

10.1.2 云计算特征

云计算具有以下几种显著特征。

1. 以网络为中心

云计算的组件和整体架构由网络连接在一起并存储于网络中，同时通过网络向用户提供服务。

2. 以服务为提供方式

有别于传统的、一次性买断统一规格的有形产品，通过云计算，用户的个性化需求可得到多层次的服务。云计算服务的提供者可以从一片大“云”中切割，组合或塑造出各种形态特征的“云”，以满足不同用户的个性化需求。

3. 资源的池化与透明化

对云计算服务的提供者而言，各种底层资源（计算、存储、网络、逻辑资源等）的异构性被屏蔽，边界被打破，所有资源可以被统一管理、调度，成为所谓的“资源池”，从而为用户提供按需服务。对用户而言，这些资源是透明的、无限大的，用户无须了解资源池复杂的内部结构、实现方法和地理分布等，只需要关心自己的需求是否得到满足。

4. 高扩展与高可靠性

云计算要快速、灵活、高效、安全地满足海量用户的海量需求，必须有非常完善的底层技术架构，这个架构应该有足够大的容量、足够好的弹性、足够快的业务响应和故障冗余机制、足够完备的安全和用户管理措施，以及灵活的计费方式。

5. 支持异构基础资源

云计算可以构建在不同的基础平台之上，即可以有效兼容各种不同种类的硬件和软件基础资源。硬件基础资源主要包括网络环境中的三类设备，即计算、存储和网络；软件基础资源则包括单机操作系统、中间件、数据库等。

6. 支持资源动态扩展

支持资源动态扩展，实现基础资源的网络冗余，意味着添加、删除、修改云计算环境的任一资源节点，抑或任一资源节点的异常宕机，都不会导致云环境中的各类业务的中断，也不会导致用户数据的丢失。

7. 支持异构多业务体系

在云计算平台上，可以同时运行多个不同类型的业务。异构表示该业务不是同一的，不是已有的或事先定义好的，而是用户可以自己创建并定义的服务。这也是云计算与网格计算的一个重要差异。

8. 支持海量信息处理

在底层，云计算需要面对各类众多的基础软硬件资源；在上层，需要能够同时支持各类众多的异构的业务；而具体到某一业务，往往需要面对大量的用户。由此，云计算必然需要面对海量信息交互，需要有高效、稳定的海量数据通信、存储系统作支撑。

9. 按需分配

按需分配是云计算平台支持资源动态流转的外部特征表现。云计算平台通过虚拟分拆技术，可以实现计算资源的同构化和可度量化，可以提供少到一台计算机，多到千台计算机的计算能力。按量计费起源于效用计算，在云计算平台实现按需分配后，按量计费也成为云计算平台向外提供服务时的有效收费形式。

10.1.3 云计算服务模式及种类

云计算的服务模式大致可以分为以下4种。

1. 基础结构即服务

基础结构即服务（IaaS）是云计算服务的最基本类别。使用IaaS时，以即用即付的方式从服务提供商处租用IT基础结构，如服务器和虚拟机（VM）、存储空间、网络和操作系统。

通过将组织的基础结构迁移到IaaS解决方案，可帮助用户降低对本地数据中心的维护，节省硬件成本，同时获得实时业务见解。借助IaaS解决方案，用户可根据需要灵活地纵向扩展和缩减IT资源。还能帮助用户快速预配新的应用程序，并提高底层基础结构的可靠性。

购买和管理物理服务器与数据中心基础结构既费钱又复杂，而使用IaaS可避开这些。每项资源作为单独服务组件提供，只需根据需要为特定资源付费。云计算服务提供商负责管理基础结构，用户只需购买、安装、配置和管理自己的软件，包括操作系统、中间件和应用程序。

2. 平台即服务

平台即服务（PaaS）是指云计算服务，它们可以按需提供开发、测试、交付和管理软件应用程序所需的环境。PaaS旨在让开发人员能够更轻松地快速创建Web或移动应用，而无须考虑对开发所必需的服务器、存储空间、网络和数据库基础结构进行设置或管理。

主要优势：减少编码时间，无须增员便可提高开发能力，更轻松地针对多种平台进行开发（包括移动平台），使用经济实惠的先进工具，支持地理位置分散的开发团队，有效管理应用程序生命周期。

3. 无服务器计算

使用PaaS进行重叠，无服务器计算侧重于构建应用功能，无须花费时间管理服务器和基础结构。云提供商可为用户处理设置、容量规划和服务器管理。无服务器体系结构具有高度可缩放和事件驱动的特点，且仅在出现特定函数或事件时才使用资源。

要理解无服务器计算的定义，认识到服务器仍在运行代码很重要。服务器名称来源于一个事实：与基础结构预配和管理相关联的任务对开发者不可见。这种方式让开发者能够更多地专注于业务逻辑，向业务核心交付更多价值。无服务器计算可帮助团队提高生产力，更快地将产品推向市场，并让用户可以更好地优化资源，专注于创新。

4. 软件即服务

软件即服务（SaaS）是通过Internet交付软件应用程序的方法，通常以订阅为基础按需提供。使用SaaS时，云提供商托管并管理软件应用程序和基础结构，并负责软件升级和安全修补等维护工作。用户（通常使用移动设备或计算机上的Web浏览器）通过Internet连接到应用程序。

SaaS的优点：可以使用先进的应用程序，只为自己使用的东西付费，免客户端软件使用，轻松增强员工的移动性，从任何位置访问应用数据。

10.2 大数据技术

大数据指无法在一定时间范围内用常规软件工具进行捕捉、管理和处理的数据集合，是需要新处理模式才能具有更强的决策力、洞察发现力和流程优化能力的海量、高增长率和多样化的信息资产。现在大数据技术已经应用到了生活的各方面，在需要做重大决策时，总能看到大数据的身影。

10.2.1 大数据相关理论

大数据需要特殊的技术，以有效地处理大量的数据。适用于大数据的技术包括大规模并行处理（MPP）数据库、数据挖掘、分布式文件系统、分布式数据库、云计算平台、互联网和可扩展的存储系统。

1. 大数据的工作原理

大数据提供了可满足整个数据管理周期需求的新工具，因此具有技术上和经济上的可行性，不仅能够收集并存储更大的数据集，还能对其进行分析，以发掘有价值的新应用。大多数情况下，大数据处理包含一种常见的数据流——从收集原始数据到使用可付诸行动的信息。

（1）收集

收集原始数据（事务、日志、移动设备等）是众多用户在应对大数据时所面临的第一个难题。优秀的大数据平台可使这一步事半功倍，使开发人员能够以任意速度（从实时处理到批处理）获取多种数据（从结构化数据到非结构化数据）。

（2）存储

任何大数据平台都需要一个安全、可控制且持久耐用的存储库，用于在处理任务之前（甚至之后）存储数据。根据具体需求，用户可能还需要临时存储来存储传输过程中的数据。

（3）处理和分析

在这一步中，数据将从其原始状态转换为可使用的格式，实现的方法通常是排序、聚合、合并，甚至是执行更高级的函数和算法。随后将存储转换后产生的数据集进行进一步处理，或者通过商业智能和数据可视化工具向用户提供这些数据集。

（4）使用和可视化

大数据解决方案的意义在于从用户的数据集中获取高价值、可付诸行动的方案。理想情况下，用户可通过自助式商业智能工具和灵活的数据可视化工具向相关人员提供数据，他们可利用这些工具轻松快速地浏览这些数据集。根据分析的类型，最终用户还可能以统计“预测”（预测分析）或建议行动（规范分析）的形式使用分析结果数据。

2. 数据来源类型

大数据的获取来源影响其应用的效益与质量，依照获取的直接程度，一般可分为三种。

第一种：己方单位和消费者、用户、目标客群交互产生的数据，具有高质量、高价值的特性，但易局限于既有顾客数据，如企业搜集的顾客交易数据、追踪用户在App上的浏览行为等，数据拥有者可用来分析研究、营销推广等。

第二种：取自第一方的数据，通常与第一方具有合作、联盟或契约关系，因此可共享或采购第一方数据。如订房品牌与飞机品牌共享数据，客人购买某一方的商品后，另一单位即可推荐其他相关的旅游产品；或是已知某单位具有己方想要的数据，通过议定采购直接从第一方获取数据。

第三种：提供数据的来源单位并非产出该数据的原始者，该数据即为第三方数据。通常提供第三方数据的单位为数据供应商，其广泛搜集各类数据，并出售给数据需求者，其数据可来自第一方、第二方与其他第三方，如爬取网络公开数据、市调公司所发布的研究调查、经去识别化的交易信息等。

3. 大数据的使用

如今，很多主要行业使用不同类型的数据分析，围绕产品策略、运营、销售、营销和客户服务做出更明智的决策。通过大数据分析，处理大量数据的用户能从这些数据中获得有意义的信息。大数据分析有很多实际应用，下面仅列举一小部分。

- **产品开发**：大数据分析通过大量业务分析数据，挖掘客户的需求、指导功能开发和路线图策略，帮助用户确定他们的客户想要什么。
- **个性化定制**：流式处理平台和在线零售商分析用户参与情况，以推荐、定向广告、追加销售和忠诚度计划的形式创建更加个性化的体验。
- **供应链管理**：预测分析可定义和预测供应链的各方面，包括仓储、采购、交付和退货。
- **医疗保健**：大数据分析可用于从患者数据中收集关键信息，这有助于供应商发现新的诊断和治疗方法。

- **定价**：可分析销售和交易数据来创建更优的定价模型，帮助公司做出能实现收入最大化的定价决策。
- **预防诈骗**：金融机构使用数据挖掘和机器学习来监测和预测欺诈活动的模式，从而降低风险。
- **运营**：分析财务数据可帮助组织检测和降低隐藏的运营成本，进而节省资金和提高生产力。
- **赢得和留住客户**：在线零售商使用订单历史记录、搜索数据、在线评论和其他数据源来预测客户行为，通过使用预测结果更好地留住客户。

10.2.2 大数据相关技术

大数据需要特殊的技术，主要包括大规模并行处理数据库、数据挖掘网络、分布式文件系统、分布式数据库、云计算平台、互联网和可扩展的存储系统。大数据技术分为整体技术和关键技术两方面。

1. 整体技术

整体技术主要有数据采集、数据存取、基础架构、数据处理、统计分析、数据挖掘、模型预测和结果呈现等。

2. 关键技术

大数据处理关键技术一般包括大数据采集技术、大数据预处理技术、大数据存储及管理技术、大数据分析及挖掘技术、大数据展现和应用技术（大数据检索、大数据可视化、大数据应用、大数据安全等）。

（1）大数据采集技术

数据采集是通过RFID射频技术、传感器以及移动互联网等方式获得的各种类型的结构化及非结构化的海量数据。大数据采集一般分为大数据智能感知层和基础支撑层。大数据智能感知层主要包括数据传感体系、网络通信体系、传感适配体系、智能识别体系及软硬件资源接入系统。实现对结构化、半结构化、非结构化的海量数据的智能化识别、定位、跟踪、接入、传输、信号转换、监控、初步处理和管理等。必须着重攻克针对大数据源的智能识别、感知、适配、传输、接入等技术。

基础支撑层提供大数据服务平台所需的虚拟服务器，结构化、半结构化及非结构化数据的数据库及物联网网络资源等基础支撑环境。重点攻克分布式虚拟存储技术，大数据获取、存储、组织、分析和决策操作的可视化接口技术，大数据的网络传输与压缩技术，大数据隐私保护技术，等等。

（2）大数据预处理技术

大数据预处理主要完成对已接收数据的抽取、清洗等操作。抽取：获取的数据可能具有多种结构和类型，数据抽取过程可以将这些复杂的数据转化为单一的或者便于处理的结构和类型，以达到快速分析处理的目的。清洗：数据并不全是有价值的，有些数据并不是用户所关心的内容，而有一些数据则是完全错误的干扰项，因此要对数据过滤“去噪”，从而提取出有效数据。

（3）大数据存储及管理技术

大数据存储及管理要用存储器把采集到的数据存储起来，建立相应的数据库，并进行管理和调用。要解决大数据的可存储、可表示、可处理、使用可靠及有效传输等几个关键问题。

（4）大数据分析及挖掘技术

数据分析及挖掘技术是大数据的核心技术。主要是在现有的数据上进行基于各种预测和分析的计算，从而起到预测的效果，满足一些高级别数据分析的需求。数据挖掘是从大量的、不完全的、有噪声的、模糊的随机数据中，提取隐含在其中的、人们事先不知道的，但又潜在有用的信息和知识的过程。

（5）大数据展现和应用技术

大数据技术能够将隐藏于海量数据中的信息挖掘出来，从而提高各领域的运行效率。

3. 大数据技术栈

根据大数据的需要，不同的数据处理阶段也需要不同的数据处理工具。

（1）基础软件

Java语言是当今全世界使用最广泛的语言之一，是程序员的必备技能，大数据生态组件是通过Java开发的。Python通常用在爬虫、数据分析、机器学习方面。

（2）数据采集

一般通过filebeat、logstash、Kafka、Flume做日志采集。一些应用系统的数据，也会通过Kafka或者binlog的方式同步到大数据组件做存储。

（3）数据存储

这里的数据存储引擎和传统的关系型数据库有很大的区别。常见的分布式存储文件系统有HDFs。此外，对于一些非结构化的数据会通过NoSQL的方式存储，常见的NoSQL存储组件有HBase、Redis。

（4）数据查询

常见的数据查询组件有Hive、Spark SQL、Presto、Kylin、Impala、Durid、ClickHouse、GreePlum，每个组件都有自己的查询特性和使用场景。

（5）数据计算

常见的计算方式有流计算和批处理，按时效性又分为离线计算和实时计算。对应的计算组件有Storm、Spark Stream、Flink。

（6）其他

分布式协调器：为了提高可靠性，大数据组件通常是分布式存储的，这样就涉及各组件之间的协调同步，最常见的协调器是ZooKeeper。

资源管理器：为了提高计算能力，会对计算资源（CPU、内存、磁盘）做分配，常见的组件有yarn、mesos。

调度管理器：调度管理器管理任务何时执行、周期执行、是否重试等。常见的有airflow、dalphine schduler、oozie、azkaban。

10.3　虚拟现实技术

虚拟现实技术又称虚拟实境或灵境技术，是21世纪发展起来的一项全新的实用技术。虚拟现实技术包括计算机、电子信息、仿真技术，其基本实现方式是以计算机技术为主，利用并综合三维图形技术、多媒体技术、仿真技术、显示技术、伺服技术等多种高科技的最新发展成果，借助计算机等设备，产生一个逼真的三维虚拟世界，从而使处于虚拟世界中的人产生一种身临其境的感觉。随着社会生产力和科学技术的不断发展，各行各业对虚拟现实技术的需求日益旺盛。VR技术也取得了巨大进步，并逐步成为一个新的科学技术领域。

10.3.1　虚拟现实技术的分类

虚拟现实技术涉及学科众多，应用领域广泛，系统种类繁杂，这是由其研究对象、研究目标和应用需求决定的。从不同角度出发，可对虚拟现实技术做出不同分类。

1. 根据沉浸式体验角度分类

沉浸式体验分为非交互式体验、人—虚拟环境交互式体验和群体—虚拟环境交互式体验等几类。该角度强调用户与设备的交互体验，相比之下，非交互式体验中的用户更被动，所体验的内容均为提前规划好的，即便允许用户在一定程度上引导场景数据的调度，但是仍没有实质性的交互行为，如场景漫游等，用户几乎全程无事可做；而在人—虚拟环境交互式体验系统中，用户则可使用诸如数据手套、数字手术刀等设备与虚拟环境进行交互，如驾驶战斗机模拟器等，此时用户可感知虚拟环境的变化，进而产生在相应的现实世界中可能产生的各种感受。

知识点拨

如果将该套系统网络化、多机化，使多个用户共享一套虚拟环境，便得到群体—虚拟环境交互式体验系统，如大型网络交互游戏等，此时的虚拟现实系统与真实世界无甚差异。

2. 根据系统功能角度分类

系统功能分为规划设计、展示娱乐、训练演练等几类。规划设计系统可用于新设施的实验验证，可大幅缩短研发周期，降低设计成本，提高设计效率，城市排水、社区规划等领域均可使用，如虚拟现实模拟给排水系统，可大幅减少原本需用于实验验证的经费；展示娱乐类系统适用于给用户提供逼真的观赏体验，如数字博物馆、大型3D交互式游戏、影视制作等，虚拟现实技术早在20世纪70年代便被迪士尼公司用来拍摄特效电影；训练演练类系统则可应用于各种危险环境，以及一些难以获得操作对象或实操成本极高的领域，如外科手术训练、空间站维修训练等。

10.3.2 虚拟现实技术的特征

虚拟现实技术是一项革命性的技术，它可以让人们进入一个完全虚拟的世界，仿佛身临其境。虚拟现实技术可以让用户体验到虚拟现实世界中的声音、视觉和触觉，这使得它成为一种非常有趣的体验。虚拟现实技术有如下特征。

1. 沉浸性

沉浸性是虚拟现实技术最主要的特征，让用户成为并感受到自己是计算机系统所创造的环境中的一部分。虚拟现实技术的沉浸性取决于用户的感知系统，当使用者感知到虚拟世界的刺激时，如触觉、味觉、嗅觉、运动感知等，便会产生思维共鸣，形成心理沉浸，感觉如同进入真实世界。

2. 交互性

交互性是指用户对模拟环境内物体的可操作程度和从环境得到反馈的自然程度。使用者进入虚拟空间，相应的技术让使用者跟环境产生相互作用，当使用者进行某种操作时，周围的环境也会做出某种反应。如使用者接触到虚拟空间中的物体，那么使用者手上应该能够感受到，若使用者对物体有所动作，物体的位置和状态也应改变。

3. 多感知性

多感知性表示计算机技术应该拥有很多感知方式，例如听觉、触觉、嗅觉等。理想的虚拟现实技术应该具有一切人所具有的感知功能。由于相关技术，特别是传感技术的限制，目前大多数虚拟现实技术所具有的感知功能仅限于视觉、听觉、触觉、运动等几种。

4. 构想性

构想性也称想象性，使用者在虚拟空间中，可以与周围物体进行互动，可以拓宽认知范围，创造客观世界不存在的场景或不可能产生的环境。构想可以理解为使用者进入虚拟空间，根据自己的感觉与认知能力吸收知识，拓宽思维，创立新的概念和环境。

5. 自主性

自主性指虚拟环境中物体依据物理定律动作的程度。如受到力的推动时，物体会向力的方向移动、翻倒，或从桌面落到地面等。

10.3.3 虚拟现实的关键技术

虚拟现实中的关键技术如下。

1. 动态环境建模技术

虚拟环境的建立是虚拟现实系统的核心内容，目的是获取实际环境的三维数据，并根据应用的需要建立相应的虚拟环境模型。

2. 实时三维图形生成技术

三维图形的生成技术已经较为成熟，那么关键就是"实时"生成。为保证实时，至少保证图形的刷新频率不低于15fps，最好高于30fps。

3. 立体显示和传感器技术

虚拟现实的交互能力依赖于立体显示和传感器技术的发展，现有设备不能满足需要，力学和触觉传感装置的研究也有待进一步深入，虚拟现实设备的跟踪精度和跟踪范围也有待提高。

4. 应用系统开发工具

虚拟现实应用的关键是寻找合适的场合和对象，选择适当的应用对象可以大幅提高生产效率，减轻劳动强度，提高产品质量。想要达到这一目的，需要研究虚拟现实的开发工具。

5. 系统集成技术

由于虚拟现实系统中包括大量的感知信息和模型，因此系统集成技术起着至关重要的作用，集成技术包括信息的同步技术、模型的标定技术、数据转换技术、数据管理模型、识别与合成技术等。

10.3.4 虚拟现实技术的应用

虚拟现实技术是一种可以创造出沉浸式体验的技术，它可以让用户体验到一种真实的环境，可以用于游戏、教育、医疗等多个领域，为用户带来一种全新的体验。

1. 在影视娱乐中的应用

近年来，由于虚拟现实技术在影视业的广泛应用，以虚拟现实技术为主而建立的第一现场9D虚拟现实体验馆得以实现。此体验馆可以让观影者体会到置身于真实场景之中的感觉，让体验者沉浸在影片所创造的虚拟环境之中。同时，随着虚拟现实技术的不断创新，此技术在游戏领域也得到了快速发展。

2. 在教育中的应用

传统的教育只是一味地给学生灌输知识，而现在利用虚拟现实技术可以帮助学生打造生动、逼真的学习环境，使学生通过真实感受来增强记忆，相比于被动性灌输，利用虚拟现实技术进行自主学习更容易让学生接受，更容易激发学生的学习兴趣。

3. 在设计领域的应用

人们可以利用虚拟现实技术把室内结构、房屋外形表现出来，使其变成可以看得见的物体和环境。同时，在设计初期，设计师可以将自己的想法通过虚拟现实技术模拟出来，可以在虚拟环境中预先看到室内的实际效果，这样既节省了时间，又降低了成本。

4. 在医学方面的应用

医学专家利用计算机在虚拟空间中模拟出人体组织和器官，让学生在其中进行模拟操作，并且能让学生感受到手术刀切入人体肌肉组织、触碰到骨头的感觉，使学生能够更快地掌握手术要领。主刀医生在手术前，也可以建立一个病人身体的虚拟模型，在虚拟空间中先进行一次手术预演，这样能够大大提高手术的成功率。

5. 在军事方面的应用

利用虚拟现实技术，能将原本平面的地图变成一幅三维立体的地形图，再通过全息技术将其投影出来，这更有助于进行军事演习等训练。另外可以利用虚拟现实技术模拟无人机的飞行、射击等工作模式。

6. 在航空航天方面的应用

人们利用虚拟现实技术和计算机的统计模拟，在虚拟空间中重现现实中的航天飞机与飞行环境，使飞行员在虚拟空间中进行飞行训练和实验操作，极大地降低实验经费和实验的危险系数。

7. 在工业方面的应用

虚拟现实技术已大量应用于工业领域，虚拟现实技术既是一种最新的技术开发方法，更是一个复杂的仿真工具，可以模拟驾驶、操作和设计等实时活动，也可以用于类似汽车设计、实验、培训等方面的工作。

10.4 物联网

物联网技术可以让物体与物体之间的信息传输更加便捷、高效，可以使物体与网络连接，从而使它们可以互相交流，交换数据和信息，实现自动化控制和管理。

10.4.1 物联网的概念

物联网是指通过信息传感器、射频识别技术、全球定位系统、红外感应器、激光扫描器等各种装置与技术，实时采集需要监控、连接、互动的物体或过程，采集其声、光、热、电、力学、化学、生物、位置等各种需要的信息，通过各类可能的网络接入，实现物与物、物与人的泛在连接，以及对物品和过程的智能化感知、识别和管理。物联网是一个基于互联网、传统电信网等的信息承载体，通过能够被独立寻址的普通物理对象形成互联互通的网络。

10.4.2 物联网的原理与应用

物联网是一种新兴的技术，利用传感器和其他技术将物理世界与虚拟世界连接起来。它可以收集来自物理世界的数据，并将其传输到虚拟世界中的计算机系统，以便进行分析和处理。物联网的原理是通过物理传感器将现实世界的信息传输到计算机系统，然后通过软件应用程序处理这些信息，最终将处理后的信息传输回现实世界，从而实现物联网的功能。

1. 物联网参考体系

物联网的参考体系结构可分为三层，即感知层、网络层和应用层。

（1）感知层

感知层是物联网的皮肤和五官，主要完成信息的收集与简单处理。感知层包括二维码标签和识读器、RFID 标签和读写器、摄像头、GNSS（全球导航卫星系统）、传感器、终端和传感器网络等，主要用于识别物体和采集信息，与人体结构中的皮肤和五官的作用类似。

（2）网络层

网络层是物联网的神经中枢和大脑，主要完成信息的远距离传输等功能。网络层包括通信网与互联网的融合网络、网络管理中心、信息中心和智能处理中心等。网络层将感知层获取的信息进行传递和处理，其作用类似于人体结构中的神经中枢和大脑。

（3）应用层

应用层主要完成服务发现和服务呈现的工作，其作用是将物联网的“社会分工”与行业需求相结合，实现广泛的智能化。应用层通过物联网与行业专业技术深度融合，与行业需求相结合，实现行业智能化，其作用类似于人类的社会分工。

知识点拨

在感知层与网络层之间通常还应该包括接入层。接入层主要完成各类设备的网络接入，该层重点强调各类接入方式，例如2G、3G、4G、Mesh 网络、WiFi、有线或者卫星等方式。

2. 物联网的应用

物联网的应用领域涉及方方面面，在工业、农业、环境、交通、物流、安保等基础设施领域的应用，有效地推动了这些领域的智能化发展。下面介绍一些物联网的具体应用。

（1）智慧物流

智慧物流是新技术应用于物流行业的统称，指的是以物联网、大数据、人工智能等信息技术为支撑，在物流的运输、仓储、包装、装卸、配送等各环节实现系统感知、全面分析及处理等功能。智慧物流的实现能大大降低各行业运输的成本，提高运输效率，提升整个物流行业的智能化和自动化水平。

（2）智慧交通

交通被认为是物联网所有应用场景中最有前景的应用之一。智慧交通是物联网的体现形式，利用先进的信息技术、数据传输技术以及计算机处理技术等，集成到交通运输管理体系中，使人、车和路能够紧密配合，改善交通运输环境，保障交通安全以及提高资源利用率。

知识点拨

智慧交通应用较多的场景包括智能公交车、共享单车、汽车联网、智慧停车以及智能红绿灯等。

（3）智能安防

安防是物联网的另一大应用市场，传统安防对人员的依赖性比较大，非常耗费人力，而智能安防能够通过设备实现智能判断，通过物联网实现监控、设备联动以及报警等。

（4）智慧能源

物联网在能源领域，可用于水表、电表、燃气表等表计系统以及路灯的远程控制。

（5）智能医疗

智能医疗的两大主要应用场景：医疗可穿戴和数字化医院。医疗可穿戴通过传感器采集人体及周边环境的参数，经传输网络传到云端，数据处理后反馈给用户。数字化医院将传统的医疗设备进行数字化改造，实现数字化设备远程管理、远程监控以及电子病历查阅等功能。

（6）智能家居

智能家居的发展分为三个阶段：单品连接、物物联动以及平台集成，当前处于单品连接向物物联动过渡阶段。物联网应用于智能家居领域，能够对家居类产品的位置、状态、变化进行监测，分析其变化特征，同时根据用户的需要，在一定的程度上进行反馈。

（7）智慧农业

智慧农业指的是利用物联网、人工智能、大数据等现代信息技术，与农业进行深度融合，实现农业生产全过程的信息感知、精准管理和智能控制的一种全新的农业生产方式，可实现农业的可视化诊断、远程控制以及灾害预警等功能。

（8）其他

其他常见应用还包括智慧建筑：主要体现在用电照明、消防监测以及楼宇控制等；智能制造：物联网技术赋能制造业，实现工厂的数字化和智能化改造；智能零售：智能零售依托于物联网技术，主要有两大应用场景，即自动售货机和无人便利店。

知识点拨

无人便利店采用RFID技术，用户仅需扫码开门，便可进行商品选购，关门之后系统会自动识别所选商品，并自动完成扣款结算。

知识拓展：区块链技术

区块链技术作为21世纪最具颠覆性的创新技术之一，正在深刻地改变着人类社会的数据管理与信任机制。

1. 区块链的定义

区块链是一种分布式账本技术，通过密码学和去中心化的方式，实现数据的安全记录、验证和存储。最初，这项技术用于比特币系统，用于支撑其去中心化的支付和交易体系。随着技术的发展，区块链逐渐被认为是继互联网之后的一项颠覆性技术。它的核心特点是通过链式结构将数据区块相连，每个区块记录了一定量的数据，同时通过加密技术与时间戳确保数据不可篡改。换句话说，区块链是一种公开透明且难以伪造的账本系统。它的设计目的在于消除中间机构，实现点对点的数据传输与信任构建。如今，区块链技术的应用已经远超货币领域，在金融、医疗、供应链、政务等领域展现了巨大的潜力。

2. 区块链的特征

首先是去中心化，区块链的网络由多个节点组成，每个节点都可以记录和验证数据，从而减少了对中心机构的依赖，避免了单点故障的问题。其次，区块链以不可篡改性为核心特征，这主要得益于其链式结构和共识机制，每个区块中的数据一旦被确认记录，就无法随意修改或删除，保障了数据的真实性和安全性。此外，区块链技术具有很高的透明性，所有参与的节点都可以查看账本中的交易记录，这一特性特别适用于需要信任基础的场景，例如金融交易和公共服务。最后，区块链还具有高效性和智能化的特点，智能合约技术能够在满足预设条件时自动执行，从而显著减少人为干预和潜在风险。

3. 区块链的工作原理

区块链的运行机制依赖于一系列复杂但相互配合的技术流程。首先，当用户在区块链系统中发起交易请求时，这些交易数据会通过加密技术形成特定的数字签名，确保数据的安全性和不可抵赖性。接着，网络中的多个节点对交易进行验证，以确认其真实性和合法性。验证完成后，这些交易会被打包到一个新的数据区块中，并通过共识机制（例如工作量证明或权益证明）达成全网一致性。新生成的区块随后被链接到现有区块链的末端，并广播给所有节点，确保全网账本的一致更新。值得注意的是，区块链的每个区块都包含前一个区块的哈希值，这种结构使得任何试图篡改数据的行为都会被快速检测并拒绝。通过这一原理，区块链实现了数据的分布式存储和全网一致性，大幅提升了数据安全性和系统稳定性。

4. 区块链的关键技术

区块链技术的核心在于一系列技术的有机结合，这些技术共同构建了其强大的数据管理和处理能力。其中，分布式账本技术是区块链的基础，它将数据分布存储在所有节点中，避免了中心化数据存储带来的风险；加密技术则是区块链实现数据安全的关键，非对称加密和哈希算法为交易和数据保护提供了强大的技术支持；共识机制是区块链网络中达成节点一致的重要方式，诸如工作量证明和权益证明等机制确保了数据记录的公平和公正；智能合约技术也在区块链中扮演了重要角色，它使得预先定义的规则和逻辑可以自动化执行，提升了效率和信任度。

5. 区块链的应用领域

在金融行业，区块链被用作数字货币和跨境支付的基础设施，不仅提高了交易效率，还减少了交易成本和欺诈风险。在供应链管理中，区块链帮助实现了从原材料到最终产品的全程追溯，确保了商品的透明度和可追溯性。在医疗领域，区块链通过安全加密技术实现了医疗数据的安全共享和管理，极大地提升了医疗服务的效率和患者隐私保护能力。此外，区块链在数字版权保护、智能政务、能源管理等领域也展现了广阔的应用前景。未来，随着技术的不断创新，区块链在更多行业中的潜力将被进一步发掘。

6. 区块链与人工智能的结合

区块链与人工智能的结合正在为技术创新开辟新的方向。这种结合的核心在于两者的互补性：区块链可以为人工智能提供可信的数据来源，保障数据的真实性和完整性，人工智能则可以为区块链的共识机制和数据分析提供优化算法。例如，在数据隐私保护方面，区块链通过分布式存储和加密技术实现了数据共享，而人工智能可以基于这些数据进行高效分析。此外，去中心化的人工智能模型依托区块链技术，可以打破传统数据垄断格局，为多方协作提供基础。通过智能合约，人工智能系统能够实现自动化的决策和任务执行，减少人为干预。在医疗、金融、交通等领域，区块链与人工智能的结合为个性化服务和智能化管理提供了新的可能性。未来，这种结合将为更多行业带来深远的影响。